新世纪高职高专
电子信息类课程规划教材

U0681892

有线电视技术与应用项目

YOUXIAN DIANSHI JISHU YU YINGYONG XIANGMU

新世纪高职高专教材编审委员会 组编

主编 徐 洁

参编 张建新 李志家 刘 晔

大连理工大学出版社
DALIAN UNIVERSITY OF TECHNOLOGY PRESS

图书在版编目(CIP)数据

有线电视技术与应用项目 / 徐洁主编. 一 大连：
大连理工大学出版社，2013.7
新世纪高职高专电子信息类课程规划教材
ISBN 978-7-5611-7602-3

Ⅰ.①有… Ⅱ.①徐… Ⅲ.①有线电视－高等职业教
育－教材 Ⅳ.①TN949.194

中国版本图书馆 CIP 数据核字(2013)第 015887 号

大连理工大学出版社出版
地址：大连市软件园路 80 号　邮政编码：116023
发行：0411-84708842　邮购：0411-84703636　传真：0411-84701466
E-mail：dutp@dutp.cn　URL：http://www.dutp.cn
大连印刷三厂印刷　　大连理工大学出版社发行

幅面尺寸：185mm×260mm　印张：17.75　　字数：407 千字
印数：1～2000
2013 年 7 月第 1 版　　2013 年 7 月第 1 次印刷

责任编辑：潘弘喆　　　　　　责任校对：刘伟伟
封面设计：张　莹

ISBN 978-7-5611-7602-3　　　　　定　价：37.50 元

总 序

　　我们已经进入了一个新的充满机遇与挑战的时代,我们已经跨入了 21 世纪的门槛。

　　20 世纪与 21 世纪之交的中国,高等教育体制正经历着一场缓慢而深刻的革命,我们正在对传统的普通高等教育的培养目标与社会发展的现实需要不相适应的现状作历史性的反思与变革的尝试。

　　20 世纪最后的几年里,高等职业教育的迅速崛起,是影响高等教育体制变革的一件大事。在短短的几年时间里,普通中专教育、普通高专教育全面转轨,以高等职业教育为主导的各种形式的培养应用型人才的教育发展到与普通高等教育等量齐观的地步,其来势之迅猛,发人深思。

　　无论是正在缓慢变革着的普通高等教育,还是迅速推进着的培养应用型人才的高职教育,都向我们提出了一个同样的严肃问题:中国的高等教育为谁服务,是为教育发展自身,还是为包括教育在内的大千社会? 答案肯定而且唯一,那就是教育也置身于其中的现实社会。

　　由此又引发出高等教育的目的问题。既然教育必须服务于社会,它就必须按照不同领域的社会需要来完成自己的教育过程。换言之,教育资源必须按照社会划分的各个专业(行业)领域(岗位群)的需要实施配置,这就是我们长期以来明乎其理而疏于力行的学以致用的问题,这就是我们长期以来未能给予足够关注的教育目的问题。

　　众所周知,整个社会由其发展所需要的不同部门构成,包括公共管理部门如国家机构、基础建设部门如教育研究机构和各种实业部门如工业部门、商业部门等等。每一个部门又可作更为具体的划分,直至同它所需要的各种专门人才相对应。教育如果不能按照实际需要完成各种专门人才培养的目标,就不能很好地完成社会分工所赋予它的使命,而教育作为社会分工的一种独立存在就应受到质疑(在市场经济条件下尤其如此)。可以断言,按照社会的各种不同需要培养各种直接有用人才,是教育体制变革的终极目的。

　　随着教育体制变革的进一步深入,高等院校的设置是

新世纪

否会同社会对人才类型的不同需要一一对应，我们姑且不论。但高等教育走应用型人才培养的道路和走研究型（也是一种特殊应用）人才培养的道路，学生们根据自己的偏好各取所需，始终是一个理性运行的社会状态下高等教育正常发展的途径。

高等职业教育的崛起，既是高等教育体制变革的结果，也是高等教育体制变革的一个阶段性表征。它的进一步发展，必将极大地推进中国教育体制变革的进程。作为一种应用型人才培养的教育，它从专科层次起步，进而应用本科教育、应用硕士教育、应用博士教育……当应用型人才培养的渠道贯通之时，也许就是我们迎接中国教育体制变革的成功之日。从这一意义上说，高等职业教育的崛起，正是在为必然会取得最后成功的教育体制变革奠基。

高等职业教育还刚刚开始自己发展道路的探索过程，它要全面达到应用型人才培养的正常理性发展状态，直至可以和现存的（同时也正处在变革分化过程中的）研究型人才培养的教育并驾齐驱，还需要假以时日，还需要政府教育主管部门的大力推进，需要人才需求市场的进一步完善发育，尤其需要高职教学单位及其直接相关部门肯于做长期的坚忍不拔的努力。新世纪高职高专教材编审委员会就是由全国100余所高职高专院校和出版单位组成的旨在以推动高职高专教材建设来推进高等职业教育这一变革过程的联盟共同体。

在宏观层面上，这个联盟始终会以推动高职高专教材的特色建设为己任，始终会从高职高专教学单位实际教学需要出发，以其对高职教育发展的前瞻性的总体把握，以其纵览全国高职高专教材市场需求的广阔视野，以其创新的理念与创新的运作模式，通过不断深化的教材建设过程，总结高职高专教学成果，探索高职高专教材建设规律。

在微观层面上，我们将充分依托众多高职高专院校联盟的互补优势和丰裕的人才资源优势，从每一个专业领域、每一种教材入手，突破传统的片面追求理论体系严整性的意识限制，努力凸现高职教育职业能力培养的本质特征，在不断构建特色教材建设体系的过程中，逐步形成自己的品牌优势。

新世纪高职高专教材编审委员会在推进高职高专教材建设事业的过程中，始终得到了各级教育主管部门以及各相关院校相关部门的热忱支持和积极参与，对此我们谨致深深谢意，也希望一切关注、参与高职教育发展的同道朋友，在共同推动高职教育发展、进而推动高等教育体制变革的进程中，和我们携手并肩，共同担负起这一具有开拓性挑战意义的历史重任。

新世纪高职高专教材编审委员会

2001 年 8 月 18 日

前 言

随着现代广播电视技术、通信技术、计算机技术和现代网络信息技术的发展,有线电视技术涉及的领域,如文化产业、信息产业等的方向越来越宽广,已经具有数字化、网络化、智能化和综合化的特征。有线电视技术的飞速发展对于促进我国产业升级、提升国民文化素质、丰富人们生活、推进国家信息化建设都将产生积极的影响。中国有线电视网络已经确立了在国家信息化结构框架"三网融合"基础网络中的主要地位。

按照教育部课程建设改革要求和教学改革思想,本教材树立"以能力为本位"、"以学生为中心"的教育教学理念,树立"做中学"、"学中做"、"教、学、做一体化"的课程改革思想。教材编写的目的在于培养学生有线电视系统组建的核心职业能力,使学生通过学习能够综合运用有线电视技术的基本知识,遵循有线电视工程规范,完成有线电视系统组建与维护任务,进而使学生成为有线电视工程技术等电子工程领域的生产、建设、管理及服务第一线的高素质、高技能人才。

本教材突破学科体系限制,重新构建教学内容,服务岗位需求,以岗位需求分析和具体工作过程为基础,参照企业实际工作过程和行业规范,突出"专业性"、"规范性"和"应用性",保证校内学习和实际工作的一致性。改革课程的教学模式,根据行动导向进行教学设计,努力营造真实的工程环境,采用项目教学法,实现一体化教学。鼓励学生探索和尝试,激发学生学习兴趣,培养学生发现问题、分析问题和解决问题的能力。改革考核机制,形成与项目教学相适应的,以能力考核为目标、教师与学生共同参与的课程评价方式。

全书内容丰富、结构新颖、特色突出、讲述简明、概念清楚、目标明确、系统性强。在结构编排上分为两大部分:

第一篇为有线电视基础理论知识,共有五章内容;第1章为有线电视的基础知识,系统全面地介绍了电视信号的基本概念和有线电视系统的基础知识;第2章为有线电视信号的接收,着重介绍了开路广播电视信号和卫星电视信号的接收技术;第3章为有线电视前端系统及常用设备,系统介绍了前端系统,以及频道处理器、电视调制器、电视解调器、多路混合器、导频信号发生器和前端放大器等常用前

新世纪

端设备;第 4 章为有线电视干线传输系统及用户分配系统,主要介绍了同轴电缆传输系统、光缆传输系统和设备、微波传输系统和设备、用户分配系统以及常用无源器件;第 5 章为有线电视现代网络技术及应用,系统介绍了有线电视新技术、双向有线电视传输系统以及有线电视综合业务网络。同时,每章还增加了知识链接、知识拓展和常见问题解答等新颖内容,每章末有知识梳理与总结、思考与练习题。

第二篇为应用项目,以培养有线电视工程技术核心职业能力为目标,采用行动导向的教学模式,依据真实的典型工程任务,精心设计了五个应用项目,基本涵盖了有线电视前端设备的设计、安装、调试、维护等内容。每个项目之间彼此相关、逐次递进,项目设计强调工程背景,紧密联系工程实际,具有较高的实用价值。

本教材参考教学时数为 64 学时,读者可根据具体情况进行增减。

本教材既可以作为普通高职院校电子、通信、广播电视以及相关专业的教材,也可供从事电视系统工程的技术人员阅读,还可以作为有线电视台(网)技术人员的培训教材。

本教材由北京信息职业技术学院徐洁主编,具体编写分工如下:徐洁编写第一篇第 1 章和第二篇的内容,北京信息职业技术学院张建新编写第一篇第 2、3、4 章的内容,北京金戈大通通信技术有限公司的李志家、刘晔编写第一篇第 5 章的内容。徐洁负责对全书的文稿进行统一的修改和编辑。教材编写过程中参考了很多相关领域的教材和技术资料,在此谨向各参考文献的作者表示深切的感谢,并对为本教材提供相关资料的高建平老师表示感谢。

由于有线电视技术发展迅猛,本教材涉及的学科众多、范围广阔、技术更新快,加之编者的水平有限,书中难免有错误和疏漏之处,恳请广大读者和专家批评指正。

教学结构安排表:此表为教学时可以参考的学时计划表,读者可以根据具体情况进行调节。理论内容和项目实施可以交错进行。

	内 容	参考学时
理论教学	第 1 章　有线电视的基础知识	2～4 学时
	第 2 章　有线电视信号的接收	4～6 学时
	第 3 章　有线电视前端系统及常用设备	4～6 学时
	第 4 章　有线电视干线传输系统及用户分配系统	4～6 学时
	第 5 章　有线电视现代网络技术及应用	4～6 学时
项目实施	项目 1　有线电视系统天线的安装、调试与应用	12 学时(含理论)
	项目 2　小型有线电视前端系统的设计与组建	12 学时(含理论)
	项目 3　小型有线电视前端系统机柜设备配置与有线电视信号测试	12 学时(含理论)
	项目 4　有线电视信号的调制、混合及干线放大器测试	12 学时(含理论)
	项目 5　有线电视系统终端分配网络的设计、安装与测试	16 学时(含理论)
合　计		64 学时

编　者
2013 年 6 月

所有意见和建议请发往:dutpgz@163.com
欢迎访问教材服务网站:http://www.dutpbook.com
联系电话:0411-84707492　84706104

目 录

第一篇 有线电视技术理论知识

第二篇　有线电视技术应用项目

第一篇

有线电视技术理论知识

1.1 电视信号的基本概念

1.1.1 电磁波传播的基本概念

1. 电磁波的基本概念

广播、通信、电视以及所有无线电系统都是利用电磁波来传递信息的。所谓电磁波，是由于电场强度矢量 E 和磁场强度矢量 H 的振动而产生的交替变化的电磁场在空间的传播过程，它具有波的特性。

在有线电视系统中，电视信号的传播就是将全电视信号（包括图像信号和伴音信号）发送出去。首先需要将它们分别调制到比图像信号和伴音信号高得多的各自的高频载波上，然后把调制后的高频（射频）电视信号放大，并通过发射天线转换为电磁波辐射到自由空间，再传播到四面八方的广大用户那里。

电磁波是一种能量的传送形式，它是由交变的电场与交变的磁场相互转换进行传送的。当把高频电流送入天线导体（馈电导体）时，高频电流在导体的周围产生变化的磁场，而这个变化的磁场又会激起变化的电场，变化的电场又产生变化的磁场，变化的电场和磁场便以馈电导体为中心，以周围的空气为媒介向远处传播，这种传播具有波动特性，所以称为电磁波。

在电磁波中，每一点的电场强度矢量 E 与磁场强度矢量 H 的方向总是相互垂直的，并且与该点的电磁波传播方向垂直。换句话说，电磁波的传播方向与电场、磁场构成的平面相垂直。如图 1-1 所示。

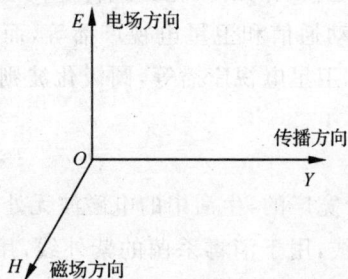

图 1-1 电磁波的传播方向与电场、磁场构成的平面的关系

这里有几个很重要的概念：

(1)电磁波的极化

电磁波在空间传播时,电场强度矢量与磁场强度矢量在空间中具有一定的取向,一般把电场方向按一定规律变化的现象称为电磁波的极化。电场方向作为波的极化方向,在此方向上电场强度最大。极化又分为线极化、圆极化和椭圆极化。

(2)水平极化波和垂直极化波

在工程上,通常将大地作为用于参照的标准平面,把电场方向与大地平面相平行的电磁波称为水平极化波,如图 1-2(a)所示;而把电场方向与大地平面相垂直的电磁波称为垂直极化波,如图 1-2(b)所示。

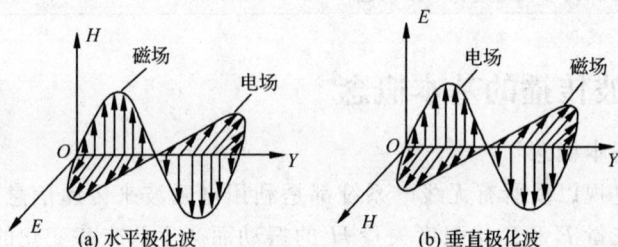

图 1-2　水平极化波与垂直极化波

电磁波的极化方向取决于发射天线的放置方向。当发射天线平行于地面架设时,电磁波的电场方向也平行于地面,发射天线所辐射的电磁波就是水平极化波;当发射天线垂直于地面架设时,电磁波的电场方向也垂直于地面,发射天线所辐射的电磁波就是垂直极化波。因此,在接收端,为了接收到较强的电磁波,接收天线的放置方向必须与发射天线的放置方向一致。当电磁波为水平极化波时,接收天线应水平放置;当电磁波为垂直极化波时,接收天线应垂直放置。

(3)圆极化波

圆极化波是指其电场强度矢量 E 的振幅不随时间的变化而变化,但其方向却在一个平面内以均匀角速度旋转的波。以传播方向为参考方向,E 沿顺时针方向旋转的电磁波称为右旋圆极化波,E 沿逆时针方向旋转的电磁波称为左旋圆极化波。

不同的极化波之间的干扰是极少的。在广播及通信中,常采用极化波来避开干扰和实现频率复用(例如用同一频道但不同的极化方式传送两套电视节目)。一般来说,垂直极化波大多用于中波广播、移动通信和卫星电视广播等,而水平极化波大多用于短波广播、地面电视广播、调频广播和卫星电视广播等,圆极化波则广泛用于卫星电视广播和卫星通信。

2.电磁波的波段划分

电磁波的频率范围是十分宽广的,生活中的电磁波无处不在,例如用于广播通信的无线电波,用于物理医疗的红外线,用于消毒杀菌的紫外线,用于透视照相的 X 射线,具有极强穿透能力的 γ 射线以及所有可见光等,都属于电磁波。电磁波的波长是指电磁波相邻两个对应点(例如同一相位的波腹)的空间距离。

电磁波在真空中和大气中的传播速度近似于光速,即 3×10^8 m/s,其速度 v、波长 λ

与频率 f 之间的关系为

$$\lambda = \frac{v}{f}$$

电磁波的整个频率范围可划分为很多波段,各波段的频率范围、对应的波长和频段名称如表1-1所示。在各波段中,用于广播电视的是超短波和微波中的分米波,即甚高频(VHF)和特高频(UHF)。无线电波是波长最长的波。

表 1-1   电磁波的波段划分

波段名称		波长范围/m	频率范围	频段名称
极长波		100000 以上	3 kHz 以下	极低频(ELF)
超长波		100000～10000	3 kHz～30 kHz	甚低频(VLF)
长波		10000～1000	30 kHz～300 kHz	低频(LF)
中波		1000～100	300 kHz～3 MHz	中频(MF)
短波		100～10	3 MHz～30 MHz	高频(HF)
超短波		10～1	30 MHz～300 MHz	甚高频(VHF)
微波	分米波	1～0.1	300 MHz～3 GHz	特高频(UHF)
	厘米波	0.1～0.01	3 GHz～30 GHz	超高频(SHF)
	毫米波	0.01～0.001	30 GHz～300 GHz	极高频(EHF)

按照波长和用途的不同,电磁波又可划分为不同的波段,表1-2为广播电视、通信中的一些常用波段。

表 1-2   电磁波的常用波段

频率范围	波段名称	主要传播方式	主要用途
30 MHz～300 MHz	VHF(甚高频)	直射波	调频广播、广播电视、移动通信等
300 MHz～1 GHz	UHF(特高频)	直射波	广播电视、移动通信等
1 GHz～2 GHz	L 波段	直射波	微波接力、移动通信、雷达等
2 GHz～4 GHz	S 波段	直射波	微波接力、卫星、移动通信等
4 GHz～8 GHz	C 波段	直射波	卫星广播电视、通信、微波接力等
8 GHz～12 GHz	X 波段	直射波	空间研究、广播卫星、固定通信业务等
12 GHz～18 GHz	Ku 波段	直射波	卫星广播电视等
18 GHz～27 GHz	K 波段	直射波	微波接力、雷达、通信等
27 GHz～40 GHz	Ka 波段	直射波	微波接力、雷达、卫星电视、通信等

3. 电磁波的传播

电磁波在空间传播时,电场强度矢量 E、磁场强度矢量 H 都与传播方向垂直。它在空间传播的基本方式主要有以下几种:

(1)视距传播

视距传播是电磁波沿直线传播的方式,其传播的范围主要取决于发射和接收天线的有效高度。调频广播、电视、微波主要通过视距传播。理论计算和经验表明,当发射和接收天线的有效高度为 50 m 时,视距传播的距离约为 50 km。一般来说,超短波和微波波段的电磁波主要通过视距传播的方式进行传播。

（2）天波传播

天波传播是借助电离层的反射作用来传播电磁波的方式。在离地面 50～1000 km 的高空,大气被太阳辐射中的紫外线和 X 射线电离,形成一层电离层。它除了对电磁波有一定的吸收作用外,还能将频率低于某一最高频率的电磁波反射回地面,这就使得电磁波能够传播较远的距离。由于频率较低的电磁波被电离层吸收,频率过高的电磁波穿透电离层不能反射,所以只有中波、短波能利用天波传播的方式进行传播。

（3）地表面传播

当电磁波遇到障碍物时,会绕过障碍物向前传播。通过这种绕射现象可以使电磁波绕着地球的弯曲表面沿地表面向前传播,这就是地表面传播。地表面传播的距离与电磁波的波长或频率有关,波长越长,衍射距离就越远,而且地表面对电磁波的衰减也越小。一般只有长波、中波等频率较低的电磁波通过地表面传播的方式进行传播。

（4）电磁波在同轴电缆中传播

同轴电缆是由同一根轴线的内、外圆柱形导体组成的,内、外导体流过的电流方向相反,需要传播的电磁波及其能量主要在两个导体之间的绝缘介质中沿轴向传播。

由于电磁波在导体中传播存在着趋肤效应,因此,同轴电缆中的高频电流仅在内、外导体表面的一个薄层(μm 数量级)内流动,所以同轴电缆的内导体可以采用铜包铝或铜包钢材料制成,这样既节省了制造成本,又不影响电磁波的传播。

由于同轴电缆的外导体是接地的,所以在内、外导体之间形成一个屏蔽的空间,不受外界其他电磁场的干扰。

（5）电磁波在波导管中传播

超高频以上波段的电磁波在同轴电缆中传输时,电缆中的导体所产生的焦耳热和介质中的热损耗将很严重,此时应采用波导管来代替同轴电缆。

波导管是一根空心金属管,其横截面为矩形或圆形,还有的是椭圆形。波导管可以看成是同轴电缆抽去内导体而构成的,其中传播的电磁波不像在同轴电缆中那样依靠轴向电流来激发,而是通过波导管中的耦合电流环或电偶极子来激发。波导管内轴向没有传导电流,所以电磁波在波导管中的能量损耗比在同轴电缆中小得多。例如传播频率为 3 GHz 的微波时,用型号为 SYV-75-9 的同轴电缆传播 10 m 的距离,电磁波的能量损耗为 5 dB;若用 72 mm×34 mm 的铜制矩形波导管传播相同的距离,电磁波的能量损耗仅为 0.2 dB。在 C 波段卫星电视接收天线系统中,馈源就是用波导管等器件组成的。

1.1.2　电视信号的发送与接收

在有线电视系统中常见的电视信号有三种,即电视视频信号(Video)、电视音频信号(Audio)和电视射频信号(RF)。电视技术就是传送和接收这些信号。在发送端,根据光电转换原理将摄像机拍摄的景物(光信号)转变为电信号,再经过放大耦合传送到图像发射机。图像信号和伴音信号在发射机中分别调制到各自的载波上,从而形成高频的图像信号和伴音信号,再用发射机发送出去。在接收端,由电视接收天线接收,经电视机还原出电视图像和声音。对三种常见的电视信号的分析有助于理解有线电视系统的工作原理、系统结构以及各部分的作用。

1.电视视频信号

电视视频信号也称为彩色全电视信号或图像信号,它包括几项内容:亮度信号,色度信号,复合同步信号(行同步信号、场同步信号),复合消隐信号(行消隐信号、场消隐信号),色同步信号等。为了使电视视频信号有效地传送图像,必须用某种特定的方式对彩色的电视视频信号进行处理、变换、发送和接收,这种特定的方式就是电视的制式。电视的制式有三种,分别为 NTSC 制、PAL 制、SECAM 制。这三种制式的主要区别在于对三基色的色度信号的处理方法不同,即色度信号的编码和解码方式不同。采用不同的电视制式,所组成的彩色全电视信号也不同,我国采用的制式为 PAL-D,它规定了以下参数:

- 行频 f_H:15625 Hz;
- 行周期 T_H:64 μs,其中,行正程时间 $T_{HS} \geqslant 52$ μs,行逆程时间 $T_{HR} \leqslant 12$ μs;
- 场频 f_V:50 Hz(帧频 25 Hz);
- 场周期 T_V:20 ms,其中,场正程时间 $T_{VS} \geqslant 18.4$ ms,场逆程时间 $T_{VR} \leqslant 1.6$ ms。

每两场合为一帧,即一幅画面。由此可算出一场包含 312.5 行,其中正程为 287.5 行,逆程为 25 行,一帧包含 625 行。为满足上述参数,彩色全电视信号包含了电视成像时所需的各种信号,作用分别如下:

(1)行、场同步信号

传送图像时,为了能恢复原图像,电视系统中收、发端扫描信号必须严格同步,即收、发端扫描时对应的行、场扫描起始和终止位置必须严格一致,否则就会出现画面失真或不稳定的现象。为了保证收、发端同步,信号中需要有传送同步信息的信号,即电视发送端每扫描完一行时加入一个行同步脉冲,每扫描完一场时加入一个场同步脉冲。它们分别在行、场逆程期间传送,它们的脉冲宽度分别小于行、场逆程时间。我国电视标准规定:行同步脉冲宽度为 4.7 μs,场同步脉冲宽度为 160 μs。这些同步信号控制电视机,从而实现与发送端同步的扫描,行、场同步信号如图 1-3 所示。

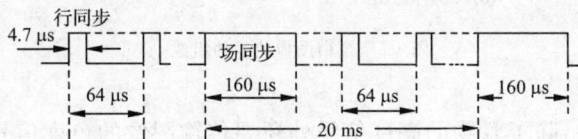

图 1-3 行、场同步信号

(2)行、场消隐信号

电视成像是逐行扫描成像的,每一行每一场都是由正程和逆程组成的,正程显示图像,逆程不显示图像,在图像分解或恢复的逆程扫描中,如果不采取措施,将出现行、场回扫线。消隐信号的作用是消除回扫线,使逆程扫描时屏幕显示为黑电平。行、场逆程扫描发出的消隐信号,包含在彩色全电视信号中,分别为行消隐与场消隐信号,统称为复合消隐信号。行、场消隐信号的周期应分别与行、场扫描周期相同,行、场消隐脉冲宽度应分别等于行、场扫描的逆程时间,我国电视标准规定:行消隐脉冲宽度为 12 μs,场消隐脉冲宽度为 1.6 ms(1612 μs)。行、场消隐信号如图 1-4 所示。

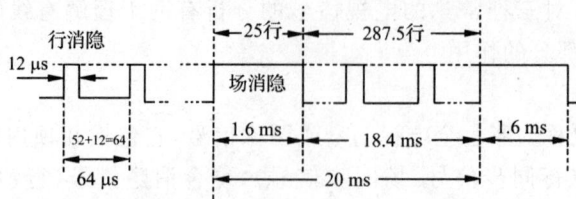

图 1-4 行、场消隐信号

（3）亮度信号

亮度信号表示被摄景物各像素的明暗程度，也称为图像信号。亮度信号的大小取决于信号电平的高低，其特点为：

①亮度信号在正程期间发出，白电平幅度在彩色全电视信号幅度的 12.5% 的位置，黑电平幅度在 75% 的位置；

②亮度信号为负极性，即电平越高，图像越暗，这样可以节省发射功率，抗干扰性强；

③亮度信号为单极性，即电平全部是正的或全部是负的，图像信号具有直流成分（平均值），表示图像背景的亮度。黑白图像信号的组成如图 1-5 所示。

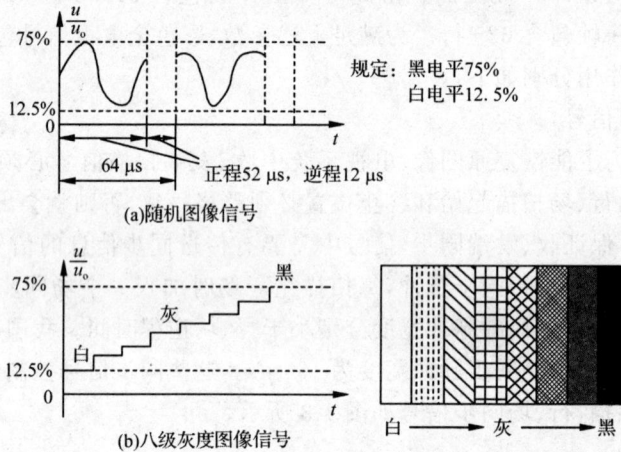

图 1-5 黑白图像信号的组成

（4）色度信号

在彩色电视机中，除了景物的亮度信号外还要传输图像的色度信号，为了使彩色电视机和黑白电视机兼容，彩色电视信号中必须包含相互分离的亮度信号（带宽为 6 MHz）和色度信号（带宽为 ±1.3 MHz）。彩色的色度信号是不带亮度成分的，因此要从基色信号中除去亮度信号，彩色电视机采用三基色的色差信号来构成彩色的色调和色饱和度，即红差信号 $(R-Y)$、绿差信号 $(G-Y)$、蓝差信号 $(B-Y)$，一般只选择两个色差信号便可以代表色度信号。

彩色电视原理中采用频谱交错的方式来解决亮色分离的问题，并应用正交平衡调幅的方式，将两个色差信号 $(R-Y)$、$(B-Y)$ 处理为一个色度信号。亮度信号的频谱具有梳齿状特征，且间隙很大，因而要设法将色度信号插到亮度信号频谱的空隙中，实现"频谱交错"。这样既可以使色度信号不占有额外的频带，又可以避免亮度、色度信号间的干扰，使彩色电视信号仍然占有 6 MHz 的频带,从而实现彩色电视机与黑白电视机的兼容,充分利用频率资源。彩色电视原理中为了实现色度与亮度信号的频谱交错,应用了平衡调幅的方式,用一个副载波实现对两个色差信号$(R-Y)$、$(B-Y)$的传输。频谱交错示意图如图 1-6 所示。

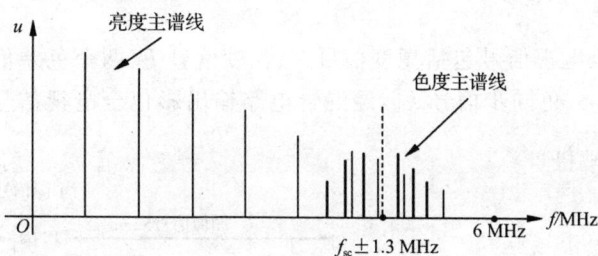

图 1-6　频谱交错示意图

由于$(R-Y)$、$(B-Y)$两个色差信号都调制在 4.43 MHz 的幅载波上,频率是相同的,所以在接收时还是存在无法区别的问题。一般采用正交平衡调幅的方法,通过副载波初始相位不同来区分红差信号$(R-Y)$和蓝差信号$(B-Y)$。将两个色差信号$(R-Y)$和$(B-Y)$作为调制信号,用平衡调幅的方式分别调制在两个频率相同、相位相差 90°(正交)的副载波 f_{sc}(4.43 MHz)上,然后再将这两个调幅信号进行矢量相加。其合成信号即为正交平衡调幅信号。

同时,在解调端采用同步解调又能够很容易地分离出红差与蓝差分量,从而实现黑白电视机与彩色电视机的兼容。

(5)色同步信号

红差和蓝差信号都是采用平衡调幅方式,不含载波成分,解调时不能用一般的包络检波器,必须采用同步解调的方法。为了实现同步解调,需要一个与色差信号调制时的副载波同频同相的信号(称为恢复副载波)。由于色度信号中副载波已被平衡调制器抑制,所以在彩色电视接收机中需要设置一个副载波产生电路。为了保证所产生的副载波与发送端的副载波同频同相,需要发送端在发送彩色全电视信号的同时发出一个能反映发送端副载波频率与相位信息的信号——色同步信号。色同步信号 F_b 是在每行的行消隐信号后肩上叠加 10 ± 1 个副载波,由 10 ± 1 个副载波周期组成的一小串副载波群构成。这个信号的周期与行周期相同,色同步信号幅度与同步脉冲幅度相等。色同步信号的构成如图 1-7 所示。

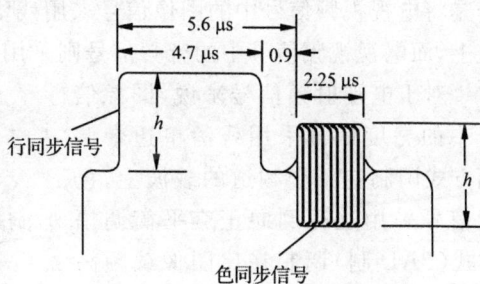

图 1-7　色同步信号的构成

2.电视音频信号

电视音频信号也称为电视伴音信号,它是采用调频方式调制在伴音载波上的音频信号,用来传送电视画面的伴音,其伴音载波频率为 6.5 MHz。调频后的伴音信号带宽为 ±0.25 MHz,而视频信号的带宽为 6 MHz,将两个信号混合在一起传送时,两个信号不会相互产生干扰。伴音信号频率为 50 Hz~15 kHz,为了提高伴音信号的接收质量,送往伴音发射机的伴音信号要先经过调频变成宽带信号。伴音载频 f_s 比图像载频 f_c 高 6.5 MHz,我国规定伴音调频最大频偏 Δf_{max} 为 50 kHz,电视伴音信号最高频率为 15 kHz。在有线电视前端系统中,通常将其单独取出来进行处理。

3. 电视射频信号

前面提到彩色全电视信号包括亮度信号 Y、色度信号 F(两个色差信号)、复合消隐信号 A、复合同步信号 S、色同步信号 F_b,经混合电路输出彩色全电视信号 $FBAS$。彩色全电视信号如图 1-8 所示。

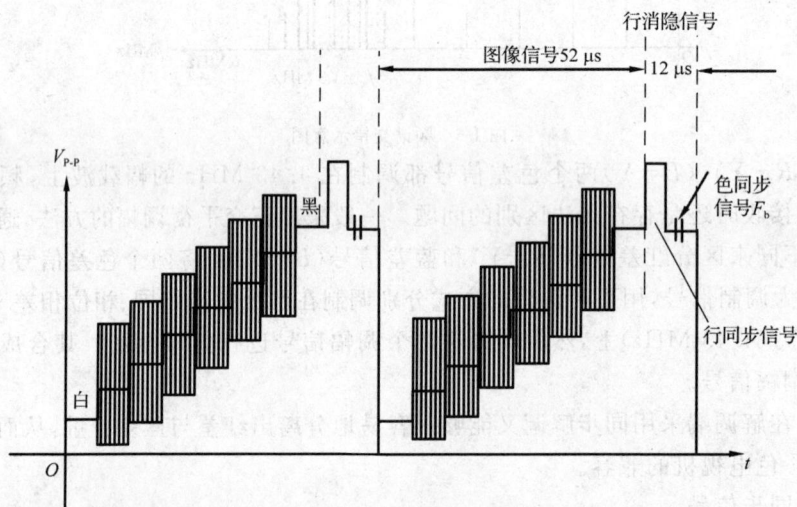

图 1-8 彩色全电视信号

在自由空间里以电磁波形式传播的开路广播电视信号是电视射频信号。电视射频信号是将电视视频信号中的图像信号采用残留边带调幅方式调制到射频频段的某个标准频道上,而电视视频信号中的音频信号则采用调频方式进行调制。

对于电视射频信号来说,图像信号中的亮度信号采用残留单边带调幅方式调制在某个频道的载波上,色度信号采用逐行倒向正交平衡调幅方式(PAL 制)调制在比图像载频高 4.43 MHz 的副载波上,伴音信号采用调频方式调制在比图像载频高 6.5 MHz 的伴音载频上。以上三种调制信号复合在一起,构成电视射频信号,其中每个频道的带宽为 8 MHz,如图 1-9 所示。

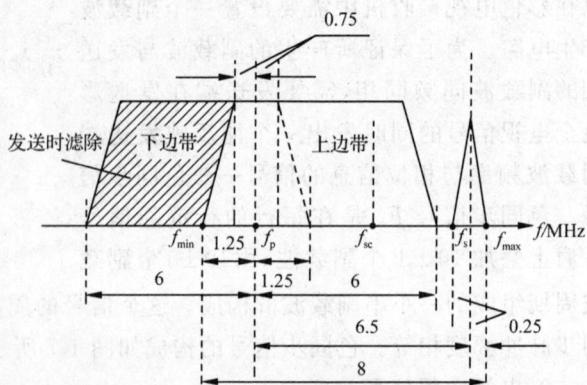

图 1-9 残留单边带调幅电视信号频谱图

图中：f_p——图像载频，f_s——伴音载频，f_{sc}——彩色副载波频率。

电视机接收到这个频道的射频信号之后，先将图像信号和伴音信号进行分离，再分别对其进行解调，恢复成图像信号和伴音信号。对于开路广播电视信号来说，电视射频信号是以电磁波的形式在自由空间中传播的；对于有线电视系统来说，电视射频信号是以电信号或光信号的形式在电缆中或光缆中传播的。

1.1.3　分贝与电平

在有线电视系统和卫星接收系统中，各点的电压和功率相差很大。例如，从电视接收天线上得到的输出功率数量级可以小到 10^{-2} μW，而高输出放大器的输出功率却能达到 10^4 μW，两者相差 100 万倍，在卫星接收系统中这个差别甚至可以达到 100 亿倍。这么大的差别，用乘除法来计算某一级的增益值、衰减量都非常不方便，为了简化运算，采用分贝来表示系统中两个功率或电压大小的差别。

1. 信号的分贝表示法

分贝是由贝尔（Bel）导出的。贝尔是为了度量两个物理量（N_1 和 N_2）的比值而设定的计量单位，其定义式为：

$$R = \lg(N_1/N_2) \ (\text{Bel}) \tag{1-1}$$

式中　lg——以 10 为底的常用对数。

在实际应用中贝尔单位太大，使用起来很不方便，因此常用贝尔的 1/10 作为一个新的测量单位，称为分贝，简写为 dB。由定义可得：

$$1 \ \text{Bel} = 10 \ \text{dB}$$

把该等式代入式（1-1）可得到分贝定义式：

$$R = 10\lg(N_1/N_2) \ (\text{dB}) \tag{1-2}$$

在无线电技术中，常用分贝来表示放大电路的增益和一些物理量的大小，例如电功率、电压、电流等。有线电视系统中用分贝表示增益（分贝比为正值）、衰减（分贝比为负值）、交调比、互调比、载噪比等参量。

使用分贝主要有以下几个优点：

（1）可以把较大的数字转换为较小的数字。

（2）把乘除运算变为加减运算。例如，多级放大电路中，若每级放大电路的增益都用分贝表示，那么总的增益就可以用求和的方法计算。

（3）在实际生活中，有些现象符合对数规律，如听觉与声音功率近似成对数的关系，因此用分贝来表示电声性能更符合人们听觉上的特征。

例如，功率放大倍数为 10000 的放大器的增益，用分贝比表示时计算式为

$$10\lg(P_2/P_1) = 10\lg10000 = 40 \ \text{dB}$$

注意：利用功率比表示分贝比时，定义式中的系数为 10；利用电压比表示分贝比时，定义式中的系数为 20。

2. 信号的电平表示法

在电子技术中，常常用分贝（dB）来表示电功率、电压、电流等电量的大小，称为电平。系统中某一点的电平是指该点的功率（或电压）对某一基准功率（或电压）的分贝比。这时

式(1-2)中 N_1 为测量值，N_2 为参考基准值，根据所选取的基准值的不同，电平可分为相对电平和绝对电平两种。

（1）相对电平

相对电平定义为功率（或电压、电流）与同单位的某个基准值之比的常用对数。最常用的是相对功率电平和相对电压电平，其表达式分别为

$$G_{\mathrm{p}} = 10\lg(P/P_0) \quad (\mathrm{dB}) \tag{1-3}$$

$$G_{\mathrm{u}} = 20\lg(U/U_0) \quad (\mathrm{dB}) \tag{1-4}$$

式中　G_{p}——相对功率电平；

　　　G_{u}——相对电压电平；

　　　P——测量点的功率；

　　　P_0——进行比较的基准功率；

　　　U——测量点的电压；

　　　U_0——进行比较的基准电压。

相对电平用来表示两个同类物理量的比值。注意，这里只是表示一个比值，而不表示一个有确定数值的物理量。由上述定义可以得出：

①若 $P > P_0$，则 $G_{\mathrm{p}} > 0$，记为 $+\mathrm{dB}$，表示测量值大于基准值。

②若 $P < P_0$，则 $G_{\mathrm{p}} < 0$，记为 $-\mathrm{dB}$，表示测量值小于基准值，不能误解为测量值为负。

③若 $P = P_0$，则 $G_{\mathrm{p}} = 0$，记为 $0\,\mathrm{dB}$，表示测量值等于基准值，不能误解为测量值为零。

在有线电视系统中，相对电平常用来表示一些器件的电气性能参数。例如，放大器输出功率和输入功率之比，叫作放大器的功率增益，若相对电平是正的，则表示放大器有放大能力；又例如，某段电缆的输出端电压和输入端电压之比，叫作电缆的衰减常数，如果相对电平是负的，则表示电缆有损耗。

（2）绝对电平

绝对电平定义为功率（或电压、电流）与同单位的规定基准值之比的常用对数。最常用的是绝对功率电平和绝对电压电平。

①绝对功率电平

在公式 $G_{\mathrm{p}} = 10\lg(P/P_0)$ 中，当基准功率值 P_0 选定 $1\,\mathrm{mW}$ 来计算某测量点的电平时，所得电平称为绝对功率电平。由于此时基准值为确定数值，绝对功率电平表示一个具有确定数值的物理量，为了区别于相对电平，需在其后标明基准值的单位，即在 dB 的后面加上 mW，记为 dBmW。同理，若 P_0 选定 $1\,\mathrm{W}$，则单位为 dBW。

因此，当 $P = 1\,\mathrm{mW}$ 时，该点绝对功率电平为 $0\,\mathrm{dBmW}$，即 $1\,\mathrm{mW}$ 对应于 $0\,\mathrm{dBmW}$。

同理，当 $P = 10\,\mathrm{mW}$ 时，对应于 $10\,\mathrm{dBmW}$；当 $P = 100\,\mathrm{mW}$ 时，对应于 $20\,\mathrm{dBmW}$。

②绝对电压电平

在公式 $G_{\mathrm{u}} = 20\lg(U/U_0)$ 中，当基准电压值 U_0 选定 $1\,\mu\mathrm{V}$ 时，所得电平即为绝对电压电平，记为 dBμV。

同理，当 $U = 1\,\mu\mathrm{V}$ 时，该点的绝对电压电平为 $0\,\mathrm{dB\mu V}$，即 $1\,\mu\mathrm{V}$ 对应于 $0\,\mathrm{dB\mu V}$。

同理，当 $U = 10\,\mu\mathrm{V}$ 时，对应于 $20\,\mathrm{dB\mu V}$；当 $U = 100\,\mu\mathrm{V}$ 时，对应于 $40\,\mathrm{dB\mu V}$；当 $U = 1000\,\mu\mathrm{V} = 1\,\mathrm{mV}$ 时，对应于 $60\,\mathrm{dB\mu V}$。即 $1000\,\mu\mathrm{V}$ 对应于 $0\,\mathrm{dBmV}$，对应于 $60\,\mathrm{dB\mu V}$。

我国一般选用 1 mW 和 1 μV 为基准值。

例题:利用相对电平和绝对电平可以很方便地计算电平值,例如放大器的增益为 20 dB,输入绝对电平为 70 dBμV,则输出绝对电平为(70+20) dBμV＝90 dBμV。这样计算是否合理呢? 让我们来验证一下。

输入绝对电平为

$$70 \text{ dB}\mu\text{V}=20\lg(U_i/1 \text{ }\mu\text{V})=20\lg\left(\frac{U_i}{1}\right)$$

由对数运算公式有

$$10^a=b, \lg b=a, \lg 10^x=x$$

所以

$$\lg U_i=70/20, U_i=10^{7/2}$$

放大器增益为

$$20 \text{ dB}=20\lg(U_o/U_i)$$
$$\lg(U_o/U_i)=1$$

所以

$$10^1=U_o/U_i$$
$$U_o=10U_i$$
$$U_o=10\times10^{7/2}=10^{1+(7/2)}=10^{9/2}$$

根据公式,输出绝对电平为

$$20\lg(U_o/1 \text{ }\mu\text{V})=20\lg(10^{9/2})=20\times9/2=90 \text{ dB}\mu\text{V}$$

由此可得出结论:电平值可以直接相加。

3. 场强

电磁波在某点的电场强度称为该点的场强,一般的,它的单位是 mV/m、μV/m。通常用 dBμV 来表示电视信号的强度,并规定 1 μV/m 的场强为 0 dBμV。

在开路广播电视接收中,根据接收地点的电场强度的大小,一般可分为强场强区、中场强区、弱场强区和微场强区等四个电场区域。表 1-3 列出了电场强度的分类和用途,表 1-4 列出了图像质量与接收场强之间的关系。

表 1-3   电场强度的分类和用途

分　类	电场强度/dBμV		用　途
	VHF	UHF	
强场强	94 以上	106 以上	发射区
中场强	74～94	86～106	服务区
弱场强	54～74	66～86	服务区
微场强	54 以下	66 以下	边缘区

表1-4　　　　　　　　　　图像质量与接收场强之间的关系

图像质量	电场强度（VHF）/dBμV
图像上完全没有干扰存在,图像清晰	60以上
图像上稍可觉察有干扰存在,图像良好	54～60
图像上能看出有干扰,图像一般	47～54
图像上干扰比较严重,尚可看到图像	40～47
图像上损伤或干扰极其严重,不能接收、观看	34以下

1.1.4　噪声、信噪比、载噪比与噪声系数

噪声是一切干扰和破坏有用信号的无用信号的泛指。有线电视系统中干扰会影响图像的清晰度,在屏幕上出现"雪花"或杂乱的干扰条纹,严重时会淹没有用信号。噪声是一个重要的指标。

噪声的来源为系统内部和系统外部。

系统内部噪声主要是由于各种元器件特性而产生的随机噪声,如电阻的热噪声、晶体管的散弹噪声等。

系统外部噪声也称为干扰,主要有天电干扰、其他电台发出的电磁波、工业干扰、天线热噪声等。

在具有接收天线的系统中,天线热噪声是主要的干扰源。

1. 信噪比

信噪比为视频信号功率与噪声信号功率之比,定义式为

$$信噪比 = S/N$$

式中　S——视频信号功率;

　　　N——噪声信号功率。

如果用分贝表示信噪比,则得到公式:

$$信噪比 = 10\lg(S/N)（dB）　或　信噪比 = S - N（dB）$$

噪声对画面质量的影响程度不是直接取决于噪声的功率大小,而是取决于噪声与信号的比例。当信号强的时候,可以忍受的干扰波就大些;而当信号弱的时候,即使很小的噪声也会成为明显的干扰,使画面质量明显下降。如果想在接收端看到满意的图像,信噪比就必须达到规定的要求,否则即使提高信号的电平,也不能保证信号的质量。图像信噪比与图像质量等级之间的关系如表1-5所示。

表1-5　　　　　　　　　图像信噪比与图像质量等级之间的关系

图像质量等级	人眼感觉到的干扰与损伤造成的影响程度	主观评价	图像信噪比/dB
5级	图像上不觉察有损伤或干扰存在,图像清晰	优	45.5
4级	图像上稍可觉察有损伤或干扰存在,图像良好	良	36.6
3级	图像上能看出有损伤或干扰,图像一般,令人厌恶	中	29.9
2级	图像上干扰比较严重,尚可看到图像,令人相当厌恶	差	25.4
1级	图像上损伤或干扰极其严重,不能观看	劣	23.1

2.载噪比

无论是有线电视传输系统还是无线电视传输系统,电视信号都是对载波进行调制后才传输的。因此,可用载噪比来衡量噪声对载波的损伤程度,载噪比是衡量电视传输系统性能好坏的主要指标。在有线电视系统中,常用信号载波功率与噪声信号功率的比值来表示载噪比。

如果用分贝表示载噪比,则得到公式:

$$载噪比 = 10\lg(C/N) \ (dB)$$

对于 PAL 制,载噪比和信噪比的关系为

$$C/N = S/N + 6.4 \ (dB) \tag{1-5}$$

式中　C——信号载波功率;

　　　N——噪声信号功率。

式(1-5)说明载噪比电平比信噪比电平高 6.4 dB。

3.噪声系数

噪声系数定义为四端网络输入端信噪比与输出端信噪比的比值,用 dB 表示。它用来表示信号经过有源器件后损失了多少信噪比。用公式表示为:

$$NF = \frac{p_{SI}/p_{NO}}{p_{SO}/p_{NO}} \tag{1-6}$$

如果用分贝表示噪声系数,则得到公式:

$$噪声系数 = 10\lg(NF) \ (dB) \tag{1-7}$$

由于实际电路内部必然有噪声,输出端信噪比总小于输入端信噪比,因此,$NF > 1$,且 NF 值越大,表示内部噪声越大。

1.2　有线电视系统概述

有线电视(CATV)系统是使用电缆、光缆和微波等介质或它们的组合传输、分配和处理电视信号,并将信号送至用户端的系统。目前,有线电视系统不仅能够传输电视信号和调频广播信号,还可以传输数字信号,并将电视、通信和计算机融为一体,为用户提供更多更便捷的服务。随着城市的发展,高层建筑和各类电磁干扰源日益增多,电视屏幕上的各种干扰也日趋严重,为了提高电视信号的接收质量,有线电视系统首先在城市中发展起来。同时,随着科学技术的发展,光纤传输技术、微波技术、卫星通信技术等多种传输技术的使用,使电视信号的传输质量更高,传输距离更远,网络规模更大,终端用户更多。

有线电视系统发展至今已有 50 多年历史,从共用天线系统的初级阶段开始,为了解决因接收点离发射台距离较远而导致的接收信号较弱、干扰严重不能正常接收信号、高层建筑阻挡引起电视信号的多次反射造成画面重影严重等问题,采用了公共天线电视接收系统。

成长阶段的有线电视系统满足了人们对电视节目数量和质量的要求,在新技术和新器材的研制和发展上逐渐产生了由前端系统、干线传输系统、用户分配网络系统组成的有线电视系统。随着前端系统的不断发展和完善,电视节目的数量和质量大大提升,为人们

提供了更多更好的节目。干线传输系统和用户分配网络系统的发展,提高了传输距离并扩大了服务范围。有线电视系统不仅可以接收本地开路广播电视信号,播放录像节目,也可以通过卫星电视接收天线接收卫星广播电视节目,以及接收微波接力信号。由于技术的不断进步,光纤干线传输、微波干线传输得到了广泛应用,使得有线电视网络不断扩大,覆盖范围不断增大,信号质量不断提高。

经过 50 多年的不断发展,目前有线电视系统进入了成熟阶段。我国广播电视传输网络的组成分为三级:由国家和省级网络中心构成的国家环网;省级和地级网络中心构成的省级环网;地级和县级网络中心构成的地级环网。各网络中心之间用光纤干线连接,采用双向传输方式以实现各种交互业务,如通信、视频点播等功能。除了提供电视收视业务之外,还开展各种综合业务,包括语音、图像、视频、数据的传输;还可以实现数字信息传输和交换,以传输数字信息为主,同时具有强大的数据交换能力。

1.2.1 有线电视系统的组成

目前比较典型的有线电视系统主要由五部分组成:信号源、前端系统、干线传输系统、用户分配网络系统,最后还应该有用户终端即电视机。如图 1-10 所示。

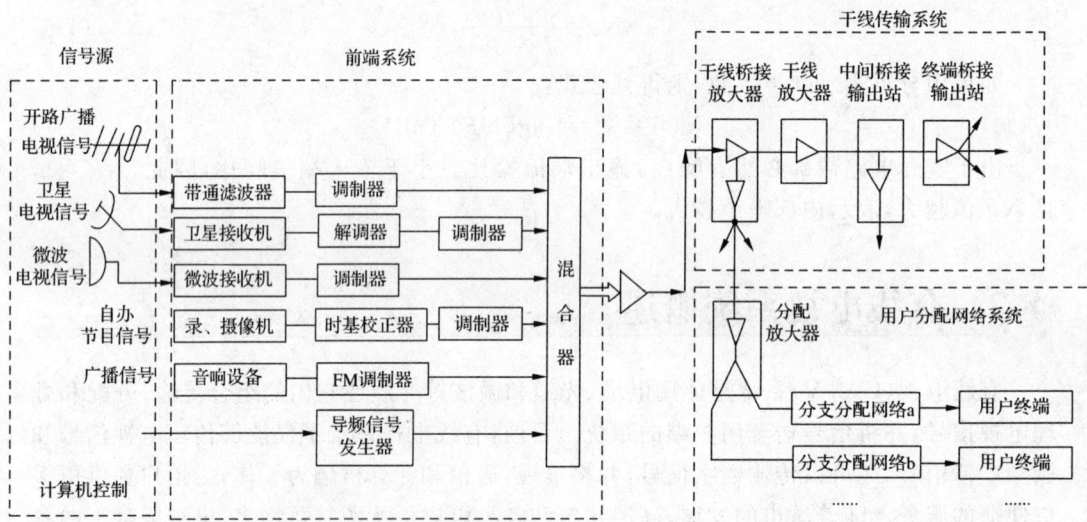

图 1-10 有线电视系统组成框图

有线电视系统的网络根据规模的大小和用户(终端)的多少一般可分为小规模(300～500 户)、中规模(500～3000 户)和大规模(3000 户以上)三种,而各个系统包含多少个部件和设备,要视具体要求而定。

1. 信号源

有线电视系统的信号源分为两大类:一类是从空中收转的各种电视信号,包括卫星地面站接收的模拟和数字卫星电视信号,本地电视台发射的 V 段、U 段开路广播电视信号,其他有线电视台通过微波站传送的微波电视信号;另一类是有线电视系统利用摄像机、录像机、电影电视设备、DVD 播放设备、字幕机、切换矩阵、编辑机、演播室及转播车等的自办节目信号,以及同样由本地电视台发射的调频广播信号。自办节目大大增加了用户所能收看的节目数量。

为了接收开路广播电视信号,有线电视台需要安装高质量的接收天线。通常,接收VHF频段的电视信号时,应采用单一频道的天线,同时天线放大器也是单频道的,这样可以有效地避免其他频道信号的干扰;接收UHF频段的电视信号时,则采用宽频段天线,对于空中信号较弱的频道,一般在天线下加装放大器,以提高增益和信噪比。

归纳来说,有线电视系统的信号源有五种,分别为开路广播电视信号、卫星电视信号、微波电视信号、自办节目信号以及广播(FM)信号。

为了接收卫星转发的电视信号,有线电视台需要安装口径为3～6米的抛物面天线以及配套的馈源、高频头和卫星接收机等。一般来说,接收一颗卫星的电视节目,需要一副抛物面天线和相应配套的馈源,以及若干个卫星接收机。

为了接收从其他有线电视台通过微波或光缆传送的电视信号,有线电视台还需要加装微波接收天线、微波接收机和光接收机。微波电视信号的质量比卫星电视信号差,但比开路广播电视信号好。

对于自办节目信号,有线电视台应该配有必要的播控设备,以及摄像机、录像机、广告编辑机、特技图文处理设备、切换台、数字信号处理设备、系统管理计算机等。

总之,信号源部分的主要设备是接收天线,接收天线的好坏直接影响整个系统的收看效果。要根据信号的强弱安装相应的低噪声天线放大器或陷波器,以提高接收信号的质量。

2.前端系统

前端系统的功能就是接收和处理电视信号。主要作用是将各种信号源(包括开路广播电视信号、卫星电视信号、微波电视信号、自办节目信号等)送来的音频、视频和射频信号进行必要的处理,包括滤波、频率变换、解调、调制、放大、混合等,使其满足邻频传输的技术要求,并转换为射频信号,最终将全部信号混合为一路信号输出至干线传输系统(电缆干线、光发射机或微波发射机),然后通过干线传输系统(同轴电缆、光缆或微波传输)和分配网络系统送至用户端。例如,对于当地的无线发射广播电视台发出的信号,一般要经过频率变换,将该频道的信号变换成其他频道的信号后再进入系统传输,以避免空中发射的强信号直接窜入用户电视机而形成重影。对于UHF频段的电视信号,往往也需要将其变换成VHF频段的标准频道或者增补频道信号后再进入系统传输。对于卫星接收机、微波接收机解调出的音频、视频信号和自办节目的音频、视频信号,还要调制成其他频道的射频信号后才能进入混合器,这样才能使各个不同的节目能互不干扰地在系统内传输。

前端系统设备的质量与调制效果的好坏,将直接影响整个有线电视系统图像和伴音信号的传输质量和接收效果。如果前端系统输出的电视信号质量劣化,则一般很难在系统后面部分的电路进行补救。

3.干线传输系统

干线传输系统的任务是将前端送来的多路合成电视射频信号高质量地送至用户分配网络系统,其传输方式有同轴电缆,光纤、光缆和微波传输三种。

同轴电缆是最传统的传输方式,具有成本低、技术简单、设备可靠性好和安装方便等特点。但因为信号电平在电缆中传输损耗较大，往往每隔几百米就需要安装一台放大器，以补偿信号的损耗，这样就容易引入噪声和非线性失真，使得传输信号质量受到严重影响，限制传输距离。因此，纯电缆传输方式目前仅用在较小的系统中或大系统中靠近用户分配网络系统的部分。

光纤、光缆传输方式是利用光发射机将信号转换成红外光信号后使其通过光导纤维传输，在光导纤维的末端用光接收机把红外光信号转换回电信号。光纤传输具有频带宽、损耗低、抗干扰性强、性能稳定等优点。

随着技术的发展，光纤传输的应用成本不断下降，目前在干线传输距离超过 3 km 时，光纤、光缆传输方式的成本低于同轴电缆传输方式的成本。所以，目前光纤、光缆传输方式已经得到了广泛应用。

微波传输方式是将高频电视信号转换成几千兆到几十千兆赫兹的微波频段信号后通过定向或全方位向服务区发射，在接收端再通过微波接收机转换回高频电视信号，通过用户分配网络系统送至用户端或用户直接用电视机收看。微波传输方式不需要敷设电缆或光缆，只需要架设发射、接收天线，施工简单，更改线路容易，所传输的信号质量比较高，特别适合山区或距前端很远的居民区。但在雨、雾、雪天气状况下接收质量会受到影响，同时还容易受到建筑物的阻挡和反射，产生阴影区或形成重影。

以上三种传输方式各有其优缺点，在实际应用时经常会混合使用。例如，在中心城区，本地前端至各中心前端和中心前端至用户分配网络系统采用光纤、光缆传输方式，部分距前端较远的用户分配网络系统采用同轴电缆传输方式，郊区或边远山区与前端之间可以采用微波传输方式。

4.用户分配网络系统

用户分配网络系统是有线电视系统的最后部分，它的任务是将前端送来的电视射频信号分配给千家万户。如果把整个传输系统形象地比作一棵树的话，那么干线传输系统可看作是树干，而用户分配网络系统就好比是树枝，将干线传输系统送来的高频电视信号合理地分配给各个用户。

用户分配网络系统由分配放大器、分支分配网络、线路延长放大器以及连接它们的分支线、用户线、分支器、分配器、用户终端盒等各种有源、无源器件组成。分配放大器的功能是补偿支线中的信号损失，放大信号功率以支持更多的用户。为了能把信号分配给更多的用户，分配放大器通常具有较高的输出电平。分配器和分支器是把信号分配给各条支路和各个用户的无源器件，要求有较好的隔离和适当的输出电平。

为了保证用户能够收看到高质量的电视节目，国家标准规定用户输出口电平应该为 $60 \ \mathrm{dB}\mu V \sim 80 \ \mathrm{dB}\mu V$，在进行系统设计时为了兼顾工程施工成本，一般将用户输出口电平控制在 $69 \ \mathrm{dB}\mu V$ 左右。

用户分配网络系统一般从干线终端的干线放大器或分支器提取信号，再经用户分配网络传送给用户。用户分配网络系统的分支、分配线路多采用星形放射状分布，线路短、放大器少、覆盖率高。用户分配网络系统一般采用较细的同轴电缆以降低成本和便于施工。

用户分配网络系统的网络构成形式有四种，分别为分配-分配结构、分支-分支结构、分支-分配结构和分配-分支结构。

1.2.2 有线电视网络的频率配置

1.地面开路广播电视系统标准电视频道分布

我国模拟电视标准采用的是 PAL-D 制,其射频全电视信号的带宽为8 MHz,并采用频分复用技术把不同的电视节目运载到不同的频道上,因此,一个频道占有的带宽也是 8 MHz。图像信号上边带标称带宽为 6 MHz,残留边带的标称带宽为 0.75 MHz,伴音信号的标称带宽为 0.5 MHz,其载波频率比图像信号的载波频率高出6.5 MHz。

我国早期地面开路广播电视系统规定的标准电视频道分布如下:

VHF Ⅰ 波段 (48.5 MHz~92 MHz) 为标准电视频道 DS1~DS5;

VHF Ⅲ 波段(167 MHz~223 MHz)为标准电视频道 DS6~DS12;

UHF Ⅳ 波段(470 MHz~566 MHz)为标准电视频道 DS13~DS24;

UHF Ⅴ 波段(606 MHz~958 MHz)为标准电视频道 DS25~DS68。

模拟电视频道中一共有 68 个标准频道,另外还规定:87 MHz~108 MHz 频段专门用于调频广播,5 频道与调频广播使用的频段重叠,一般不再使用。所有这些频道的序号都是连续排列的,但是其中某些频道的频率却相差很多,如 12 频道和 13 频道。地面开路广播电视系统标准电视频道的频谱分布如图 1-11 所示。

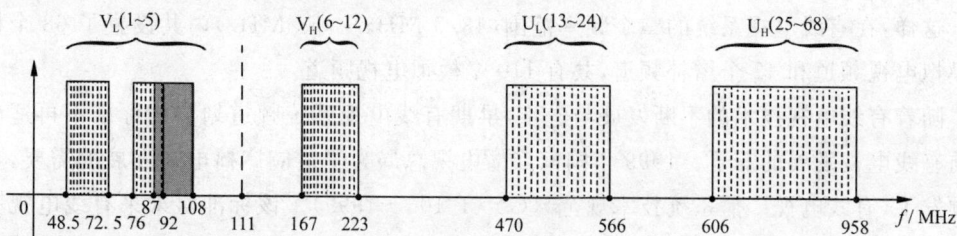

图 1-11　地面开路广播电视系统标准电视频道的频谱分布图

2.有线电视系统的频道配置

由地面开路广播电视系统频道划分可知,有线电视系统除了兼容使用开路电视标准的频道之外还可开发利用开路电视广播空闲的频段,成为自己独有的频道,即增补频道。如图 1-12 所示。

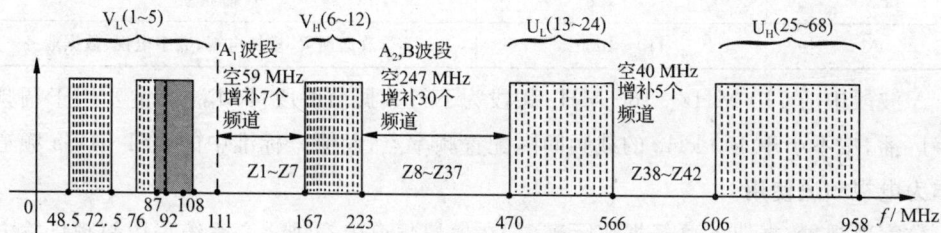

图 1-12　有线电视全频道传输系统频谱分布图

由图 1-12 可知,调频广播与 6 频道(DS6)之间有 59 MHz 的空闲间隔,12 频道 (DS12)与 13 频道(DS13)之间有 247 MHz 的空闲间隔,24 频道(DS24)与 25 频道 (DS25)之间有 40 MHz 的空闲间隔。有线电视系统分别把这些间隔的频段扩展成 A₁ 波段(111 MHz～167 MHz)的增补频道 Z1～Z7,A₂ 波段(223 MHz～295 MHz)的增补频道 Z8～Z16,B 波段(295 MHz～470 MHz)的增补频道 Z17～Z37 和(566 MHz～606 MHz)的增补频道 Z38～Z42。

如果分段来解释图 1-12 中有线电视系统频道的划分,有以下几点需要说明:

(1)48.5 MHz～92 MHz 是 V 段低端(VHF I 波段)1～5 频道的位置;

(2)92 MHz～111 MHz 用于调频广播(FM);

(3)111 MHz～167 MHz 是空闲段,有线电视系统在此设置了 7 个增补频道(A₁ 波段);

(4)167 MHz～223 MHz 是 V 段高端(VHF III 波段)6～12 频道的位置;

(5)223 MHz～295 MHz 和 295 MHz～470 MHz 同样是空闲段,有线电视系统在此设置了 30 个增补频道(A₂ 和 B 波段);

(6)470 MHz～566 MHz 是 U 段低端(UHF IV 波段)13～24 频道的位置;

(7)566 MHz～606 MHz,有线电视系统在此又增补了 5 个频道;

(8)606 MHz～958 MHz 是 U 段高端(UHF V 波段)25～68 频道的位置。

这样,在有线电视系统的整个频率范围(48.5 MHz～958 MHz)内共设置了 68 个标准模拟电视频道和 42 个增补频道,共有 110 个模拟电视频道。

随着有线电视技术的不断发展与进步,早期有线电视系统频道划分的标准不再适应当前有线电视发展的需要。1999 年国家广播电视总局为了适应广播电视发展的需要,重新颁发了《有线电视广播系统技术规范》(GY/T 106-1999)。该标准对未来有线电视频率配置作了新的规划,更多地考虑了有线电视未来的发展,特别是上行信号及数据传输技术的发展。波段划分如表 1-6 所示。

表 1-6 有线电视广播系统波段划分

波 段	频率范围/MHz	业务内容
R	5～65	上行业务
X	65～87	过渡带
FM	87～108	广播业务
A	110～1000	下行数据预留、模拟电视、数字电视、数据业务

A 波段中的 110 MHz～160 MHz 频段为下行数据预留段;FM 波段主要用于调频及数字广播,按不小于 400 kHz 的载频间隔配置频率点;而原来标准中的 DS1～DS5 频道不再作为电视频道使用。

数字电视、数据业务可根据实际需要,在模拟频道内安排。令系统采用邻频传输方式配置频道,系统的容量将更大。我国有线电视系统模拟电视频道划分及分配如表 1-7 所示,Z 为增补频道。

表 1-7　　　　　　　　　　我国有线电视系统模拟电视频道划分及分配表

甚高频段（VHF）

频道代号	频率范围/MHz	图像载频/MHz	伴音载频/MHz
Z1	111～119	112.25	118.75
Z2	119～127	120.25	126.75
Z3	127～135	128.25	134.75
Z4	135～143	136.25	142.75
Z5	143～151	144.25	150.75
Z6	151～159	152.25	158.75
Z7	159～167	160.25	166.75
DS7	175～182	176.25	182.75
DS8	182～191	184.25	190.75
DS9	191～199	192.25	198.75
DS10	199～207	200.25	206.75
DS11	207～215	208.25	214.75
DS12	215～223	216.25	222.75

特高频段（UHF）

频道代号	频率范围/MHz	图像载频/MHz	伴音载频/MHz
Z8	223～231	224.25	230.75
Z9	231～239	232.25	238.75
Z10	239～247	240.25	246.75
Z11	247～255	248.25	254.75
Z12	255～263	256.25	262.75
Z13	263～271	264.25	270.75
Z14	271～279	272.25	278.75
Z15	279～287	280.25	286.75
Z16	287～295	288.25	294.75
Z17	295～303	296.25	302.75
Z18	303～311	304.25	310.75
Z19	311～319	312.25	318.75
Z20	319～327	320.25	326.75
Z21	327～335	328.25	334.75
Z22	335～343	336.25	342.75
Z23	343～351	344.25	350.75
Z24	351～359	352.25	358.75
Z25	359～367	360.25	366.75
Z26	367～375	368.25	374.75
Z27	375～383	376.25	382.75
Z28	383～391	384.25	390.75

频道代号	频率范围/MHz	图像载频/MHz	伴音载频/MHz
Z29	391～399	392.25	398.75
Z30	399～407	400.25	406.75
Z31	407～415	408.25	414.75
Z32	415～423	416.25	422.75
Z33	423～431	424.25	430.75
Z34	431～439	432.25	438.75
Z35	439～447	440.25	446.75
Z36	447～455	448.25	454.75
Z37	455～463	456.25	462.75
DS13	470～478	471.25	477.75
DS14	478～486	479.25	485.75
DS15	478～494	487.25	493.75
DS16	494～502	495.25	501.75
DS17	502～510	503.25	509.75
DS18	510～518	511.25	517.75
DS19	518～526	519.25	525.75
DS20	526～534	527.25	533.75
DS21	534～542	535.25	541.75
DS22	542～550	543.25	549.75
DS23	550～558	551.25	557.75
DS24	558～566	559.25	565.75
DS25	566～614	607.25	613.75
DS26	614～622	615.25	621.75
DS27	622～630	623.25	629.75
DS28	630～638	631.25	637.75
DS29	638～646	639.25	645.75
DS30	646～654	647.25	653.75
DS31	654～662	655.25	661.75
DS32	662～670	663.25	669.75
DS33	670～678	671.25	677.75
DS34	678～686	679.25	685.75
DS35	686～694	687.25	693.75

频道代号	频率范围/MHz	图像载频/MHz	伴音载频/MHz
DS36	694～702	695.25	701.75
DS37	702～710	703.25	709.75
DS38	710～718	711.25	717.75
DS39	718～726	719.25	725.75
DS40	726～734	727.25	733.75
DS41	734～742	735.25	741.75
DS42	742～750	743.25	749.75
DS43	750～758	751.25	757.75
DS44	758～766	759.25	765.75
DS45	766～774	767.25	773.75
DS46	774～782	775.25	781.75
DS47	782～790	783.25	789.75
DS48	790～798	791.25	797.75
DS49	798～806	799.25	805.75
DS50	806～814	807.25	813.75
DS51	814～822	815.25	821.75
DS52	822～830	823.25	829.75
DS53	830～838	831.25	837.75
DS54	838～846	839.25	845.75
DS55	846～854	847.25	853.75
DS56	854～862	855.25	861.75
DS57	862～870	863.25	869.75
DS58	870～878	871.25	877.75
DS59	878～886	879.25	885.75
DS60	886～894	887.25	893.75
DS61	894～902	895.25	901.75
DS62	902～910	903.25	909.75
DS63	910～918	911.25	917.75
DS64	918～926	919.25	925.75
DS65	926～934	927.25	933.75
DS66	934～942	935.25	941.75
DS67	942～950	943.25	949.75
DS68	950～958	951.25	957.75

对于单向有线电视系统而言：

（1）300 MHz 的邻频系统拥有 28 个频道资源（12 个标准频道、16 个增补频道）；

（2）450 MHz 的邻频系统拥有 47 个频道资源（12 个标准频道、35 个增补频道）；

（3）550 MHz 的邻频系统拥有 59 个频道资源（22 个标准频道、37 个增补频道）；

（4）750 MHz 的邻频系统拥有 84 个频道资源（42 个标准频道、42 个增补频道）；

（5）862 MHz 的邻频系统拥有 98 个频道资源（56 个标准频道、42 个增补频道）。

3.现代双向有线电视系统的频谱划分

现代有线电视网络都是双向传输系统，广泛采用的结构是 HFC，即同轴电缆和光缆混合网。同轴电缆分配网络如果想实现双向传输，就只能采用频分复用的方式，所以系统中必须考虑上、下行频率的分割问题。频率分割的方案有三种，其一为低分割方案，即将上行通道设定在5 MHz～30 MHz 频段；其二为中分割方案，即将上行通道设定在 5 MHz～108 MHz 频段；其三为高分割方案，即将上行通道设定在高于下行通道的频段。其中，中分割方案因为上行通道所占的频段包含了调频广播的频段，所以一般不宜采用；高分割方案虽然有利于减少回传噪声带来的影响，但设备成本高，频谱利用率低，因此也很少采用；至于低分割方案，其上行通道已经越来越不能满足日益增长的有线电视系统综合业务的需求。因此，在实际应用中，广泛采用扩展低分割方案，即将上行通道扩展至5 MHz～42 MHz 频段或 5 MHz～65 MHz 频段。表 1-8 为现行的一些国际标准中有线电视双向系统的频谱划分，表 1-9 为我国行业标准中有线电视双向系统的频谱划分。

表 1-8　　　　　　现行的一些国际标准中有线电视双向系统的频谱划分

	欧 DVB-C	美 DOCSIS 1.0	日本	Euro DOSI 1.0
上行/MHz	5～56	5～42	10～55	5～65
下行/MHz	70～130,300～826	88～860	90～770	108～862

表 1-9　　　　　　我国行业标准中有线电视双向系统的频谱划分

	GY/T 106－1999
上行/MHz	5～56
下行/MHz	调频广播87～108 模拟、数字电视，数据业务 110～1000

1.2.3　有线电视的邻频传输技术

前端系统的发展与有线电视系统的发展密切相关。早期的有线电视系统由于节目量较少而采用隔频传输的方式，设备少、成本低、频道容量小，现在已经不采用了。随着有线电视系统规模的扩大，节目数量的增多，采用邻频传输的方式才能满足频道容量大、信号质量高的要求。采用邻频传输技术的前端称为邻频前端。

现阶段发展的有线电视系统和综合信息网，集电视、电话、计算机于一个网络，构成智能型前端。大型系统的前端通常不止一个，其中直接与系统干线连接的前端称为本地前端；通过架设的接收天线或卫星接收天线接收经过长距离传输至本地前端的信号的前端设备机房称为远地前端；设置于服务中心，接收来自开路广播电视信号、卫星电视信号及其他可能信号的前端称为中心前端。

在本地前端中的邻频前端主要有两种类型,一是频道处理型前端,即把电视接收天线接收到的开路广播电视信号先下变频成图像载频为 38 MHz、伴音载频为 31.5 MHz 的中频信号,然后中频处理器对信号进行处理,使之满足邻频传输的技术要求,最后再经过一个上变频器,把经过处理的中频信号变换为所要传输的高频信号。二是调制器型前端,即把电视接收天线接收到的开路广播电视信号,通过一个解调器变换为视频和音频信号,再经过一个调制器变换为中频信号,最后经过中频和上变频处理变换为高频信号输出。这种方式的特点是前端输出设备采用的调制器设备一致性较好,便于调试。由于标准解调器的成本较高,频道处理型前端得到较好的应用。

1. 邻频前端的主要功能

(1)提高载噪比

载噪比是有线电视系统的重要指标之一,而第一级的噪声往往对整个系统的噪声系数影响最大,因此,提高载噪比是前端的首要任务。当天线接收到的信号较弱时,前端就需要加入低噪声天线放大器来改善系统的噪声系数,对天线接收到的各频道信号采用频道型天线放大器以滤除部分干扰和噪声。放大器将各频道电视信号分别放大到一定的电平,以满足系统对载噪比的要求。由于接收到的各频道信号强弱不同及干扰噪声的存在,最好选用专用频道放大器对信号进行放大和调整,这样可滤去部分干扰和噪声。但当天线接收到的信号较强时,需用衰减器,而不用放大器。

(2)频道转换

为了合理配置传输频道,避开干扰或衰减,前端需要采用信号处理器或解调、调制组合来变换某些频道。例如,把接收到的卫星电视信号、UHF 频段电视信号和微波电视信号转换到 VHF 频段的某一标准频道或增补频道上。

(3)邻频处理

为了充分利用频道资源,在规定的传输频带内尽可能多地传输节目套数。目前大型有线电视系统均采用邻频配置方式,前端必须采用某些技术手段进行邻频处理,以满足邻频传输的技术要求。

(4)调制与解调

卫星电视信号的调制方式与有线电视系统中的调制方式不同,所以当接收卫星电视信号时,首先要解调出视频、音频信号,再调制为某一选定频道的射频信号。自办节目信号也需要调制为某一选定频道的射频信号,以满足有线电视系统的传输要求。

(5)抑制非线性失真

为了抑制和减小各种失真和干扰,在前端的天线放大器和射频设备中广泛采用各种带通滤波器。此时,各频道之间的互调失真和交调失真对系统的影响可以忽略不计,前端的非线性失真主要考虑频道内的三次互调失真。

(6)电平调整与控制

为了使传输频带内的各个电视信号的强度符合系统要求,前端一般采用固定衰减器或可变衰减器来调整各频道信号的电平;为了获得良好的系统特性,减小输出电平的波动,前端需要采用自动电平控制(ALC)技术来保证干线传输网络获得一个相对稳定的工作电平。

（7）混合

将各频道信号的电平调整到大致相同的合适值，经混合器混合成一路信号（包含所有电视节目的多频道宽带射频信号），为干线传输网络提供一个高质量的混合电视射频信号。

（8）产生导频信号

在大型的同轴电缆干线传输系统中，为了补偿同轴电缆的衰减和温度特性，干线放大器必须具有自动增益控制（AGC）和自动斜率控制（ASC）功能。因此，前端必须向干线放大器提供用于使 AGC 和 ASC 正常工作的导频信号。

（9）分配

将混合后的多频道宽带射频信号经分配器分为多路，输出至传输干线和监视器。

2．邻频前端的主要技术指标

随着有线电视系统的发展，能够使用的频道数大大增加，传送的节目套数也大大增加，所以在较大规模的系统中，基本都采用邻频传输技术。邻频传输就是使用相邻标准电视频道与相邻增补频道进行传输的多频道传输体制。在邻频前端中，为了避免各频道间的相互干扰，一般每个频道都有一套独立的接收和调制设备，各频道间设有共用的有源设备。虽然前端系统的成本提高了，但却避免了非线性失真，各频道比较容易实现高电平输出，弥补了无源混合器的高插入损耗，使前端输出电平的调整较为方便，确保了整个有线电视系统的信号质量。

对邻频前端系统（设备）更高的技术指标要求如下：

（1）边带特性

为了保证邻频系统中各频道之间互不干扰，要求邻频前端输出的电视信号在 $-1.25\ \text{MHz}$ 和 $+6.75\ \text{MHz}$ 的范围内边带抑制比大于 $-50\ \text{dB}$，否则难以保证邻频传输系统的信号质量。

（2）带外抑制比

为了防止频道寄生物对频道产生干扰，要求前端设备通过调制器和频道处理器对信号进行中频处理，使其输出的频道载波电平与寄生信号电平的比值即带外抑制比 $>60\ \text{dB}$，波形规则，频谱纯。所以，在邻频前端中，要求使用严格的残留边带滤波器，使其有很高的选择性，以保证每个频道频谱的纯净，避免对其他频道产生干扰。

（3）载波频率稳定度

在邻频传输系统中，邻频输出图像和伴音两个载波。这两个载波的频差应严格保持在 $6.5\ \text{MHz}$，其绝对频率偏差不超过 $20\ \text{kHz}$。图像载波和伴音载波振荡器应采用石英晶体振荡器，并利用锁相环技术稳定两个载波频率，否则会因频率漂移而产生图像和伴音失真。

（4）伴音图像载波功率比（A/V）可调

邻频传输时，两个频道之间的伴音载频和图像载频只相距 $1.5\ \text{kHz}$，所以伴音载波功率与图像载波功率之比不仅对本频道有影响，对相邻频道的图像也有影响。A/V 过大会导致电视机屏幕上出现网纹干扰，因此，要求系统中所有频道的 A/V 必须可调，而且可以分别调整。一般 A/V 可在 -23 dB ~ -17 dB 调整,即伴音载波电平应比图像载波电平至少低 17 dB,才能避免下邻道的伴音对上邻道造成干扰。另外,系统中所有频道的 A/V 应尽量调整一致,否则,将出现电视机更换频道时各频道声音大小不一的现象。

(5)前端设备输出电平的稳定性

在邻频传输系统中,为了防止高电平频道对低电平频道的干扰,各频道信号的电平差越小越好。一般规定相邻频道之间输出信号的电平差应该在 ± 1.5 dB 以内,同时要求系统内的任何频道幅度变化不大于 2 dB,以免造成图像清晰度下降、镶边和轮廓不清等现象。通带内信号幅度波动要小,要求相对于图像载频变化在 -0.75 MHz $\sim +6$ MHz 内,幅度变化小于等于 1 dB。

(6)具有宽频带、高隔离度的混合器

邻频传输系统的电视频道多,所以混合器的频带要宽,其隔离度为 -30 dB,插入损耗为 -20 dB ~ -15 dB,反射损耗应少于 16 dB,传输特性曲线要平坦。

1.2.4 现代有线电视系统的特点及优点

与传统的有线电视传播方式相比,现代有线电视系统的特点及优点如下:

1. 图像质量好

有线电视系统采用优质天线来接收信号,同时在前端进行处理,从而提高了信噪比。这样可以解决位于电视弱场强区和阴影区用户的电视接收问题,减少雪花干扰,消除重影现象,提高电视覆盖率。由于采用电缆和光缆等有线媒质来传送信号,不受地形和高层建筑的影响,避免了空间电磁波的干扰,保证了信号源的高质量,可传送高清晰的电视信号。

2. 增加了频道数量,传送距离远

有线电视系统是一个独立的系统,在系统内部传送信号不受外界干扰,也不会干扰其他系统的信号,因而最大限度地利用了频率资源。有线电视系统既可以传送开路广播电视节目,又可以传送卫星电视节目、微波电视节目和电视台的自办节目等多种电视信号;除了国家统一的电视标准频道外,还可设立几十个增补频道;也可以采用先进的邻频传输技术,使得可传送的节目套数大大增加。

3. 规模大,相对成本低

有线电视系统的规模大主要体现在用户数量多,节目套数多,覆盖范围大等方面,它可以将几十套高质量的电视信号传送给千家万户。有线电视系统采用高质量的信号源,保证信号的高水平接收。可接收的信号包括当地的开路广播电视信号、卫星电视信号、自办节目信号等。利用有线电视系统的多种传输方式(电缆、光缆、微波),可以远距离、高质量地传输电视信号,所覆盖的范围大,用户多。同时,成千上万的用户共用一组天线来收看节目以及传输线在地下铺设,既可以节省大量的金属材料,降低成本,又能统一规划,合理布线,打破地域界限,消除"天线森林"的现象,美化了城市环境。

4. 组网灵活,可逐步发展

现代有线电视系统的建立可以在现有的财力范围内,分区、分阶段逐步建设。由于有线电视系统传输方式的多样化,既可以电缆传输,也可以光缆传输,还可以混合传输(HFC),在建网时只需要预留出相应的接口即可,组网非常灵活,可以边建网边受益。

5.频率资源充分利用，设备成熟

频率资源是有限的，我国对无线传播的电磁波频段有着严格的规定，为了避免各种无线电信号的相互干扰，有许多频点被空置，频率资源不能充分利用。有线电视系统采用闭路传输，同轴电缆上传输的信号不会辐射到空间形成干扰，因此，不仅可以采用邻频传输，还可以利用无线传输的其他频段，从而使频率资源得到充分利用。另外，经过长期的发展和实践，有线电视系统中的各个相关设备标准越来越高，设备越来越成熟，提供的电视信号质量越来越好。

6.功能多，附加增值业务潜力大，便于综合利用

有线电视系统的最大优点是可以实现综合利用。有线电视系统是一个大型的宽带网络，把千家万户联系起来。随着有线电视的数字化，有线电视系统采用双向传输技术，可以使其功能大大增加。在有线电视网络中我们不仅可以传输电视节目，还可以传送电话业务包括可视电话、股票业务及各种数据传输、视频点播及上网冲浪、电视购物、电子银行、远程教育等多项增值服务。此外，还能完成自动收费、自动加解扰功能，完成对系统工作状态的监控、故障诊断及报警等功能。用户从单纯的收视者变成了积极的参与者，有线电视网络已经成为多功能的服务网。

知识梳理与总结

本章作为第1章，相当于绪论。首先介绍了电视信号的基本概念，包括电磁波传播的基本概念；讲解了电磁波的极化方式，包括水平极化波、垂直极化波和圆极化波；介绍了电磁波的波段划分以及电磁波的常用波段和用途；介绍了电磁波的传播方式有视距传播、天波传播、地表面传播、同轴电缆传播、波导管传播等几种。

有线电视系统中，常见的电视信号种类有三种，即视频信号、音频信号和射频信号。电视技术就是传送和接收这些信号。彩色全电视信号包含了电视成像时所需的各种信号：①行、场同步信号；②行、场消隐信号；③亮度信号；④色度信号；⑤色同步信号。本章简单地介绍了这些信号的作用。

本章简要地介绍了采用分贝来表示电功率、电压、电流等电量大小的方法，使用分贝的优点，如可以把较大的数字转换为较小的数字，把乘除运算转换为加减运算，用分贝来表示电声性能更符合人们听觉上的特征等。

本章系统地介绍了有线电视系统的基础知识，包括有线电视信号的来源、有线电视系统的组成、有线电视网络的频率配置、邻频传输技术、邻频前端系统更高的技术指标要求等。这些内容是本章的重点。

有线电视信号源包括开路广播电视信号、卫星电视信号、微波电视信号、自办节目信号、广播节目信号五种。有线电视主要由四个部分组成，即信号源、前端系统、干线传输系统、用户分配网络系统。有线电视网络的频率配置也是很重要的内容，由开路电视频道划分可知，有线电视系统除了兼容开路电视标准频道之外，还可开发利用开路电视广播空闲

的频段成为增补频道。随着有线电视系统规模的扩大,节目数量的增多,采用邻频传输的方式才能满足频道容量大、信号质量高的要求。采用邻频传输技术的前端称为邻频前端。邻频前端系统的主要功能有:可以提高载噪比;可以进行频道转换;可以进行邻频处理;可以对信号进行调制与解调;可以抑制非线性失真;能够对信号电平进行调整与控制;将各种信号进行混合,变为一路信号输出;产生导频信号以及将混合后的信号经分支器、分配器分成多路传输。

通过本章的学习,学生建立起有线电视系统的基本概念,这些基本概念能够为学生学习其他章节奠定良好的基础。

思考与练习题

1-1　什么是有线电视系统?

1-2　有线电视系统的主要优点有哪些?

1-3　画出有线电视全频道传输系统的频谱分布图,并对所有频道配置进行说明。

1-4　根据图1-10,简述有线电视系统的组成及各部分的作用。

1-5　什么是相对电平?什么是绝对电平?两者的含义有什么不同?

1-6　什么是邻频传输?邻频传输的主要技术指标有哪些?

常见问题解答

问题1:开路广播电视存在的问题有哪些?

答:开路广播电视是采用统一的电视发射天线向周围空间发射点发射有线电视节目的高频电视信号,而接收天线只要在它的辐射空间范围内就可收到以电磁波形式传播的高频电视信号。开路广播电视存在的问题如下:

(1)产生电视接收阴影区

当电磁波在发射方向的前方遇到障碍物,且它的尺寸可以与电磁波波长相比拟时,它背面会出现电磁波的阴影区。其场强会被减小到极其微弱,甚至没有,雪花点将淹没图像内容。电磁波的频率越高,阴影区就越大。

(2)产生多径接收

在高层建筑众多的城市,即使接收点不在电磁波阴影区内,大型建筑也会使电磁波反射,造成多重虚影,影响收看。如图1-13所示。

(3)接收场强不均匀

电磁波离辐射源越远,场强越小,易造成整个覆盖范围内场强分布不均匀,画面上雪花点现象严重。如图1-14所示。

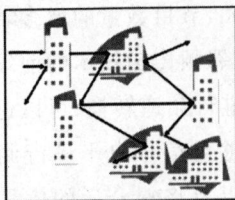

图 1-13　多径接收

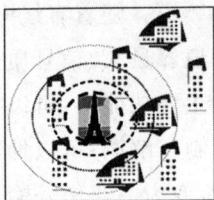

图 1-14　接收场强不均匀

（4）开路频道数量受限制

在有众多电视台的相邻地区，每个电视台允许使用的频道不能重复，为了避免邻频干扰甚至还要隔开一定数量的频道才能使用，从而造成开路电视台使用的频道数量受限制，共有 68 个频道。

（5）城市工业干扰影响收看

在工业发达的城市，无线电通信设备会产生高频电磁波，其某些频率成分会进入电视频道范围而被天线接收，画面上会产生一条一条或一点一点的高频干扰，而且是随机地、不稳定地出现，无法避免。

问题 2：有线电视系统有什么优越性？

答：有线电视系统采用全封闭环境传输高频电视信号，避免了各种外界工业干扰，接收图像清晰。有线电视系统没有空间电磁波开路过程，可以充分利用国家规定的频道资源，还可以利用增补频道来传输节目，频道总数达上百个（近 200 套电视节目，16 套广播节目）。但线路布置、传输必须到位。具体的优越性有如下六点：

（1）不存在接收阴影区。

（2）不存在多径接收现象。

（3）各用户均匀共用接收。

（4）提高接收信号的质量。

（5）扩大节目来源，丰富内容。

（6）双向宽带有线电视系统的潜在功能。

问题 3：什么是高频载波？什么是调制？

答：在电视广播系统中，要想把图像、声音等需要传送的信号源传播到很远的地方，必须利用具有一定频率、幅度及相位的高频振荡信号，并设法把图像、声音等信号源"装载"到高频振荡信号上，然后利用无线传播。这种"装载"着信息源的高频振荡信号称为高频载波。

把信息源"装载"到高频振荡信号的过程称为调制。调制就是用需要传送的信息源去控制高频载波的频率、幅度或相位，使其随信息源的变化而变化。调制的方法有调幅、调频和调相三种。

问题 4：什么是电磁波？

答：无线电系统如广播、通信、电视，都是利用电磁波来传递信息的。在电视广播系统中将视频信号调制到高频载波上，将调制后的高频（射频）信号放大并通过发射天线转换为电磁波辐射到空间，传播给四面八方的电视用户。把高频电流送入天线导体（馈电导体)时,高频电流在导体周围产生变化的电场,变化的电场又产生变化的磁场,该电场和磁场以馈电导体为中心、以周围空气为媒介向远处进行有波动的传播,即电磁波。

问题 5：什么是电磁波的极化？在电视广播系统中电视信号是什么极化方式？

答：电磁波在空间传播时,电场强度矢量和磁场强度矢量在空间具有一定的取向,这种现象就称为电磁波的极化。在电视广播系统中,电视信号的极化有两种方式,水平极化和垂直极化。把电场方向与大地平面相平行的电磁波称为水平极化波,把电场方向与大地平面相垂直的电磁波称为垂直极化波。

问题 6：如何描述电磁波的强度？

答：描述电磁波的强度需要引入能流密度的概念。能流密度是一个矢量,其大小等于单位时间内垂直于传播方向单位面积的能量,其方向就是电磁波传播的方向。在工程技术中常用电场强度(简称场强)的大小来代表电磁波的能流密度,即电磁波的强度,单位是 $dB\mu V/m$(分贝微伏/米)。

问题 7：绝对电平的单位有哪些？它们之间的换算关系如何？

答：绝对电平的单位有 dBW、dBmW、dBmV、$dB\mu V$,它们之间有一定的换算关系,如表 1-10 所示。

表 1-10   绝对电平单位换算表

原单位 ＼ 新单位	dBW	dBmW	dBmV	$dB\mu V$
dBW	0	+30	+78.75	+138.75
dBmW	−30	0	+48.75	+108.75
dBmV	−78.75	−48.75	0	+60
$dB\mu V$	−138.75	−108.75	−60	0

说明：表 1-10 表示由原单位转换为新单位时需要增减的数值,利用该表可以方便地把电平由一种单位转换为另一种单位。

例如：把光接收机的输入光功率−2 dBmW 转换成以 dBmV 为单位,在表 1-10 的原单位栏中找到 dBmW,在新单位栏中找到 dBmV,两项的交叉点为+48.75,则计算过程如下:

$$-2\ dBmW=(-2+48.75)dBmV=46.75\ dBmV$$

在有线电视系统中,电平大多以 $1\ \mu V$ 为基准电压,即 $0\ dB\mu V$。一般将 $dB\mu V$ 简写成 dB。

问题 8：什么是有线电视系统,什么是有线电视信号？

答：有线电视系统是指利用射频电缆、光缆、多路微波或它们的组合来传输、分配和交换声音、图像及数据信号的电视系统。有线电视系统由信号源、前端、传输网络、分配网络和用户终端机组成。有线电视系统既能传输模拟电视信号,又能传输数字电视信号,还能传输各种数据信息,它的频带宽度可达 1 GHz。

有线电视信号由宽带高频开路电视信号和综合电视信号混合而成,包括开路广播电视信号、卫星电视信号、微波电视信号、广播信号、自办节目信号等。

问题 9：有线电视系统是如何分类的？

答：有线电视系统的分类只是从某一方面反映系统中的某一特点,并不能说明各种类型的有线电视系统有什么本质的区别,所以分类的方法不同,类型也不同。

(1)按频道利用方式分类

①隔频传输系统

为了防止交互干扰,在 V 段每隔一个频道就安排一套节目,在 U 段每隔两个频道以上就安排一套节目。但由于其频道容量少,现在已经不再使用了。

②邻频传输系统

为了充分利用标准广播电视频道的频率资源,在空闲段增加了很多增补频道。使得频道利用率高,但对前端设备和电视接收机的要求较高,是目前普遍采用的有线电视系统。

(2)按信号传输媒介分类

①同轴电缆传输方式

同轴电缆传输方式是最简单、最传统的传输方式,设备成本低,安全可靠,安装方便。但是因为电缆对信号电平损耗较大,每隔几百米需要安装干线放大器来提高信号电平。失真和噪声引入较大,使信号质量下降,传输距离受到限制,需要采取一些补偿措施。

②微波传输方式

微波传输方式把电视信号调制到微波频段,定向或全方位向服务区发射无线信号,在接收端再将无线信号解调成原电视信号。这种方式施工简单、成本低、收效快,适用于山区、丘陵、沙漠、湖泊等地带。但其频道数目有限,易产生阴影区和重影区,还容易受到雨、雪、雾等天气的影响。

③光纤、光缆传输方式

光纤、光缆传输方式通过光发射机将高频电视信号转换成光信号,用光纤传输,接收端再通过光接收机将光信号转换成高频电视信号。其特点是频带宽、容量大、损耗低、抗干扰性强、失真小、噪声低、性能稳定可靠,但较高的成本使其应用受到一定的限制。

④光缆/电缆混合传输方式(HFC)

光缆/电缆混合传输方式(HFC)用光缆作为主干线或支干线,用电缆作为分配网络。其特点是传输信号质量较高,成本相对较低,适合在大中型有线电视网络中应用。

(3)按系统交互特性分类

①单向传输系统

在有线电视系统中,由前端向用户端传送的信号称为下行信号或正向传输信号;由用户端向前端传送的信号称为上行信号或反向传输信号。单向传输系统是指有线电视系统中只进行正向传输的一点对多点的单向传输电视系统。

②双向传输系统

双向传输系统是能正向和反向传输信号的系统。主要应用有付费电视,数据通信,数据上传,防盗、防火报警系统,家庭水、电、气的自动检测,系统工作状态的监测等。交互业务目前尚处于不断发展、完善的阶段,所以只实现了部分业务。

(4)按干线放大器的供电方式分类

①分散供电系统

分散供电系统是干线放大器就近接市电的供电方式。

②集中供电系统

集中供电系统可以从前端或干线上的某一点加入电源插入器或集中供电电源,便于集中管理和维护。

有线电视信号的接收 第2章

有线电视信号主要包括开路广播电视信号、卫星电视信号、微波信号以及电视台利用各种音像设备编辑制作的自办节目信号。不同的有线电视信号利用不同的设备进行接收。

2.1 开路广播电视信号的接收

开路广播电视信号是指由当地电视发射台或电视差转台,通过发射天线发射的电视节目信号,是有线电视系统的节目源之一。开路广播电视信号是通过空间电磁波进行传播的,是标准电视频道信号,即 VHF 和 UHF 电视信号。

为了接收开路广播电视信号,有线电视系统必须安装电视接收天线。开路广播电视信号接收系统的基本组成框图如图 2-1 所示。

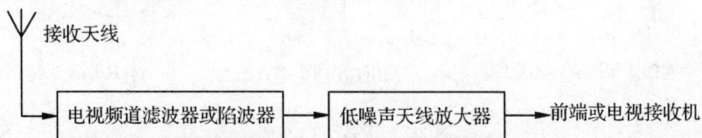

图 2-1 开路广播电视信号接收系统的基本组成框图

接收天线是开路广播电视接收系统的重要组成部分。当接收天线受到空间电磁波磁力线切割时,会在天线两端感应出电压,并转化为高频电流,通过馈线送至前端或电视接收机。

电视频道滤波器或陷波器主要用于去除空间杂波干扰。电视频道滤波器用于分离出所需频道的电视信号并滤除带外杂波干扰;陷波器用于吸收某一频率特别强的杂波干扰。

低噪声天线放大器用于放大感应出的弱电视信号,为了避免再次引入噪声,致使信号失真,应选择低噪声天线放大器。

开路广播电视信号的接收天线工作在 48 MHz～958 MHz 的范围内,其频率远低于卫星接收天线的工作频率,但其覆盖区域的电磁波强度要比卫星发射的电磁波强度强得多,通常采用引向天线(又称八木天线或定向天线)作为接收天线。理想情况下,引向天线只有一个窄的波瓣,增益高,抗干扰能力强。

2.1.1 引向天线的技术参数

引向天线在设计和选用时,要根据若干个技术参数来评价其性能。电视发射天线和接收天线具有某些相同的技术参数,下面以电视接收天线为例进行介绍。

1.方向性和方向性图

电视接收天线的方向性是指电视天线在不同方向接收电磁波的能力。电视接收天线对于来自不同方向、强度相同的电磁波的接收能力是不一样的,不同形式的电视接收天线其方向性也不尽相同。当需要定向天线接收时,要求天线具有较强的方向性;对于引向天线,引向器数量多的要比引向器数量少的方向性强。

方向性图是表示天线辐射的或接收到的电磁波能量在空间分布情况的一个三维曲面图形,如图 2-2(a)所示。为了便于描绘,通常只需绘制两个相互垂直的主平面内的平面方向性图即可。主平面是接收天线最大接收方向所在的平面,一个是包含振子的平面,与电场强度矢量相平行,称为 E 平面,如图 2-2(b)所示;另一个是与振子垂直的平面,与磁场强度矢量相平行,称为 H 平面,如图 2-2(c)所示。

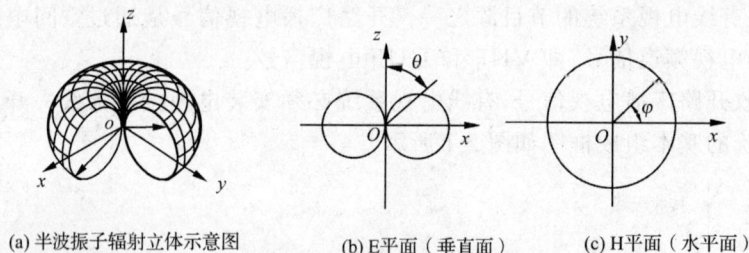

(a) 半波振子辐射立体示意图   (b) E平面（垂直面）   (c) H平面（水平面）

图 2-2　天线方向性图

2.主瓣宽度和前后比

电磁波在空间分布呈立体花瓣状,所以天线方向性图又叫天线波瓣图。在主平面内,最大辐射或接收方向的波瓣称为主瓣,与之方向相反的波瓣称为后瓣,其余方向的波瓣称为副瓣或旁瓣。以电视接收天线为例,主瓣集中了接收功率的主要部分,主瓣的宽度对于天线方向性的强弱具有最直接的影响。主瓣宽度越窄,主瓣形状越尖锐,天线的方向性越强;旁瓣和后瓣的电平越小,天线的抗干扰能力越强。天线波瓣图如图 2-3 所示。

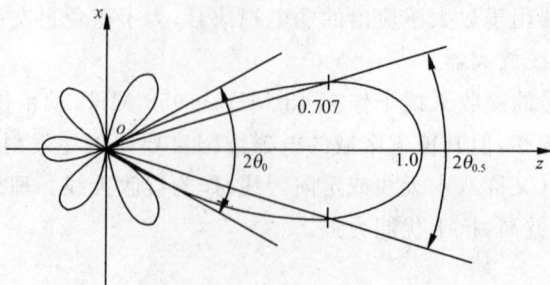

图 2-3　天线波瓣图

图 2-3 中,通过主瓣半功率角(即场强下降到最大值的 0.707)的两条向径之间的夹角

叫作主瓣宽度。主瓣电平与后瓣电平之比叫作前后比,用分贝表示,前后比越大,说明天线排除后方干扰的能力越强。

3.输入阻抗

电视接收天线的输入阻抗定义为电视接收天线的两个馈电点(天线输入端)的高频电压与高频电流之比,不同的电视接收天线的输入阻抗是不同的。

连接馈线与电视接收天线时,一定要保证馈线的特性阻抗和电视接收天线的输入阻抗相同,即阻抗匹配,才能有效地传输电视接收天线上接收到的信号。

4.频带宽度

天线的工作频带与电路的工作频带含义类似,而频带宽度(简称"带宽")是指在符合天线各项指标的条件下,辐射功率比最大辐射功率下降 3 dB 时的一个频率范围。带宽与天线自身的结构及接收频段有关,通常振子的直径越大,频带越宽。对于单频道引向天线而言,要满足 8 MHz 的带宽。

5.电压驻波比

电压驻波比是指天线中产生驻波时的最大电压和最小电压之比,是用来表示天线系统匹配程度的重要参数。在天线系统中,除了天线本身,还有馈线、阻抗变换器、功率分配器及各种接插件,它们只有达到阻抗匹配,才能保证信号的有效传输。当阻抗完全匹配时,电压驻波比等于 1,这时信号能够 100% 传输;当阻抗不匹配时,电压驻波比大于 1,信号不能完全传输,且电压驻波比的数值越大,传输效率越低。

6.增益

引向天线的增益定义为,在电磁波场强相等的条件下,引向天线在最大接收方向上向匹配负载输出的有用电视信号功率与放在该处的无损耗全向天线向匹配负载输出的有用电视信号功率之比,或两者的电平之差。引向天线的增益描述的是引向天线接收电磁波的能力比无损耗全向天线增大的程度。引向天线的增益越大,表明它的方向性越强。

2.1.2 引向天线的基本结构

引向天线通常由半波折合振子、反射器和引向器组成,三者平行放置,由天线横杆固定在一个平面内。其中,半波折合振子与馈电系统直接连接,称为有源振子;引向器和反射器均不与馈电系统或有源振子直接连接,称为无源振子。引向天线结构示意图如图2-4 所示。

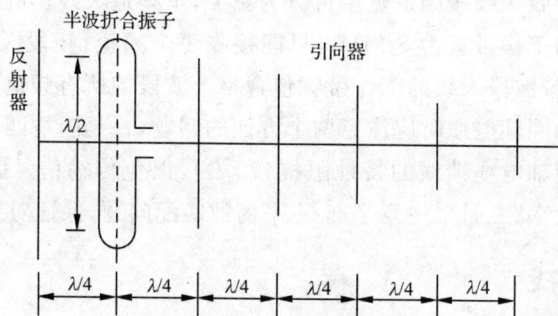

图 2-4 引向天线结构示意图

半波折合振子是引向天线的核心,由一根两端对称弯过来的金属导体构成,其总长度为半个波长($\lambda/2$)或稍短于半个波长。它是有源振子,直接与馈线连接,把接收到的空间电磁波转换成高频电流并通过馈线送至系统前端。

反射器的长度比半波折合振子的长度稍长,两者的间距为 $0.15\lambda\sim0.25\lambda$。反射器能增强天线前方的接收能力,抑制天线后方的接收能力,增大天线的前后比,从而提高方向性。

引向器的长度比半波折合振子的长度稍短,加上引向器可使其所在方向的接收能力增强,相反方向的接收能力减弱,从而使天线的方向性更强,主瓣形状更尖锐,提高天线的增益。

引向天线的基本工作原理:根据传输线理论,长度等于半波波长的有源振子的阻抗为纯电阻性;长度大于半波波长的反射器的阻抗为电感性;长度小于半波波长的引向器的阻抗为电容性。因此,电磁波在反射器和引向器上所激发的高频电流相位不同,它们所辐射的电磁波相位也不同,再加上各振子之间的间隔相移,使得引向器和反射器在接收方向上激励的电磁波辐射到有源振子上产生的感应电动势与有源振子本身的感应电动势相位一致,总的感应电动势得到加强,从而提高了天线的增益;反之,接收来自反方向的电磁波,它们在有源振子上产生的感应电动势与有源振子本身的感应电动势相互抵消或削弱,使得天线的前后比大大提高,从而增强了天线的方向性和对后方干扰的抵抗能力。

只用一根金属导体做反射器的引向天线的优点是结构简单、牢固,成本低,方向性较强,增益较高,主要缺点是工作频带窄,适用于 V 频段电视信号的接收。U 频段接收天线,除了采用半波折合振子外,还可以采用复合振子、扇形振子等,引向器的数量可以很多,反射器可采用"王"字形和角形反射器。"王"字形反射器引向天线如图 2-5 所示。"王"字形反射器的反射面积大,提高了天线的前后比。

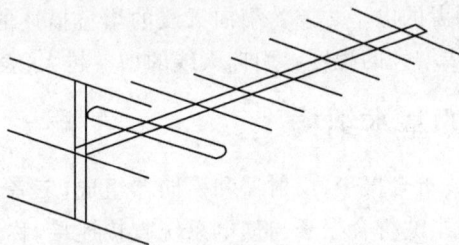

图 2-5 "王"字形反射器引向天线

开路广播电视接收天线按频带宽度可分为三类:单频道天线、频段天线和宽频带波段天线。单频道天线的工作带宽为 8 MHz,只能接收 1 个频道;频段天线可接收指定频段内的所有频道;宽频带波段天线的工作带宽包含整个波段的所有频道。

连接引向天线和同轴电缆时应注意两个方面的问题,一是阻抗匹配问题,即引向天线的输入阻抗应等于同轴电缆馈线的特性阻抗($75\ \Omega$),以免传输信号时形成反射波,降低电磁波能量的传输效率;二是要注意平衡-不平衡的匹配问题,保证对天线的平衡馈电。

2.1.3 组合天线

当引向天线的振子数量增加到一定程度时,对增益的增加和方向性图的改善起到的作用就不太明显了，而且会因为天线纵向尺寸的增加给安装带来一定的困难。为了进一步提高天线的增益，满足边远地区对电视信号接收的要求，人们将几副天线按一定规律排列起来构成一个天线阵列系统，称为组合天线或天线阵。

组合天线按照排列形式分为均匀排列天线、分集接收天线、差值天线和移相天线等，下面简单介绍均匀排列天线。

组合天线的均匀排列方式主要有如下三种：

1.水平排列方式

水平排列方式，即将几副相同结构的引向天线按相等的间距排列在同一水平面内，面对接收电视信号的方向左右排列，如图2-6所示。水平排列的组合天线只能增强水平面上的方向性。

2.垂直排列方式

垂直排列方式，即将几副相同结构的引向天线按相等的间距排列在同一垂直面内，面对接收电视信号的方向上下排列，如图2-7所示。垂直排列的组合天线只能增强垂直面上的方向性。

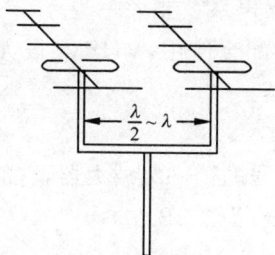

图 2-6　水平排列的组合天线

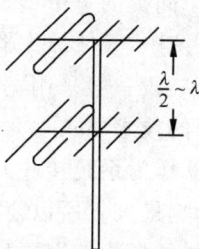

图 2-7　垂直排列的组合天线

3.双层双列排列方式

双层双列排列方式，即将四副相同结构的引向天线排列成双层双列形式，如图2-8所示。水平排列中，每一副天线称为一"列"；垂直排列中，每一副天线称为一"层"，列、层间距一般为$\lambda/2\sim\lambda$。这种方式能同时增强水平面和垂直面上的方向性。

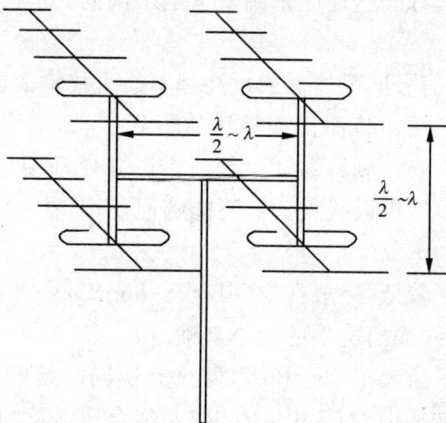

图 2-8　双层双列排列的组合天线

2.1.4 天线放大器

天线放大器是有线电视系统接收开路广播电视信号通道中的第一级放大器,作用是放大从天线上接收到的微弱电视信号,使进入前端设备的信号强度和载噪比得到提高。

1. 天线放大器的分类

按照工作带宽,天线放大器分为宽带型天线放大器和频道型天线放大器两种。

(1)宽带型天线放大器

在有线电视系统中,往往使用一副或一组宽带引向天线接收来自同一方向的若干个电视频道的节目,这时就要用宽带型天线放大器对这几个频道的电视信号进行放大。对宽带型天线放大器的主要要求是噪声低,在接收天线的工作频带内有平坦的放大特性曲线。

(2)频道型天线放大器

频道型天线放大器又称为单频道天线放大器或选频放大器,它只对某一特定频道电视信号进行放大,能够有效地抑制邻频干扰,但由于选频回路带来的插入损耗会使噪声系数增大,所以相对于同类的宽带型天线放大器,其噪声系数要大一些。

在有线电视系统中,天线放大器要与天线类型配合使用,VHF 频段大多采用频道型天线放大器,UHF 频段一般采用宽带型天线放大器。

2. 天线放大器的技术要求

(1)天线放大器作为系统接收开路广播电视信号的第一级放大器,它的噪声性能对整个系统的信噪比影响最大。所以要求其噪声系数低,为 3 dB 左右。

(2)天线放大器的幅频特性要足够好。

(3)天线放大器的增益要足够高,以满足信噪比的要求。

(4)天线放大器的可靠性要足够高。天线放大器通常安装在室外,不可避免地要经受风吹、日晒、雨淋等,因此要具有防潮、防晒、防水等功能。

(5)天线放大器具有单独的供电器。通常由室内电源供电,通过同轴电缆送至放大器,也通过同轴电缆传送接收到的电视信号,因此,在同轴电缆两端要有隔直流电路,避免电源同高频信号互相干扰。此外,还应采用安全电压供电。

3. 天线放大器的应用

引向天线输出的电视信号电平过低或过高都不能直接输入前端设备。如果天线输出电平小于 45 dBμV,则系统输出口图像载噪比达不到 43 dB,不满足国家标准的规定;如果天线输出电平大于 85 dBμV,则容易产生超前重影并使前端设备工作在非线性失真状态,图像会产生严重失真。所以天线放大器不能随便使用,在一定的条件下才能使用。常见的使用条件如下:

(1)引向天线输出电平较低,一般在 50 dBμV~65 dBμV 时可安装天线放大器。天线放大器的增益应由引向天线输出电平的大小来确定。

(2)引向天线输出电平虽大于 65 dBμV,但该天线同时接收几个频道的电视节目,信号分成几路后,每路信号电平小于 65 dBμV。应安装合适增益的天线放大器,尽量使各个频道的信号电平达到最佳值。

（3）引向天线接收到的某一频道信号电平虽大于 65 dBμV，但经频道滤波器滤波，直接进入混合器和其他频道信号进行混合时，小于其他频道信号电平。应安装增益比较大的天线放大器，同时在它的前面最好安装可变衰减器调整衰减量，使各个频道的信号电平相等。

2.2　卫星电视信号的接收

2.2.1　卫星电视广播系统的基本概念

卫星电视信号是我国有线电视系统中主要的节目信号源。卫星电视广播系统通过地球同步卫星，把接收到的来自地球上行发射站发射的电视信号，经转发器转发到地球上指定的区域，实现电视信号的转播。为了保证卫星与地球同步，对同步卫星的轨道是有严格限制的，必须处于地球赤道平面上距离赤道 35786 km 的轨道上，如图 2-9 所示。理论上，将三个间隔为 120°的同步卫星，等距离地设置在赤道上空，就可以覆盖地球上除南、北极以外的所有地区，实现全球通信，如图 2-10 所示。

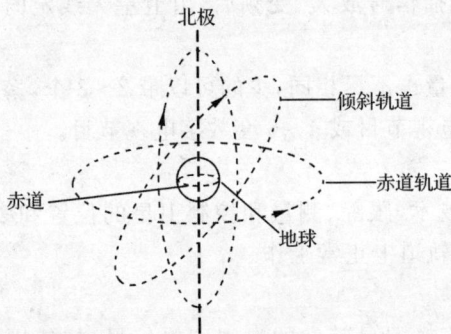

图 2-9　同步卫星轨道示意图

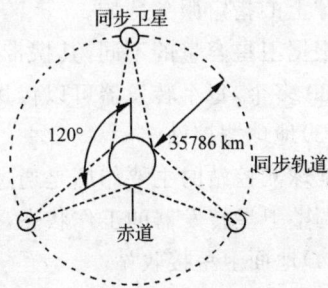

图 2-10　利用同步卫星实现全球通信

1.卫星电视广播系统的组成

卫星电视广播系统由电视广播卫星、地球上行发射站、地球测控站、地面卫星接收站四部分组成，如图 2-11 所示。

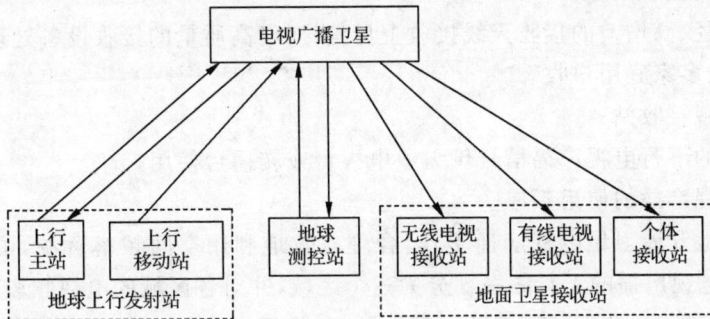

图 2-11　卫星电视广播系统组成框图

（1）地球上行发射站

地球上行发射站的主要作用是将电视节目制作中心送来的电视信号及其附加信号经

调频、上变频和功率放大等处理后,通过发射天线发射给电视广播卫星。通常将地面发送给卫星的信号称为上行信号,将卫星传送回地面的信号称为下行信号。上行发射站可以是一个,也可以是多个,按功能不同可以分为以下三类:

①上行主站

上行主站是固定的卫星电视信号发射中心,除具有发射电视节目给卫星的功能外,还能接收卫星发回的电视信号,用来监测和检验卫星电视信号的传输质量。

②上行分站

上行分站与主站的主要功能相同,一般不具备卫星信号监测和遥控功能,经常作为主站的备份,当主站出现故障时,接替主站完成信号的发射任务。

③上行移动站

上行移动站多用于现场采访或实况直播,一般安装在专用的卫星电视转播车上。

(2)电视广播卫星

电视广播卫星是整个卫星电视广播系统的核心,要求其公转一周的时间与地球的自转周期严格同步,卫星相对于地面是静止的。卫星的星载设备包括天线、太阳能电源、电视转发器和控制系统等。电视广播卫星的主要作用是接收来自地球上行发射站的电视广播信号,然后由转发器将接收到的上行电视广播信号放大、变频后,由卫星天线定向发送到地球上的指定服务区域。

根据卫星容量的不同,其携带的转发器数量也不尽相同,少的可以带 2~3 个,多的可以带 30 多个,每个转发器可以传送 1 套模拟电视节目或 4~6 套数字电视节目。

(3)地球测控站

地球测控站的主要作用是通过遥测遥控技术,跟踪、测量和控制卫星的位置和姿态,及时调整卫星转发器的工作状态,保证卫星在轨道上正常工作。

(4)地面卫星接收站

地面卫星接收站的主要作用是接收电视广播卫星转发的电视广播信号,按使用形式分为以下三种类型:

①个体接收站

适用于家庭个人接收电视广播信号,一般设备简单,安装方便,价格低廉。

②有线电视接收站

采用大口径、高增益的接收天线接收卫星信号,经高质量的接收设备处理后送至有线电视系统,供众多家庭用户收看。

③无线电视接收站

接收卫星的下行电视广播信号供无线电视台或转播台使用。

2.卫星电视广播的使用频率

为了更好地开展卫星电视广播工作,合理有效地利用空间频率资源,国际电信联盟(ITU)把卫星电视广播的下行频率划分为三个区域,并对各区域的电视频段进行了分配。其中第一区包括欧洲、非洲和亚洲的一部分国家(俄罗斯、蒙古等);第二区包括南美洲和北美洲;第三区包括亚洲的大部分国家和大洋洲。我国属于第三区。具体分配情况如表2-1所示。

表 2-1 　　　　　　　　　　　　　　　卫星电视广播下行频率分配表

频段	频率范围/GHz	带宽/MHz	适用区域
L	0.62～0.79	170	全世界
S	2.5～2.69	190	全世界
C	3.7～4.2	500	全世界
Ku	11.7～12.2	500	第三区
	11.7～12.5	800	第一区
	12.1～12.7	600	第二区
	12.5～12.75	250	第三区
Ka	22.5～23.0	500	第二、三区
Q	40.5～42.5	2000	全世界
V	84.0～86.0	2000	全世界

目前,我国卫星电视广播系统主要使用的频段为 C 频段和 Ku 频段。根据世界无线电行政大会(WARC)的规定,卫星电视广播在 C 频段的上行频率是 6 GHz,下行频率是 4 GHz,我国使用的 C 频段是 3.7 GHz～4.2 GHz,带宽约为 500 MHz;Ku 频段的上行频率是 14 GHz,下行频率是 12 GHz,我国使用的 Ku 频段是 11.7 GHz～12.2 GHz,带宽约为 500 MHz。Ku 频段比 C 频段频率高,可利用的频带宽,能够容纳的电视节目多,且 Ku 频段受到的工业干扰和通信干扰小,卫星发射天线和地面接收天线体积小、成本低,有利于家庭播放和普及。

3.卫星电视广播的特点

卫星电视广播是利用卫星转发器来进行电视节目转播的,它与地面电视广播相比具有以下优点:

(1)图像质量好

卫星电视广播中的电磁波频率较高,受到的天电干扰、工业干扰等要比其他传播方式小得多;电磁波经地球上行发射站送入卫星,经转发器转发后直接由地面卫星接收天线接收,中间传输环节少,引入的干扰也相对少得多;卫星天线接收卫星信号时,仰角较大,基本不存在反射波,从而消除了重影现象。

(2)节目数量多、信息容量大

一颗电视广播卫星上可加载多个转发器,每颗卫星上转发器的数量不一定相同,每个转发器可以转发多套电视节目。同时,利用卫星转发器可以实现高清电视广播、静止画面广播、高保真的声音广播等。

(3)传播距离远

一颗地球同步卫星可实现的最大信号传输距离为 18000 km 左右。只要在卫星波束覆盖范围内的地球上行发射站与卫星之间的信号满足传输技术要求,就能保证电视信号的质量,且不会因为远距离传输而产生额外的通信费用。

(4)覆盖面积广

一颗地球同步卫星的波束能够覆盖地球表面积的 42.4% 左右。在覆盖范围内,卫星以广播方式工作,所有地球上行发射站不受地形限制,可共用一颗卫星实现通信。

(5)电磁波能量利用率高

卫星电视广播中,卫星发出的波束能够比较均匀地辐射到整个服务区内,中心处与边沿处的场强相差不大。

同时,卫星电视广播也存在一些缺点和不足:

(1)卫星造价高,发射费用大,一次性投资较高;

(2)卫星的运行、维护需要大量投入,一旦出现故障,其覆盖的大部分区域会受到影响;

(3)卫星的研制、发射、控制和管理技术要求很高;

(4)卫星的使用寿命有限,一般在 15 年以内。

4. 我国卫星电视广播的现状

2000 年世界无线电行政大会对卫星电视广播进行了重新规划。按照新的规划,我国拥有 4 个电视广播卫星的轨位,每个轨位有 2 个上行波束、2 个下行波束,每个波束有 12 个频道,总计 96 个频道。

我国的电视广播卫星在不断调整,自 2007 年 8 月 1 日起,原在亚太 2R 卫星(76.5°E)、中卫 1 号卫星(87.5°E)、亚洲 3S 卫星(105.5°E)、鑫诺 1 号卫星(110.5°E)、亚洲 4 号卫星(122°E)、亚太 6 号卫星(134°E)等 6 颗卫星共 36 个 C 波段转发器上传送的中央台、各省市台的 152 套卫星电视节目和 155 套广播节目全部转移到鑫诺 3 号卫星(125°E)和中星 6B 卫星(115.5°E)上传送。在这两颗卫星上,共使用 31 个 C 波段转发器传送 165 套电视节目和 155 套广播节目。2010 年 10 月 20 日鑫诺 3 号卫星完成历史使命,中星 6A(原称鑫诺 6 号)卫星接替其工作。原在鑫诺 1 号卫星(110.5°E)Ku 波段上传送的 20 套"村村通"卫星电视节目、我国准许落地的 34 套境外卫星电视节目、中央教育电视台等中央和部分省市远程教育广播转移到亚太 6 号卫星(134°E)Ku 波段上传送。

经过调整,目前我国电视节目主要集中在亚太 6 号、中星 6A、中星 6B 三颗广播卫星和中星 9 号直播卫星上,我国的卫星电视广播业务已经进入了一个新的发展阶段。

(1)亚太 6 号卫星

亚太 6 号卫星于 2005 年 4 月 12 日发射,定点于东经 134°同步卫星轨道,提供 38 个 C 频段和 12 个 Ku 频段转发器商业通信服务,是新一代大功率、高可靠性的通信卫星。亚太 6 号卫星传送的我国部分电视节目如表 2-2 所示,该卫星主要传送广播节目和加密电视节目。

表 2-2　　　　　　　　　亚太 6 号卫星传送的我国部分电视节目

序号	下行频率(MHz)	极化方式	符号率(kbit/s)	FEC	频道名称	V-PID	A-PID	卫星波束
1	3774	水平(H)	5632	3/4	CCTV一综合	308	256	C 波束
2	3840	水平(H)	27500	3/4	健康卫视	35	36	C 波束
					新华环球	38	39	
					新华财经	42	41	
					新华英语	44	45	
					香港卫视	48	152	
3	12395	垂直(V)	27500	3/4	中国教育一1	41	42	Ku 波束
					中国教育一2	45	46	
					空中课堂	49	50	

(2)中星 6B 卫星

中星 6B 卫星于 2007 年 7 月 5 日由长征三号乙运载火箭发射,定点于东经 115.5°同步卫星轨道,提供 38 个 36 MHz 带宽 C 频段转发器商业通信服务,为全国各地广播电台、电视台、无线发射台和有线电视网等机构提供高质量、高可靠性的广播电视节目的上行传输和地面接收服务。覆盖范围包括中国、蒙古、朝鲜半岛、日本、俄罗斯亚洲部分、南亚、东南亚、中亚、西亚、澳大利亚、新西兰等。中星 6B 卫星传送的信号包括普通电视信号、加密电视信号和广播节目信号等,我国部分电视节目如表 2-3 所示。

表 2-3　　　　　　　　　中星 6B 卫星传送的我国部分电视节目

序号	下行频率(MHz)	极化方式	符号率(kbit/s)	FEC	频道名称	V-PID	A-PID	卫星波束
1	3706	水平(H)	4420	3/4	福建东南卫视	160	80	C 波束
2	3750	水平(H)	10490	3/4	湖南卫视	257	258	C 波束
					湖南金鹰卡通卫视	513	514	
3	3796	水平(H)	6930	3/4	贵州卫视	38	39	C 波束
4	3807	水平(H)	6000	3/4	重庆卫视	1800	1801	C 波束
5	3808	水平(H)	8800	3/4	上海东方卫视	6480	6483	C 波束
					上海炫动卡通卫视	6496	6499	
6	3834	水平(H)	5400	3/4	山东卫视	32	33	C 波束
7	3840	水平(H)	27500	3/4	CCTV—1	512	650	C 波束
					CCTV—2	513	660	
					CCTV—7	514	670	
					CCTV—10	515	680	
					CCTV—11	516	690	
					CCTV—12	517	700	
					CCTV—音乐	518	710	
8	3846	水平(H)	5950	3/4	山西卫视	160	80	C 波束
9	3854	水平(H)	4420	3/4	河南卫视	160	80	C 波束
10	3861	水平(H)	4800	3/4	宁夏卫视	160	80	C 波束
11	3871	水平(H)	9080	3/4	陕西卫视	160	80	C 波束
					陕西农林卫视	170	90	
12	3880	水平(H)	27500	3/4	CCTV—少儿	516	690	C 波束
					CCTV—新闻	517	700	
13	3885	垂直(V)	4340	3/4	山东教育	32	33	C 波束
14	3892	垂直(V)	4420	3/4	江西卫视	160	80	C 波束
15	3902	垂直(V)	9300	3/4	四川卫视	308	256	C 波束
					四川康巴卫视	6558	6559	

序号	下行频率（MHz）	极化方式	符号率（kbit/s）	FEC	频道名称	V-PID	A-PID	卫星波束
16	3913	垂直（V）	6400	3/4	甘肃卫视	160	80	C 波束
17	3929	垂直（V）	8840	3/4	安徽卫视	255	256	C 波束
18	3940	垂直（V）	5950	3/4	天津卫视	32	44	C 波束
19	3951	垂直（V）	9520	3/4	北京卫视	308	256	C 波束
					卡酷动画	318	266	

（3）中星 9 号卫星

中星 9 号卫星于 2008 年 6 月 9 日由长征三号乙运载火箭发射，定点于东经 92.2°同步卫星轨道，提供 18 个 36 MHz 带宽和 4 个 54 MHz 带宽 Ku 频段转发器直播服务，是一颗大功率、高可靠性、长寿命的广播电视直播卫星。覆盖范围是中国（含港、澳、台）。中星 9 号卫星传送的信号除少数的免费直播电视信号外，大部分电视信号都是加密的，我国部分电视节目如表 2-4 所示。

表 2-4　　　　　　　　中星 9 号卫星传送的我国部分电视节目

序号	下行频率（MHz）	极化方式	符号率（kbit/s）	FEC	频道名称	V-PID	A-PID	卫星波束
1	11880	左旋（L）	28800	3/4	CCTV—1	2100	3559	Ku 波束
					CCTV—7	2120	2531	
					康巴卫视	2140	3218	
					西藏卫视—1	2530	2121	
					西藏卫视—2	2540	3118	
2	12100	右旋（R）	28800	3/4	内蒙古卫视	2260	2611	Ku 波束
					内蒙古卫视（蒙语）	2270	2601	
					延边卫视	2300	3342	
					新疆卫视—1	2600	2601	
					新疆卫视—2	2610	2611	
					新疆卫视—3	2620	2621	
					新疆卫视—5	2320	2321	
					新疆卫视—8	2400	2401	
					新疆卫视—9	2330	2331	
					新疆卫视—12	22440	2441	
3	12140	右旋（R）	28800	3/4	新疆综艺	2400	2401	Ku 波束
					新疆少儿	2440	2441	
					青海综合	2580	3402	
4	12180	右旋（R）	5632	3/4	CCTV—1	512	650	Ku 波束

(4)中星 6A 卫星

中星 6A 卫星于 2010 年 9 月 5 日由长征三号乙运载火箭发射,定点于东经 125°同步卫星轨道,提供 24 个 C 频段、8 个 Ku 频段和 1 个 S 频段转发器商业通信服务,覆盖中国全境、亚太及中东地区。中星 6A 卫星是继中星 5C、中星 6B 卫星之后,又一颗能够充分满足我国广播电视信息传输要求的高质量卫星。中星 6A 卫星传送的信号主要包括普通电视信号、高清电视信号、加密电视信号和一些数据信号。中星 6A 卫星传送的我国部分电视节目如表 2-5 所示。

表 2-5　　　　　　　　　　　中星 6A 卫星传送的我国部分电视节目

序号	下行频率(MHz)	极化方式	符号率(kbit/s)	FEC	频道名称	V-PID.	A-PID.	卫星波束
1	3845	水平(H)	17778	3/4	广东卫视	160	80	C 波束
					深圳卫视	300	399	
					南方电视台卫星频道	200	299	
					广东嘉佳卡通频道	500	599	
2	3884	水平(H)	5720	3/4	广西卫视	255	256	C 波束
3	3893	水平(H)	6880	3/4	黑龙江卫视	1110	1211	C 波束
4	3909	水平(H)	8934	3/4	延边卫视	768	769	C 波束
					吉林卫视	111	112	
5	3922	水平(H)	7250	3/4	云南卫视	32	33	C 波束
6	3933	水平(H)	6590	3/4	旅游卫视	3260	2284	C 波束
7	3989	水平(H)	9070	3/4	西藏卫视一1	160	80	C 波束
					西藏卫视一2	161	84	
8	3999	水平(H)	4420	3/4	兵团卫视	101	201	C 波束
9	4006	水平(H)	4420	3/4	辽宁卫视	255	256	C 波束
10	4080	水平(H)	27500	3/4	CCTV—1	512	650	C 波束
					CCTV—2	513	660	
					CCTV—7	514	670	
					CCTV—10	515	680	
					CCTV—11	516	690	
					CCTV—12	517	700	
					CCTV—音乐	518	710	
11	4120	水平(H)	27500	3/4	新疆卫视一1	257	258	C 波束
					新疆电视一2	513	514	
					新疆电视一3	769	770	
					新疆电视一4	1025	1026	
					新疆电视一5	1281	1282	
					新疆电视一8	1537	1538	
					新疆电视一9	1793	1794	
					新疆电视一12	2049	2050	
12	4160	水平(H)	27500	3/4	CCTV—少儿	516	690	C 波束
					CCTV—新闻	517	700	

2.2.2　卫星电视接收系统的组成

卫星电视接收系统主要由卫星电视接收天线、馈源、高频头、功分器和卫星电视接收机等组成,其基本组成框图如图2-12所示。

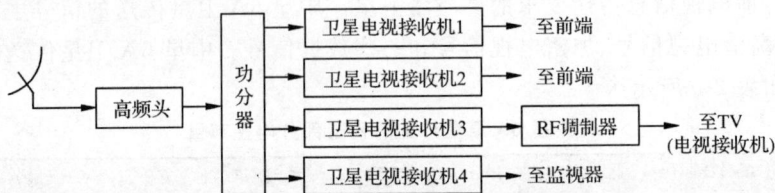

图2-12　卫星电视接收系统基本组成框图

卫星转发器发射的下行信号,首先进入卫星电视接收天线(通常使用抛物面天线),该天线把微弱的平行电磁波信号聚集在馈源上,形成高频电流信号,然后送入高频头,经放大、混频后差拍得到第一中频($0.95\,\text{GHz}\sim2.15\,\text{GHz}$)信号。

第一中频信号经射频同轴电缆送入功率分配器,简称功分器。功分器能够将一路卫星电视信号分成多路输出,每路信号再接一个卫星电视接收机,这样就可以实现利用一副卫星电视接收天线同时接收多套电视节目的目的。

卫星电视接收机又叫卫星电视中频接收机,将接收到的第一中频信号进行放大、变频和解调等处理,得到视频、音频信号送至前端,或者直接与监视器相连,或者经RF调制器调制后送至电视接收机。

2.2.3　卫星电视接收天线

卫星电视接收天线是卫星电视接收系统的重要组成部分,其性能和质量的好坏将直接影响整个接收系统的接收效果。

卫星电视接收天线有抛物面天线、微带天线阵等形式,目前使用较多的是抛物面天线。抛物面天线主要由两部分组成:一是尺寸远大于波长的金属抛物面,二是馈源。

1.金属抛物面

金属抛物面常采用铝合金板制成,作用是反射卫星转发器传送的微弱电磁波信号并聚集在馈源处。

抛物面有三种基本形式,即旋转抛物面、柱形抛物面和切割抛物面。旋转抛物面是由抛物线绕轴线旋转而构成的;柱形抛物面是由抛物线沿轴线平移而构成的;切割抛物面则是截取旋转抛物面的一部分而构成的。

2.馈源

馈源又叫辐射器,安装在抛物面的焦点上,作用是将聚集在馈源处的电磁波转换为高频电流信号,供高频头处理,同时对接收到的电磁波信号进行极化选择。

馈源根据接收信号的频段和极化方式不同,可分为C频段单馈源、Ku频段单馈源、双极化馈源(能同时接收同一颗卫星转发的水平极化波和垂直极化波)、C频段和Ku频段双馈源(能同时接收同一颗卫星转发的C频段和Ku频段节目)、多端口馈源以及馈源和高频头制作在一起的一体化馈源等。常见馈源的外形如图 2-13 所示。

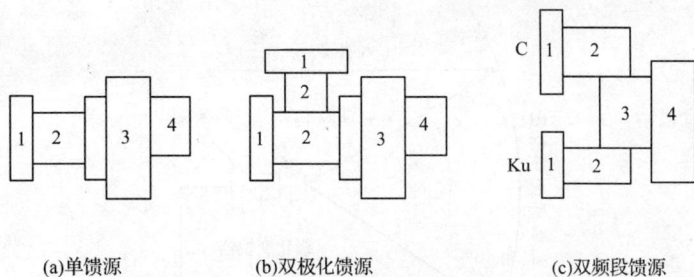

    (a)单馈源   (b)双极化馈源   (c)双频段馈源

图 2-13　常见馈源的外形

1—馈源口径面；2—法兰盘；3—圆波导；4—波纹盘

保证卫星电视接收天线高增益、高效率的关键是必须配备高效率的馈源，对馈源的要求可以归纳为以下几点：

(1)良好的方向性图

方向性图应该是均匀分布、旋转对称的单向接收，在发射面上形成均匀的幅度和相位分布。

(2)明确的相位中心

馈源的相位中心应该在焦点上，馈源辐射场的等相位面为一个球面，球面中心即天线的相位中心，要求它不随极化面和频率的变化而变化。

(3)灵活的极化变换能力

能灵活方便地实现线极化、圆极化的变换。

(4)良好的交叉去耦能力

无论天线工作在线极化还是圆极化，辐射场没有交叉极化，可以选择平衡混合模馈源。

(5)较宽的频带

卫星电视接收天线要满足卫星电视 500 MHz 的频带宽度，在频带内方向性图、相位中心、极化、驻波比等均应达到规定的标准。

(6)较小的遮挡效应

馈源的遮挡会降低天线的增益、提高旁瓣电平，所以要求馈源尺寸小、重量轻、支撑简单。

抛物面天线按结构分为板状天线和网状天线。板状天线可以是一体结构，也可以由多瓣拼装而成。板状天线增益较高，应用广泛，但抗风能力差。网状天线抗风能力强，可应用在山区等风力较大的地方，但增益比板状天线的增益要低。

根据抛物面天线馈源的安装位置，可分为前馈式抛物面天线、后馈式抛物面天线和偏馈式抛物面天线。

(1)前馈式抛物面天线

前馈式抛物面天线称为一次反射型天线，由抛物面形反射面和馈源组成，馈源位于抛物面的前方焦点处，其基本结构及反射原理如图 2-14 所示。卫星转发的空间电磁波到达金属抛物面，经过一次反射变为球面波汇聚在焦点 F 上，即馈源处，馈源将电磁波转换成高频电流信号后,传输到下一级设备。

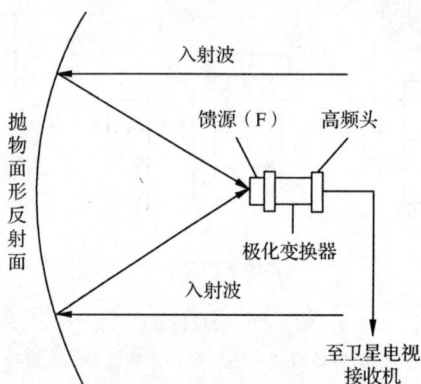

图 2-14 前馈式抛物面天线的基本结构及反射原理

前馈式抛物面天线的高频头位于抛物面的焦点上,由于聚焦作用,太阳的照射影响加强,环境温度升高,信噪比下降,影响高频头的使用寿命。

(2)后馈式抛物面天线

后馈式抛物面天线称为二次反射型天线,又叫卡塞格伦(Cassegrain)天线,由主反射面、副反射面和馈源组成,其基本结构及反射原理如图 2-15 所示。其中,主反射面是旋转抛物面,副反射面是旋转双曲面,用金属杆固定在主反射面上,位于主反射面的焦点和顶点之间。旋转双曲面有两个焦点,虚焦点 F_1 与主反射面的焦点 F 重合,馈源安装在实焦点 F_2 处。卫星转发的空间电磁波经主反射面反射到副反射面上,再经副反射面二次反射后会聚在实焦点 F_2 上,即馈源处。

后馈式抛物面天线与前馈式抛物面天线相比,主要优点是:

①经过主、副反射面两次反射,主反射面口径场的振幅分布最佳化,从而改善了天线的电性能,提高了天线的口面利用系数。

②馈源的安装位置有效减少了馈线的长度,结构更紧凑,馈电更方便,有效减少了噪声。

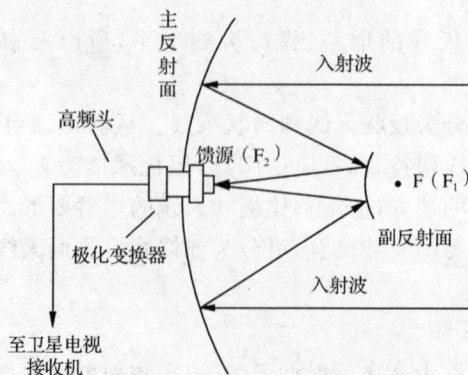

图 2-15 后馈式抛物面天线的基本结构及反射原理

③后馈式抛物面天线用短焦距抛物面实现了长焦距抛物面天线的性能,有效缩短了天线的纵向尺寸,结构更加合理。

④副反射面能够把馈源辐射的能量散开,减少了返回馈源的能量,降低了馈源的失配。

后馈式抛物面天线的缺点是副反射面边缘绕射效应比较大,容易引起口径场振幅的起伏和相位的畸变,使增益下降,副瓣电平升高。

(3)偏馈式抛物面天线

偏馈式抛物面天线是相对于正馈式抛物面天线而言的,是指偏馈式抛物面天线的馈源和高频头的安装位置不在与天线中心切面垂直且过天线中心的直线上,其基本结构及反射原理如图2-16所示。偏馈式抛物面天线没有所谓馈源阴影的影响,在天线面积、加工精度、接收频率相同的前提下,偏馈式抛物面天线的增益大于正馈式抛物面天线的增益。无论是正馈式抛物面天线,还是偏馈式抛物面天线,它们都是旋转抛物面的截面,只是截取的位置不同而已。

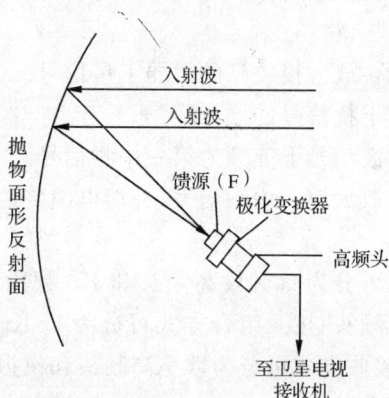

图 2-16　偏馈式抛物面天线的基本结构及反射原理

2.2.4　高频头

高频头又称为低噪声下变频器(LNB),与馈源安装在一起,属于卫星电视接收系统的室外单元,其输出信号提供给卫星电视接收机。

1.高频头的作用

高频头的作用主要有两点:一是提高系统载噪比。卫星电视接收天线接收到的电视信号很微弱,必须进行放大才能进行后续传输,高频头采用由砷化镓金属场效应管组成的低噪声、高增益的宽频带放大器对微弱信号进行放大。在卫星电视接收天线和卫星电视接收机已经选定的情况下,使用合适的高频头,可以提高卫星电视接收机解调输入信号的载噪比 C/N。二是进行频率变换。由天线接收到的高频卫星电视信号经放大器放大后送入混频器与本振产生的高频信号进行混频,产生第一中频信号,避免了信号频率过高引起的馈线损耗过大,同时能降低高频辐射。C 频段高频头的本振频率一般是 5.15 GHz,而 C 频段卫星电视信号的频率一般是 3.7 GHz～4.2 GHz,所以 C 频段第一中频信号为 950 kHz～1.45 MHz。Ku 频段卫星电视信号的下行频率为 10.7 GHz～12.75 GHz,带宽为2.05 GHz,是C频段的四倍,因此Ku频段的高频头的本振频率有几种,它的第一中频信号频率等于卫星电视信号的下行频率减去高频头的本振频率,不同本振频率的Ku频段的高频头会产生不同的中频频率。

2.高频头的组成

无论是C频段还是Ku频段的高频头,都是由波导/微带转换器、低噪声宽带放大器、混频器和第一中频放大器等部分组成的,如图2-17所示。

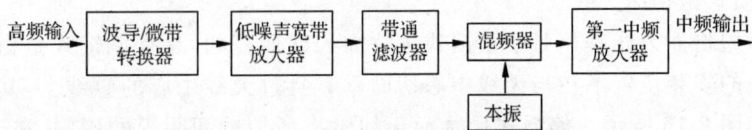

图 2-17 高频头的组成原理框图

框图中各组成部分的主要作用如下:

(1)波导/微带转换器:将波导传送的微波信号耦合给微带线,以便将天线接收到的信号馈送给高频头电路。

(2)低噪声宽带放大器:放大接收到的微弱卫星信号。

(3)带通滤波器:抑制干扰信号。

(4)混频器:将卫星微波信号下变频为第一中频信号。

(5)第一中频放大器:放大第一中频信号,补偿电缆传送信号时的损耗。

3.高频头的分类

高频头按照接收频段可分为C频段高频头和Ku频段高频头;按照极化方式可分为单极化高频头和双极化高频头;按照组合方式可分为C/Ku频段复合高频头和与馈源结合的一体化高频头;按照接收方式可分为数字高频头和模拟高频头。

4.高频头的主要技术参数

高频头的主要技术参数包括输入/输出频率范围、本振频率、噪声特性、增益等,要根据接收信号的频段选择合适的高频头。

(1)输入频率范围

C频段高频头和Ku频段高频头的输入频率范围不同,对于C频段高频头,输入频率一般为3.4 GHz~4.2 GHz;对于Ku频段高频头,根据不同区域卫星转发器下行频率范围不同,输入频率有10.7 GHz~11.7 GHz、11.7 GHz~12.2 GHz、11.7 GHz~12.75 GHz等几个频段。

(2)输出频率范围

高频头的输出频率范围即卫星电视接收机的输入频率范围,也叫第一中频范围,因此高频头的输出频率范围要与卫星电视接收机的输入频率范围相匹配,通常有950 MHz~1450 MHz、950 MHz~1750 MHz和950 MHz~2150 MHz等几个频段。

(3)本振频率

高频头的本振频率要与接收频段及接收机的输入频率范围相匹配。对于C频段单极化高频头,本振频率一般为5150 MHz;C频段双极化高频头有两个本振频率,分别对应接收两种极化信号,如水平极化信号对应的本振频率为5150 MHz,垂直极化信号对应的本振频率为 5750 MHz,两种极化方式输出的中频信号的频率范围也各不相同;对于 Ku 频段高频头,不同的接收频率范围本振频率也各不相同,我国卫星电视广播 Ku 频段的本振频率为 11.30 GHz;Ku 频段双本振高频头对应的本振频率分别为 9.57 GHz 和 10.6 GHz,两个本振通过卫星电视接收机的开关信号切换器来实现交替工作。

(4)噪声特性

高频头的噪声特性用噪声系数或噪声温度来表示,一般越小越好。如 C 频段高频头的噪声系数在 0.3 dB(对应噪声温度为 20 K)以下;Ku 频段高频头的噪声系数在 0.8 dB(对应噪声温度为 59 K)以下。

(5)增益

一般要求高频头具有较高的增益,如 C 频段高频头的增益在 65 dB 左右,Ku 频段高频头的增益在 60 dB 左右。

5.对高频头性能的基本要求

卫星电视接收天线接收到的微弱信号首先进入高频头进行处理,因此高频头性能的好坏,对接收系统的总体质量影响很大。高频头长期在室外工作,要经受风吹、日晒、雨淋等恶劣环境的影响,为了保证信号能够稳定可靠地传输,对高频头的基本要求如下:

(1)在工作频段内幅频特性良好,波动小;

(2)对镜频干扰有较强的抑制能力;

(3)输入电压驻波比一般不超过 3 dB;

(4)具有尽可能低的噪声温度;

(5)本振频率稳定性高,温度在 −30 ℃～+50 ℃时,本振频率波动不超过 ±2 MHz。

2.2.5 功率分配器

功率分配器简称功分器,其功能是将来自高频头的第一中频信号分成功率相等的几路输出,每一路输出接一台卫星电视接收机,实现了使用一副天线同时接收同一颗卫星转发的多套广播电视节目。图 2-18 为功分器示意图。

功分器通常有无源和有源之分,无源功分器由微带电路、片状电阻和电容等组成,具有一定的分配损耗;有源功分器由高频放大器和分配电路组成,在接收微弱信号时,

图 2-18 功分器示意图

能够弥补分配损耗。功分器按照输出时分配的路数,分为二功分器、四功分器、六功分器和八功分器等。从理论上讲,可以做出任意路功分器,但一般只做成基本的二功分器,多路功分器可以由数个二功分器级联而成。

功分器的主要技术指标有工作频率范围、分配损耗、增益和隔离度等。功分器的工作频率范围应与高频头输出频率、卫星电视接收机输入频率范围一致。隔离度是指功分器各个输出端之间相互影响的程度,通常在 20 dB 以上。在实际使用时,功分器还应尽量避免引起反射损耗,空余输出端应接上 75 Ω 的匹配负载。

对功分器的基本要求是：

(1)工作频率范围大，通常在 900 MHz～1500 MHz，以满足第一中频信号频率范围的需要；

(2)各输出端之间的隔离度要高，一般在 20 dB 以上；

(3)各输出端的驻波比要小，通常要低于 1.5 dB；

(4)各输出端的正向插入损耗要小，一般小于 7 dB。

2.3 卫星电视接收机

卫星电视接收机即卫星电视中频接收机，接收高频头输出的第一中频信号，经过解调/解码，得到视频、音频信号，可送至电视机收看。通常分为模拟和数字两大类，但随着广播电视数字化进程的不断加快，模拟卫星电视接收机已逐渐被淘汰。

2.3.1 数字卫星电视接收机

数字卫星电视接收机又称为综合接收解码器(Integrated Receiver Decoder，IRD)，是卫星电视接收系统的室内接收设备，其主要功能是将高频头输出的第一中频信号进行图像、声音和数据处理，恢复出原来的图像、声音和数据信号，送至电视机或计算机等设备重现。数字卫星电视接收机的外形如图 2-19 所示。

图 2-19　数字卫星电视接收机的外形

采用不同的数字卫星电视广播传输标准，需要不同标准类型的数字卫星电视接收机。根据我国数字卫星电视广播传输标准，在接收我国卫星电视广播节目时，使用的接收机必须符合相应的信源解码(MPEG-2)和信道解码(DVB-C)标准。

数字卫星电视接收机由调谐器、双 A/D 变换器、QPSK(Quaternary Phase Shift Keying 正交相移键控，是一种主要适用于卫星电视广播的数字调制方式)解调器、FEC(Forward Error Correction 前向纠错，是一种用于检测与纠正二进制传输码流发生误码的数据编码技术)解码器、解复用器、MPEG-2 解码器、视频编码器和音频 DAC(Digital to Analog Converter 数字-模拟转换器)以及系统控制微处理器等组成，图 2-20 为数字卫星电视接收机的一般组成原理框图。

数字卫星电视接收机各组成部分的主要功能如下：

1.调谐器

调谐器由 I²C 总线控制，从来自高频头的 950 MHz～2150 MHz 第一中频信号频率范围内，选择所需的频道信号将其变换成固定点 480 MHz 的第二中频信号，并通过声表面波滤波器(SAWF)对信号进行滤波，选择的中频信号经放大后再进行正交鉴相解调输出两路模拟 I(同相)、Q(正交)信号。

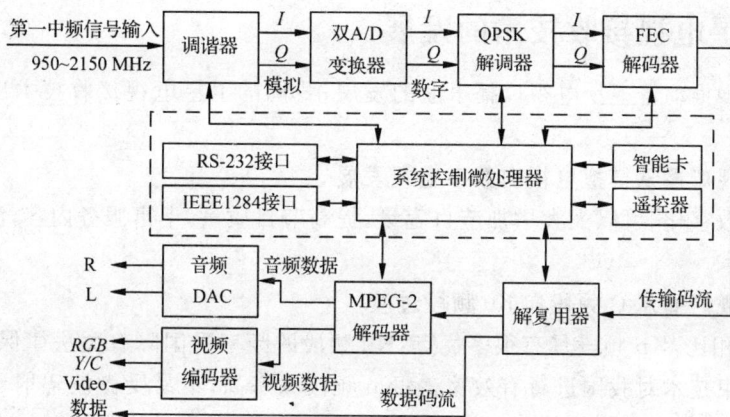

图 2-20　数字卫星电视接收机的一般组成原理框图

2．双 A/D 变换器

双 A/D 变换器的功能是将调谐器输出的两路模拟 I、Q 信号变换成两路数字 I、Q 信号，供 QPSK 解调器进行解调。

3．QPSK 解调器

QPSK 解调器除了完成对输入的调制信号的解调外，还有载波恢复、寻址、位同步、抗混叠、匹配滤波和自动增益控制的作用。

4．FEC 解码器

FEC 解码器主要完成维特比卷积解码、去交织、RS 解码和去随机化。

5．解复用器

TS(Transport Stream)码流是一个多路节目数据包按 MPEG-2 标准复接而成的数据码流，所以在解码前要先对 TS 码流进行解复用。根据所要接收节目的包识别符提取出相应的视频、音频和数据包，恢复出按照 MPEG-2 标准打包的节目基本流。

6．MPEG-2 解码器

MPEG-2 解码器组合了视频、音频解压缩和图形控制功能。解复用器输出 PES (Packetized Elementary Streams 打包的基本码流)数据包经 MPEG-2 解码器解压缩，生成符合 CCIR601 格式的视频数据流和 PCM(Pulse Code Modulation 脉冲编码调制)音频数据流，分别送至视频编码器和音频 DAC。

7．视频编码器和音频 DAC

视频编码器的作用是将 MPEG-2 解码器输出的数字 YUV 信号按一定的电视制式转换成模拟 RGB 信号、复合全电视信号或 Y/C 信号等供不同的视频设备接收。音频 DAC 的作用是将数字 PCM 音频信号转换成模拟音频信号送至左、右扬声器。

8．系统控制微处理器

系统控制微处理器控制着所有电路的工作，对遥控端输出的用户命令进行解释，管理智能阅读卡及通信接口。

9．存储器

存储器主要用于软件的存储和软件运行过程中数据的存储。

2.3.2 卫星电视接收技术的发展

科技的进步推动着卫星电视广播事业的发展,我国的卫星电视接收技术出现了一些新的发展方向。

1.卫星电视广播从模拟电视向数字电视发展

卫星电视数字化,可以大大增加节目容量,提高节目质量,丰富服务内容,满足不同用户的个性化需求。

2.卫星电视广播从 C 频段向 Ku 频段过渡

与 C 频段相比,Ku 频段具有很多优点:Ku 频段的频率受国际有关法律保护,并采用多馈源成型波束技术对我国进行有效覆盖;Ku 频段频率高,不易受微波辐射干扰;Ku 频段接收天线口径小,便于安装;Ku 频段可用带宽较宽,能传送多种业务和信息;Ku 频段下行转发器发射功率大,能量集中,方便接收。

3.通过卫星传送的业务多元化

通过卫星传送的除了基本的电视节目外,还包括各种多媒体信息,如电子邮件、实时数据信息、教育、游戏等,以 PC 机为用户终端的卫星数据广播业务正在兴起。

4.卫星电视广播从节目传送向卫星直播发展

卫星直播是指利用同步轨道上的专用卫星将电视广播节目直接传送到家庭的一种广播方式。卫星直播能够带动新兴产业的发展,解决边远地区人口收看电视节目的难题。

5.地面接收设备的发展

卫星电视接收天线向高效率、低噪声、低旁瓣和轻重量方向发展;高频头的制作越来越精良,性能越来越优异,电路越来越集成化,体积越来越小,可靠性越来越高,防雷击能力越来越强,双极性、双本振高频头得到应用;卫星电视接收机的功能越来越齐全,具有各种用途的数据接口,集成度越来越高,功耗小,可靠性高,价格便宜。

知识梳理与总结

本章作为第 2 章,主要内容是有线电视信号的接收。有线电视信号主要包括开路广播电视信号、卫星电视信号、微波信号以及由电视台利用各种音像设备编辑制作的自办节目信号。其中重点介绍了开路广播电视信号和卫星电视信号的接收。

在 2.1 节开路广播电视信号的接收部分,首先介绍了接收系统的组成及工作原理,建立了开路广播电视信号接收的整体概念,为后面的学习奠定了基础;接下来介绍了引向天线的技术参数,掌握天线的技术参数才能进行天线的选取,为后面的实践教学打下了基础;紧接着介绍了引向天线以及组合天线的基本结构,可以深入地了解天线的基本构成及其在实际应用中的组合形式,为后面接收开路广播电视信号的实践奠定了理论基础;天线放大器是开路广播电视信号接收通道的第一级放大器,本章从天线放大器的分类、技术要求以及应用等方面对天线放大器进行了介绍。开路广播电视信号作为电视信号的节目源之一,掌握其接收的相关理论知识,能够更好地指导学生在实践中提高动手能力。

在 2.2 节卫星电视信号的接收部分,首先介绍了卫星电视广播系统的基本概念,包括同步卫星的轨位图、卫星电视广播系统的组成及各部分的功能、卫星电视广播的使用频率、卫星电视广播的特点以及我国卫星电视广播的现状,并给出了我国四颗卫星的部分电视节目表。通过这些知识的学习,可以建立卫星电视广播系统的整体概念,从宏观上对卫星电视广播系统有所了解;其次介绍了卫星电视接收系统的组成,分别对卫星电视接收天线、高频头、功分器和卫星电视接收机进行了详细介绍。在卫星电视接收天线部分,简单介绍了抛物面天线的组成,详细介绍了前馈式、后馈式和偏馈式抛物面天线的基本结构及其反射原理,为后面抛物面天线的组装实践奠定了理论基础;最后介绍了高频头的组成、分类、技术参数以及对其性能的基本要求,帮助学生在实践中对高频头进行选择;功分器能够实现使用一副天线同时接收一颗卫星转发的多套电视节目,该部分内容从功分器的分类、主要技术指标、对功分器的基本要求等方面对功分器进行了介绍。

在2.3节卫星电视接收机部分,重点介绍了数字卫星电视接收机的组成及各部分的功能,并对卫星电视接收技术的发展进行了展望。

思考与练习题

2-1 绘制开路广播电视信号接收系统的组成框图,并说明各组成部分的作用。

2-2 简要说明引向天线的主要技术参数。

2-3 简述天线放大器的应用。

2-4 绘制卫星电视广播系统的组成框图,并说明各组成部分的主要作用。

2-5 绘制卫星电视接收系统的组成框图,并简要叙述接收原理。

2-6 抛物面天线按馈源的安装位置分为哪几类?简述其基本结构和接收原理。

2-7 简述卫星电视接收技术的发展方向。

常见问题解答

问题1:什么是开路广播电视信号接收天线的馈电?

答:由于不同类型和结构的天线有着不同的输入阻抗,常用的馈线如同轴电缆、扁馈线等也有其固有的特性阻抗;另外,大多数天线为平衡输出,电视接收机的输入线缆通常采用不平衡的75 Ω同轴电缆。因此,天线与馈线之间的连接就有匹配和平衡等问题,如果它们之间失配,就会造成信号的损耗、电视图像的失真或出现水平污点及重影。天线的馈电就是要解决天线与馈线之间连接的匹配、平衡和损耗等问题。

问题2:什么是卫星直播?其特点是什么?

答:卫星直播是卫星电视广播的发展,它是利用直播卫星进行各种广播业务点到面的传输,并直接传送到用户(DTH),采用的频段是广播专用的Ku和Ka频段。真正意义上的卫星直播是通过直播卫星的业务平台来实现的,包括直接广播业务(DBS)和直接到户业务(DTH)两种。卫星直播的特点是:

(1)覆盖范围广,接收直播节目不会受到地形和地理环境的影响;

(2)传输容量大,能提供上百套电视节目;

55

(3)节目质量高,卫星直播以数字方式直接向用户提供节目,能在用户端实现图像和声音信号的高质量还原;

(4)接收简单方便,用户只需要使用小口径的接收天线加上一台数字卫星电视接收机即可接收;

(5)用户管理完善,通过用户管理中心对每个用户提供实时和全面的授权、计费、管理和服务等;

(6)综合应用性强,除了传统的电视节目外,还可以开展数据图文业务、交互式业务等。

问题 3:C 频段和 Ku 频段的特点是什么？为什么卫星广播电视宜采用 Ku 频段？

答:对于 C 频段,与地面通信业务共用,为了避免卫星电视信号对地面通信业务的干扰,卫星发射的有效全向辐射功率(EIRP)要受到限制(EIRP 在 36 dBW 左右),为了保证接收图像的质量,通常采用较大口径的接收天线(1.8 m～3 m),并且地球站都建在市郊,因此 C 频段的接收设备和传输设备复杂、昂贵,适合集体或有线电视前端接收。而 Ku 频段地面微波很少使用,对地面通信业务几乎没有干扰,卫星发射功率可不受限制(EIRP≥50 dBW),再加上工作频率高,采用较小口径的接收天线(0.5 m～1.2 m)就能获得高质量的图像,地球站可建在任何地区,接收天线可直接安装在楼顶,因此接收、传输设备简单,费用低,但 Ku 频段的雨衰现象比较严重。

问题 4:如何选择开路广播电视信号接收天线？
答:
根据所在地区的信号场强来选择不同的接收天线:

(1)强场强区(VHF 为 50 mV/m,UHF 为 199 mV/m):应选用抗干扰性强、可接收不同方向多个电视频道、调整方便的天线,不宜选择高增益天线。

(2)中场强区(VHF 为 5 mV/m,UHF 为 19 mV/m～199 mV/m):应选用多单元单频道天线,也可以选用多单元宽频段天线。

(3)弱场强区(VHF 为 0.5 mV/m,UHF 为 1.99 mV/m～19 mV/m):必须选用多单元高增益天线或垂直复合天线以满足接收的需要。

问题 5:开路广播电视信号接收天线的调整原则是什么？
答:
开路广播电视信号接收天线的调整原则是:

(1)判定天线输出电平的标准:以能满足前端输入电平的要求为依据,一般天线输出电平大于 60 dBμV 即可认为符合要求。

(2)从提高载噪比的原则出发:天线的输出电平不是越高越好,而是受到前端放大器输入动态范围的限制。各种放大器的要求不尽相同,一般以小于等于 90 dBμV 为宜,天线输出电平偏高可以使用衰减器调整到合适值。

(3)天线处于弱场强区:天线输出电平达不到 60 dBμV,提高天线增益、降低电缆损耗等措施无法从根本上解决问题,必须采取加装天线放大器的方法来满足系统的技术指标要求。

有线电视前端系统及常用设备 第3章

有线电视前端系统(简称前端)是有线电视系统的核心,其任务就是接收和提供多路电视信号,包括来自各种信号源的音频、视频和射频信号及其他各种非电视信号,包括系统控制信号、语音信号、双向传输的数据信号等,并将这些信号进行相应的处理,使其转换为满足传输要求的射频信号,混合成一路输出至干线传输系统进行传输。

3.1 有线电视前端系统

有线电视前端系统是各种信号的汇集点:在有线电视广播系统中,前端是多频道复合信号下行传输的起始点;在有线电视交互系统中,前端是上行信号的汇集点,同时还是系统核心和整个网络信息交换处理中心,其性能的好坏会直接影响整个系统的收视效果。

前端的发展经历了从小规模到大规模、从隔频传输方式到邻频传输方式、从模拟到数字、从简单前端到与综合业务相结合的智能前端等过程。

在传统的有线电视系统中,模拟前端对信号的基本处理主要包括:

(1)提高载噪比

当接收信号太弱或不能满足系统载噪比的要求时,就要在前端采用低噪声的天线放大器来改善系统的噪声系数,使其满足系统分配的载噪比指标。

(2)频率变换

为了实现传输频道的合理配置,同时为了避免频率干扰,需要在前端通过频道处理器或解调器和调制器的组合变换某些频道的频率。

(3)邻频传输

为了充分利用频道资源,在给定的传输频带范围内传输更多的电视节目,有线电视系统多采用邻频传输方式。因此,系统对前端提出了更高的技术要求,前端必须针对这些要求进行邻频处理,最大限度地消除邻频传输带来的影响。

(4)调制、解调

在接收卫星、微波信号时,需采用解调技术分解出音、视频信号,再经过调制将其变为选定频道的射频信号;自办节目信号也需要经过调制后才能进入系统;还有一些开路广播电视信号也需要经解调-调制的方式进行处理。

(5)电平调整和电平控制

可以在前端采用固定衰减器或可变衰减器来调整各频道的信号电平,使其满足传输系统的要求。为了获得良好的系统性能,常采用 AGC 控制技术来减小前端输出电平的波动。

(6)抑制非线性失真和寄生输出

在前端的射频设备和天线放大器中,广泛采用各种带通滤波器和其他技术手段,将各种失真、干扰减至最小。

(7)混合

前端信号处理的最终目的是为传输系统提供一个高质量的复合电视射频信号。通过混合器将多套电视节目合而为一,以满足传输系统的要求。

(8)产生导频信号

在前端加入导频信号发生器,为干线放大器提供实现 AGC 控制和 ASC 控制的导频信号。

根据前端的设置位置及其地位,可分为远地前端、本地前端和中心前端。

远地前端:设置在远地,经过电缆、微波、光缆等地面线路或卫星线路向有线电视系统传送远地信号的前端。例如,设置在远离有线电视服务区的微波接收站、卫星接收站等。

本地前端:设置在有线电视服务区内,直接与干线系统或用作干线的短距离传输线路相连的前端。本地前端又称为主前端,是整个有线电视系统的心脏。

中心前端:又称为分前端,是一种辅助前端,通常设置在有线电视系统的某一个小区中心。其输入主要来自于本地前端,也可以来自于一些新增加的信号源。

一般说来,一个有线电视系统只有一个本地前端,但却可以有多个远地前端和多个中心前端。

根据组成、用途和功能的不同,前端可分为隔频前端、邻频前端、数字前端和智能前端等多种类型。

3.1.1 隔频前端

隔频传输是早期有线电视系统采用的传输方式,其前端由天线放大器、频道变换器、调制器和混合器等组成,如图 3-1 所示。隔频传输的意义在于,为了克服频道之间的相互干扰,传输时并不是每个频道都可以被利用,只能利用其中的某些频道,各个频道之间有足够的空隙。

隔频前端只能对各个频道的信号进行放大和转换等简单处理,使其满足输出电平的要求和避开空中强电视信号直射波串扰。隔频前端能够传输的电视频道数量少,频道资源利用率低,性能指标较差,不适合远距离传输。

3.1.2 邻频前端

邻频前端采用了符合邻频传输技术要求的信号处理方法,对有线电视系统各部分的

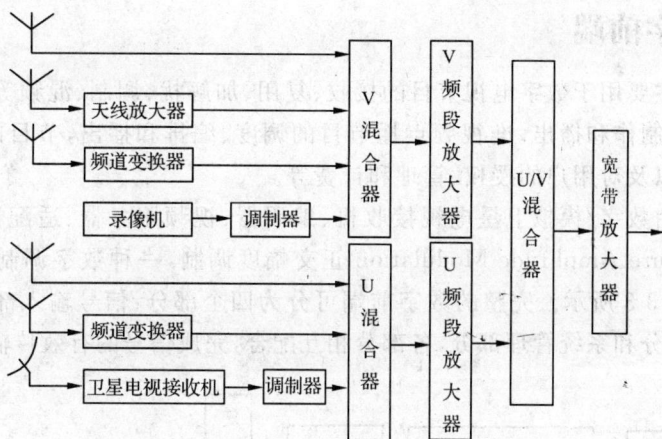

图 3-1　隔频前端组成框图

技术指标和相应的设备有更高的要求,频道数量多,信号质量好,适用于大中型有线电视系统。邻频前端包括频道处理器、中频处理方式调制器、天线放大器、立体声调频器、导频信号发生器和多路混合器等设备,典型的邻频前端组成框图如图 3-2 所示。

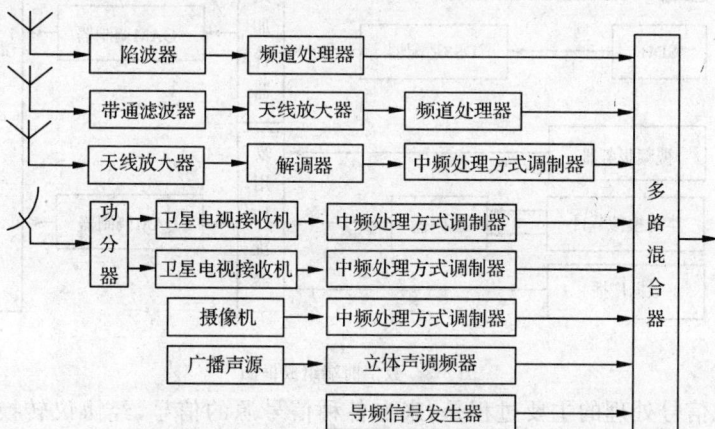

图 3-2　典型的邻频前端组成框图

　　开路广播电视信号由引向天线接收,经带通滤波器滤除干扰、天线放大器放大到合适的电平后,送入频道处理器转换成设定频道的电视信号,然后送入多路混合器。

　　开路广播电视信号也可以由引向天线接收后,先送入电视解调器解调出视频和音频信号,再送入中频处理方式调制器转换成为某一频道或增补频道的电视信号。当开路广播电视信号过强时,可以采用衰减器把信号电平调整到正常范围内。

　　卫星电视信号由抛物面天线接收后,先送入功分器,为了增加接收节目数量,再由卫星电视接收机转换成视频、音频信号,然后送入中频处理方式调制器调制到某一电视频道上,调制器输出的电视信号送入多路混合器。

　　自办节目设备(如摄像机、录像机、DVD 机等)输出的视频、音频信号也需送入中频处理方式调制器,转换成某一频道的电视信号,然后送入多路混合器。

3.1.3　数字前端

数字前端主要用于数字电视节目的接收、复用、加解扰、调制、混频等,各种多媒体数据信息的采编、制作和播出,准视频点播节目的调度、编排和播出,节目的接收、存储、管理、加密、播出以及对用户的授权、管理和计费等。

数字前端由数字/模拟卫星电视接收机、编码器、视频服务器、适配器、复用加扰器、QAM(Quadrature Amplitude Modulation 正交幅度调制,一种数字调制方式)调制器等设备组成,如图3-3所示。完整的数字前端可分为四个部分:信号输入部分、信号处理部分、信号输出部分和系统管理部分,各部分相互配合,完成信号的有效传输。

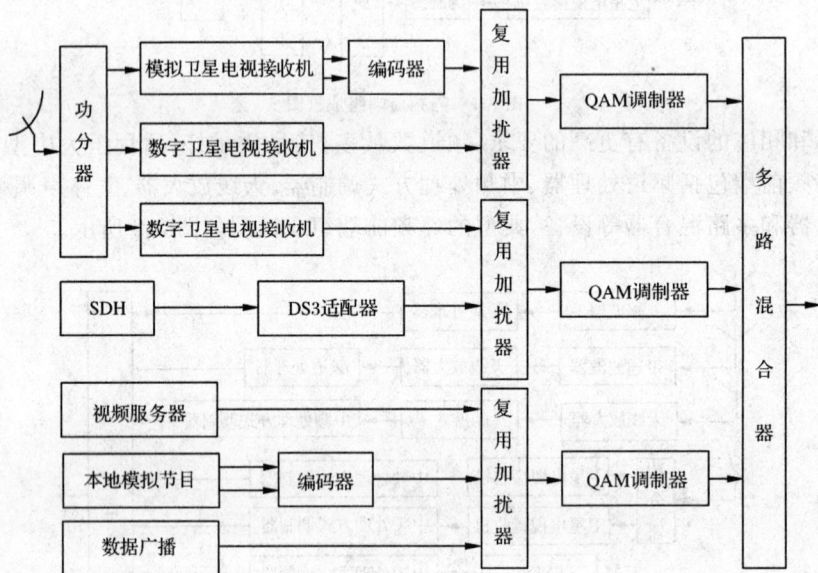

图 3-3　数字前端组成框图

数字电视信号处理的主要过程是:来自各种信号源的信号,经协议转换、接口变换或编码后,统一为 MPEG-2 格式的传输流数字信号,然后进行信号的复用调制、同步等。对于模拟信号,需要采用数字编码压缩技术对其进行处理。

3.1.4　智能前端

智能前端通过软件实现设备的控制和管理,具有自动诊断、自动调整参数等功能;智能前端可以自动切换到备份设备,实现不中断播出;智能前端可以通过监测器实时监测网络中的监测点,然后通过数据回传实现自动控制;智能前端使用方便,运行效率高,声音和图像质量好;智能前端的所有设备都是广播级指标,组成智能前端的设备除了用于固定频道输出的智能电视调制器、处理器和卫星电视接收机外,还有通信管理器、计算机、前端监测器、备份捷变频调制器、备份捷变频处理器、A/V 切换器等,如图 3-4 所示。智能前端是今后发展的方向。

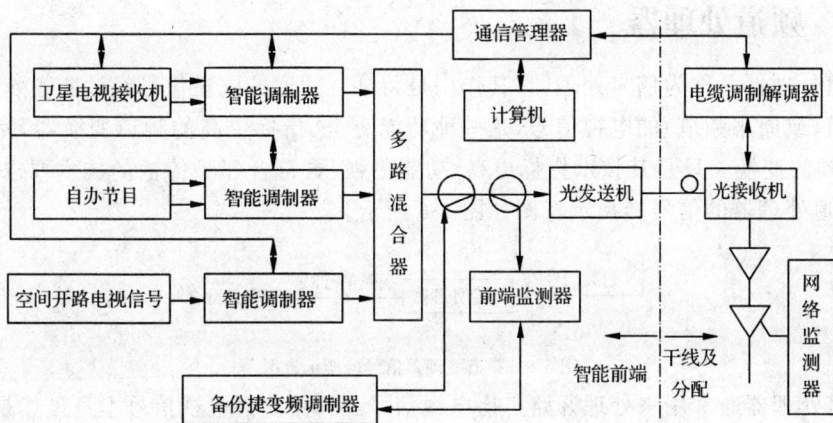

图 3-4 智能前端组成框图

3.2 常用前端系统设备

常用前端系统设备包括频道变换器、频道处理器、电视调制器、电视解调器、多路混合器、导频信号发生器、前端放大器、MMDS(Multichannel Microwave Distribution System 多路微波分配系统)接收设备以及自办节目设备等。在实际配置中,根据不同的设计要求将它们组合在前端机柜里,完成对接收信号的处理,为干线传输做好准备。前端系统设备的好坏对有线电视系统的影响很大。

3.2.1 频道变换器

频道变换器的功能是完成电视信号载波频率的变换。例如,利用频道变换器可以将处于 VHF 频段 1 频道上的电视节目变换到 UHF 频段的 16 频道上去,或者将处于 UHF 频段 22 频道上的电视节目变换到 UHF 频段的 48 频道上去。

频道变换器根据变换频段的不同可以分为四类:U/V 频道变换器、V/V 频道变换器、V/U 频道变换器和 U/U 频道变换器,它们实现频道变换的基本原理是完全相同的,如图 3-5 所示。

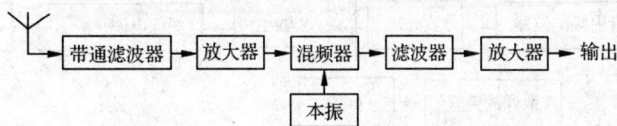

图 3-5 频道变换器原理框图

频道变换器可以将不同来源的电视信号变换到有线电视系统的某个频道或增补频道上,使它们通过同一根同轴电缆送至千家万户。如今频道变换器已逐渐被频道处理器取代。

3.2.2 频道处理器

　　频道处理器又称为信号处理器,其作用是将某一频道的电视信号经过变频处理,变成另一频道(或原来频道)的电视信号,是一种功能更全、指标更高的频道变换器,完成的是射频-射频的变换。只是其技术指标更高、功能更强、更符合邻频传输的技术要求(见第1章)。频道处理器的信号转换示意图如图3-6所示。

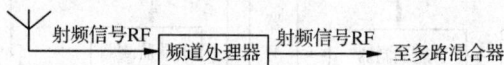

图 3-6　频道处理器信号转换示意图

　　频道处理器通常用来处理开路广播电视信号。开路广播电视信号本身虽然是射频信号,但不能直接引入有线电视系统中,因为它不能满足邻频传输的要求。如空间开路电视的图像伴音功率比为10 dB,即伴音信号电平比图像信号电平低10 dB,而在邻频传输中,伴音信号电平就要比图像信号电平低17 dB,且空间开路电视的图像、伴音信号电平稳定度不高,需要采用低噪声放大和自动增益控制电路保证其输出电平的稳定;另外需要采用声表面波滤波器,使其带外抑制大于60 dB,带内平坦度不小于±1 dB;还需要增加陷波电路,滤除相邻频道的干扰。

　　邻频系统的频道处理器都采用中频处理方式,由下变频器、中频处理器和上变频器组成,如图3-7所示。

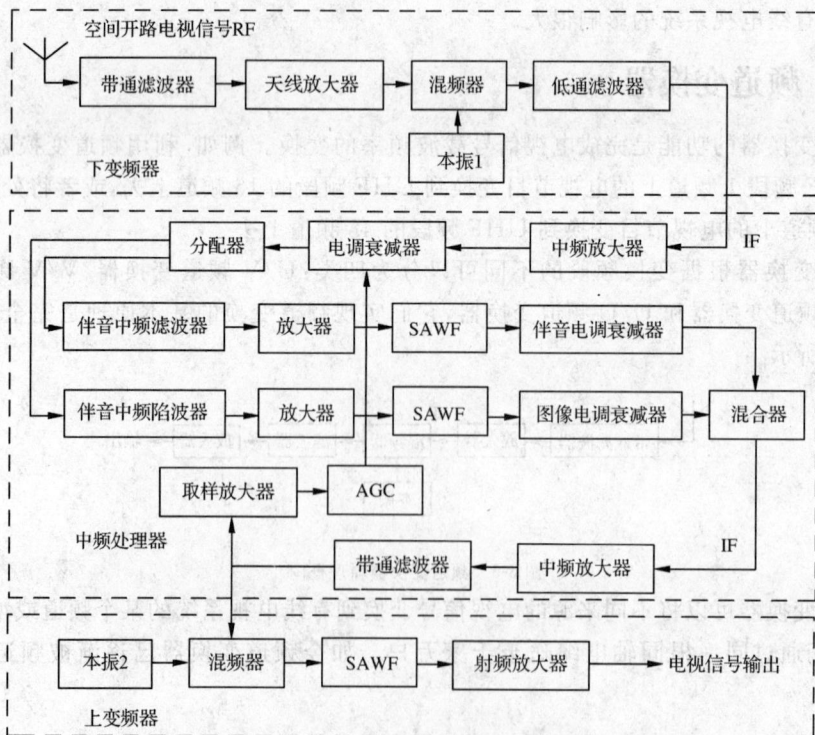

图 3-7　频道处理器组成框图

1.频道处理器各部分的作用

(1)下变频器

完成射频-中频(RF-IF)变换,将开路广播电视信号变为中频电视信号,图像中频为38 MHz,伴音中频为31.5 MHz。

(2)中频处理器

主要功能是完成残留边带滤波、图像伴音分离、V/A 比调节、陷波和自动增益控制等,使其满足邻频传输的技术要求。

(3)上变频器

完成中频-射频(IF-RF)变换,将处理好的中频电视信号变频到 VHF、UHF 或增补频段的某一频道上。

2.频道处理器的主要技术参数

(1)邻频抑制

邻频抑制指频道处理器对输入电视频道的上下相邻频道电视信号的抑制能力,国标规定邻频抑制要大于 60 dB。

(2)带外杂散输出

带外杂散输出指本频道以外的寄生输出,会对其他频道造成干扰。

(3)伴音控制特性

伴音控制特性反映频道处理器对伴音电平变化的控制能力。有线电视行业标准规定:当输入信号图像伴音功率比变化±10 dB 时,频道处理器输出信号图像伴音功率比应不大于±1 dB。

(4)镜像抑制

镜像抑制指对镜像信号的抑制能力,主要取决于下变频器的输入滤波器的质量。

(5)边带抑制

边带抑制指频道处理器对$(f_v-1.25)$ MHz 和$(f_v+6.75)$ MHz 处信号电平的抑制能力,f_v 为输出图像的载频。边带抑制能力取决于中频声表面波滤波器的质量,若边带抑制较差,会出现邻频干扰。

(6)AGC 特性

输入信号变化时,要求输出信号电平几乎不变,AGC 能控制输入电平稳定在 55~99 dBμV/m 之间。

(7)带内平坦度

频道处理器的带内平坦度是指在 6 MHz 频带内的幅频波动。

(8)频率变换精度

频率变换精度指在规定的工作温度下,输出图像载频与标称图像载频的偏差值。

(9)最大输出电平

频道处理器带内载频互调比为 54 dB 时的输出电平即为最大输出电平。

(10)图像伴音功率比的可调范围

图像伴音功率比在 10~20 dB 可调。在邻频系统中通常将其调节为 17 dB。

3.2.3　电视调制器

电视调制器的外形如图 3-8 所示,其作用是将要传输的视频信号和音频信号,转换成适合有线电视系统传输的射频信号,电视调制器的信号转换示意图如图 3-9 所示。电视调制器处理的视频和音频信号主要来源于自办节目的摄像机、录像机、影碟机、DVD 机等设备,也可以来源于卫星电视接收机和微波电视接收机的解调输出。电视调制器输出的射频信号通常送至多路混合器。

图 3-8　电视调制器的外形

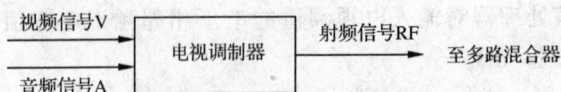

图 3-9　电视调制器信号转换示意图

根据调制方式不同,电视调制器一般分为直接调制方式调制器和中频调制方式调制器两种类型。其中,直接调制方式调制器也称为高频调制方式调制器,是将视频和音频信号直接调制到需要的载波频道上,性能相对较差,一般用于对电气性能要求不高的非邻频传输系统;中频调制方式调制器是将图像信号调制成频率为 38 MHz 的调幅图像中频信号,将音频信号调制成频率为 31.5 MHz 的调频伴音中频信号,然后对该中频信号进行处理,使其满足邻频传输的技术要求,最后通过上变频器,将中频信号转换成 VHF、UHF 或增补频段任一频道的射频信号。各个不同的频道,采用性能优异的声表面波滤波器和锁相环频率合成技术,便于实现邻频传输。中频调制方式调制器的基本组成框图如图 3-10 所示。

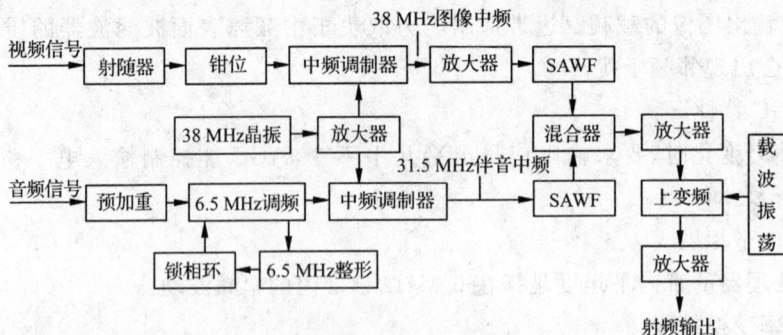

图 3-10　中频调制方式调制器基本组成框图

中频调制方式调制器的主要技术参数包括:

(1)视频输入信号幅度和极性

有线电视行业标准规定视频输入信号幅度为 1 V(峰-峰值),即视频信号的最大亮度电平与同步头电平之差为 1 V,正极性。

(2)音频输入信号幅度

有线电视行业标准规定音频输入信号幅度为 0 dBmW,即 1 mV。

(3)带外杂散输出

在邻频传输时,任何一个频道的带外杂散输出都不能干扰其他频道。因此,带外杂散输出越小越好,要求其电平比本频道图像载频电平低 60 dB 以上。

(4)边带抑制

边带抑制与带外杂散输出不同,边带抑制在测试时加上视频信号,带外杂散输出在测试时不加视频信号。边带抑制要求不小于 30 dB。

(5)调制度

调制度的大小与调制方式有关,调制度越大,表示输出信号功率中有用信号功率所占比例越大,对信号的传输和解调越有利,有线电视行业标准规定调制度不低于 87.5%。

(6)带内和带外载噪比

电视调制器产生的噪声是宽带的,它不仅决定了本频道内的载噪比,还影响了其他频道的载噪比,即本频道调制器的带外噪声会影响其他频道调制器的带内载噪比,且混合器的数目越多,带内载噪比下降越多。

(7)微分增益

有线电视行业标准规定微分增益应不大于 5%,这个指标对色饱和度的影响很大。

(8)微分相位

有线电视行业标准规定微分相位应不大于 5%,这个指标对色调的影响很大。

(9)色亮度时延差

有线电视行业标准规定色亮度时延差应不大于 45 ns,该指标不合格时,会产生图像拖影、超白、彩色镶边等。

(10)频率准确度和频率稳定度

频率准确度是指在基准温度(+20 ℃)下设备输出信号载频与标称频率之差,有线电视行业标准规定频率准确度误差应不大于 5 kHz。频率稳定度是指输出频率由于外界因素(温度、电压等)影响而引起的偏移与标准条件下频率之比,有线电视行业标准规定频率稳定度误差应不大于 20 kHz。

(11)输出电平稳定性

电视调制器的输出电平会不断变化,变化量应在±5 dB 以下。

(12)视频带内平坦度和伴音带内平坦度

规定均为±1.5 dB(音频以 40 Hz～10 kHz 为准)。

(13)图像与伴音载频间距

规定为 6.5 MHz±5 kHz。

(14)伴音失真度

规定不大于 1%。

(15)反射损耗

规定应不小于 12 dB(VHF)或不小于 10 dB(UHF)。

3.2.4 电视解调器

电视解调器的外形如图 3-11 所示,其作用是将输入的射频信号解调为视频和音频信号,与电视调制器的功能恰好相反。其输入信号大多为开路广播电视信号,输出的视频、音频信号送至电视调制器,两者通过配合实现频道处理器的功能,如图 3-12 所示。电视解调器的基本组成框图如图 3-13 所示。

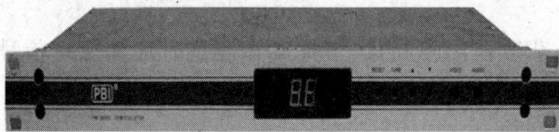

图 3-11　电视解调器的外形

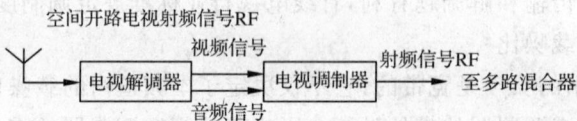

图 3-12　电视解调器功能示意图

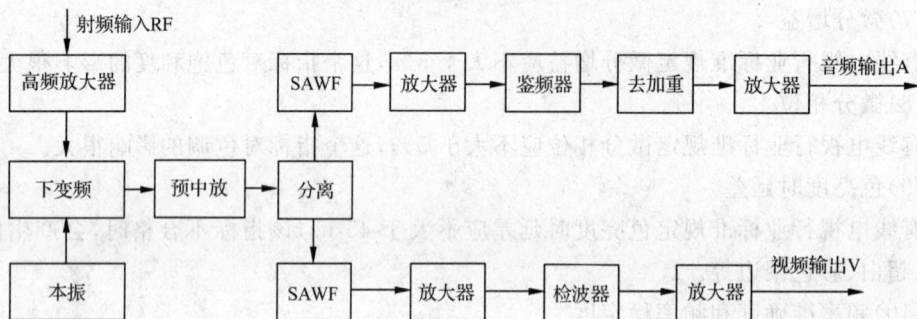

图 3-13　电视解调器基本组成框图

电视解调器的技术参数包括:输入频率范围(5～862 MHz)、输入电平范围(50～90 dBμV)、输入端反射损耗(6～10 dB)、视频输出幅度(1±10%)V、微分增益(3%～6%)、微分相位(3°～6°)、视频信噪比(45～50 dB)、伴音信噪比(45～50 dB)和音频失真(1～3 dB)、邻频抑制、噪声系数、输入频率偏差、AGC 类型及范围、镜像抑制等。

3.2.5 多路混合器

多路混合器的作用是将前端设备输出的多路射频信号混合成一路信号输出,并馈送给干线传输网络以达到多路复用的目的。

1.多路混合器的分类

多路混合器的分类方法有多种:按有无放大作用分为有源混合器和无源混合器,按适用频率范围分为频道混合器、频段混合器和宽带混合器,按结构分为滤波器式混合器和宽带传输变压器式混合器,按性能指标分为隔频混合器和邻频混合器等。下面对常用多路混合器进行简单介绍。

（1）频道混合器

频道混合器的各个输入端口只能输入指定频道的信号，而不能输入其他频道的信号。每个输入端口都安装了一个本频道的滤波装置，避免其他杂波混入系统中。频道混合器的性能指标比较低，只能用于隔频前端系统的混合，优点是各个频道均有滤波，且插入损耗较小。频道混合器如图 3-14 所示。

（2）频段混合器

频段混合器的各个输入端口只能输入本频段的频道信号，不能输入其他频段的频道信号。每个输入端口都安装了一个本频段的滤波装置。这种混合器的插入损耗较小，主要应用于早期的有线电视系统中，如图 3-15 所示。

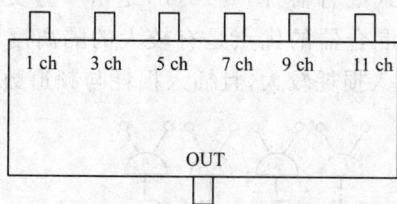

图 3-14 频道混合器示意图

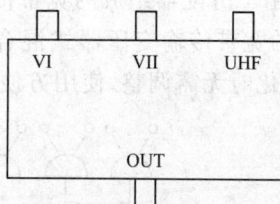

图 3-15 频段混合器示意图

（3）宽带隔频混合器

宽带隔频混合器的各个输入端口可输入任何非相邻频道的信号，这种混合器的各输入端口的相互隔离度较低，易产生邻频干扰。

（4）邻频混合器

邻频混合器的各个输入端口可输入任何频道的信号，广泛应用于有线电视系统中。这种混合器的相互隔离度高，但插入损耗较大，常用的是 12 路和 16 路邻频混合器。16 路邻频混合器面板图如图 3-16 所示。

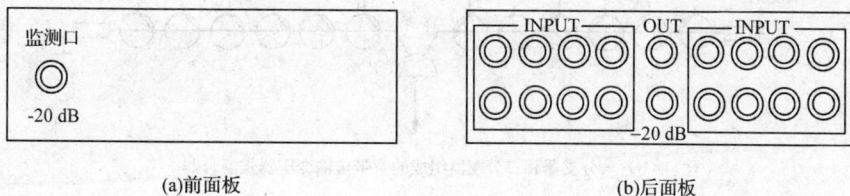

(a)前面板

(b)后面板

图 3-16 16 路邻频混合器面板图

（5）滤波器式混合器

滤波器式混合器可分为频道型和频段型。频道型是由若干个带通滤波器并联组成的，滤波器的个数与频道数相等，其结构如图 3-17(a)所示；频段型是由低通滤波器和高通滤波器并联组成的，如图 3-17(b)所示。滤波器式混合器的优点是插入损耗小，抗干扰能力强；缺点是调试难度大，相邻频道隔离度较低，不能应用于邻频系统。

（6）宽带传输变压器式混合器

宽带传输变压器式混合器在结构上相当于把分支器和分配器倒过来使用，可以进行

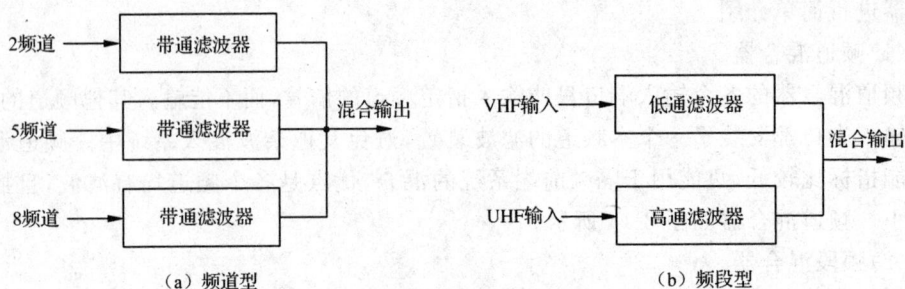

（a）频道型　　　　　　　　　　　（b）频段型

图 3-17　滤波器式混合器结构示意图

任意频道的混合，通用性好，广泛应用于邻频系统。其基本组成如图 3-18 所示，其中图 3-18（a）是由二分配器组成的宽带传输变压器式混合器，图 3-18（b）是由一分支器和二分配器组成的宽带传输变压器式混合器。这种混合器的优点是有较大的隔离度和反射损耗，频道变化时无需调整，使用方便；缺点是插入损耗较大，且插入损耗与频道数成正比。

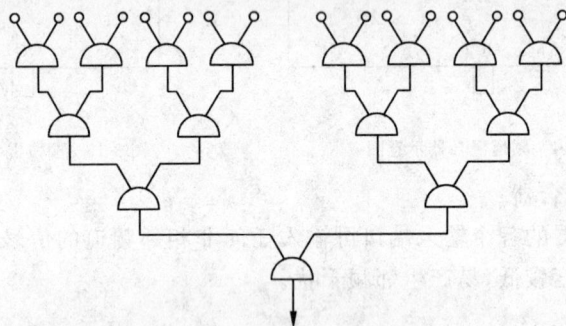

（a）二分配器组成的宽带传输变压器式混合器

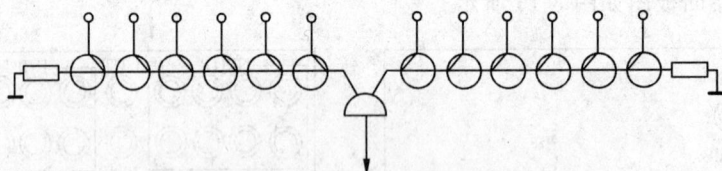

（b）一分支器和二分配器组成的宽带传输变压器式混合器

图 3-18　由分支器和分配器组成的宽带传输变压器式混合器

2.多路混合器的主要技术参数

多路混合器的主要技术参数包括插入损耗、带内平坦度、相互隔离度、反射损耗、带内波动、带外衰减等。

（1）插入损耗

插入损耗是指混合器的输出电平与输入电平的差值。插入损耗并不是任何条件下都越小越好，在其他指标相似的条件下是越小越好。一般情况下，滤波器式混合器的插入损耗为 2～4 dB，宽带传输变压器式混合器的插入损耗较大，且与混合的频道数有关，通常能达到十几个分贝。

（2）带内平坦度

带内平坦度反映信号在工作频带内的幅频波动程度。一般要求带内平坦度为±2 dB（任意 8 MHz 频带内为±0.5 dB）。

（3）相互隔离度

混合器各端口都匹配的情况下，当某输入端口加入任一信号时，该信号电平与其他输入端口信号电平之差，称为混合器的相互隔离度。相互隔离度反映了混合器各个输入端口之间的信号干扰程度。邻频混合器要求相互隔离度不小于 30 dB。

（4）反射损耗

反射损耗用来衡量混合器的输入/输出阻抗与电缆特性阻抗的匹配程度，一般要求不小于 14 dB。

3.2.6　导频信号发生器

导频信号发生器主要用于传输干线为同轴电缆的传统有线电视系统，它能产生一个频率和幅度都非常稳定的正弦波信号，这个信号的作用是为干线传输系统提供基准信号（又称导频信号），该基准信号对干线传输系统实现自动增益控制（AGC）和自动斜率控制（ASC）具有非常重要的作用。

当有线电视系统采用同轴电缆作为传输干线时，干线可能长达数千米，且随着季节、温度的变化，同轴电缆中传输的电视信号的衰减量和幅频特性的倾斜度都将发生变化。为了使信号保持稳定，必须在干线放大器中进行自动增益控制和自动斜率控制，以补偿同轴电缆因长距离传输而造成的电平衰减和斜率变化。

同时，由于干线放大器是宽带放大器，它所放大的信号是混合器输出的电视多频道复合信号，在不同地区、不同场合，此信号包含的频道分量不同，幅度也不稳定，所以不能直接使用多频道复合信号中的任一频道分量作为基准信号来控制放大器的增益，而必须从前端混入频率和幅度都非常稳定的导频信号作为基准信号。

导频信号发生器是一个幅度和频率都很稳定的正弦信号发生器，由晶体振荡器、带通滤波器、可调衰减器、放大器等组成，如图 3-19 所示。

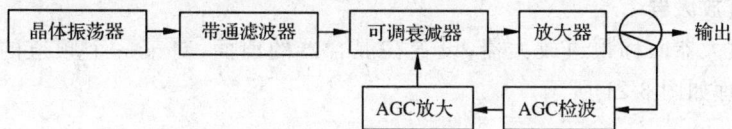

图 3-19　导频信号发生器组成框图

在有线电视系统前端将导频信号和高频电视信号一起送入干线传输系统，然后通过带通滤波器从传输干线中取出导频信号，经过处理后，产生控制干线放大器增益和斜率的控制信号，确保干线放大器输出信号稳定，其实现原理如图 3-20 所示。为了实现最佳电平控制，在实际应用中，通常有两个频率的导频信号，一个用于控制增益，一个用于控制斜率。

我国 GY/T 106—1999《有线电视广播系统技术规范》中并没有对导频信号的频率选

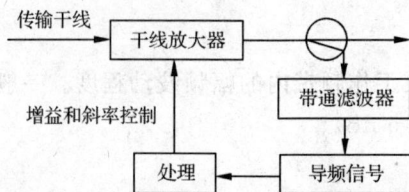

图 3-20　利用导频信号控制增益和斜率的原理框图

择作硬性规定,通常根据系统的规模和实际需要来选择导频信号。系统采用导频信号的方法有两种:一是单导频控制法,即采用一个导频信号实现 AGC,再用热敏器件来补偿斜率实现 ASC,一般应用于较小的系统或要求不高的场合;二是双导频控制法,即采用两个不同频率的导频信号,频率高的用于实现 AGC,频率低的用于实现 ASC,其控制性能优良,一般应用于大中型系统。常用的导频信号有三个:

第一导频为 65.75 MHz 或 77.25 MHz。

第二导频为110.00 MHz(适用于 300 MHz 系统);
　　　　　224.25 MHz(适用于 450 MHz 系统)。

第三导频为288.25 MHz 或 296.25 MHz(适用于 300 MHz 系统);
　　　　　400.25 MHz 或 448.25 MHz(适用于 450 MHz 系统);
　　　　　535.25 MHz 或 543.25 MHz(适用于 550 MHz 系统)。

其中,第一、三导频为双导频,第二导频为单导频。

导频信号发生器的主要性能参数有:最大输出电平、输出电平稳定度、反射损耗、输出频率稳定度等。

3.2.7　前端放大器

前端放大器是有线电视前端系统的重要组成设备,主要作用是对前端的微弱信号进行放大处理,使其满足干线传输系统的要求。

前端放大器根据其放大的频率范围,分为单频道放大器、多频段放大器和宽带放大器三种。

1. 单频道放大器

单频道放大器简称频道放大器,设置在混合器的前面,对某一个频道的信号进行放大,其实现原理如图 3-21 所示。

图 3-21　单频道放大器原理框图

单频道放大器的特点是:输入/输出回路均采用带通滤波器,选择性好,抗干扰能力强,失真小,输出电平接近最大输出电平;通常由 3～4 级放大电路组成,具有 AGC 控制能力,输入电平动态范围大,输出电平高,增益高;输出阻抗对本频道呈低阻,对其他频道呈高阻,可以直接混合,但由于滤波电路带外衰减仅为 30 dB,不能应用于邻频前端。

单频道放大器的性能参数要求:

(1)增益:视产品的具体标准而定,允许偏差为±2 dB。

(2)带内波动:对于 VHF 频段的频道放大器,带内波动要求不大于 2 dB;对于 UHF 频段的频道放大器,带内波动要求不大于 3 dB。

(3)带外衰减:要求不小于 20 dB。

(4)噪声系数:在 VHF 频段,噪声系数要求不大于 8 dB;在 UHF 频段,噪声系数要求不大于10 dB。

(5)反射损耗:在 VHF 频段,反射损耗要求不小于 10 dB;在 UHF 频段,反射损耗要求不小于7.5 dB。

(6)最大输出电平:110 dBμV、115 dBμV 或 120 dBμV。

(7)AGC 特性:当输入电平变化在±10 dB 内时,输出电平的变化应在±1 dB 以内。

2.多频段放大器

多频段放大器设置在多路混合器的后面。多频段放大器的内部分成几个独立的频段(VHF Ⅰ、VHF Ⅱ、UHF、FM),多频段放大器分别对每个频段内的信号进行滤波、放大,经多路混合器混合成一路,再经过三级放大得到最终的输出信号。多频段放大器原理框图如图 3-22 所示。

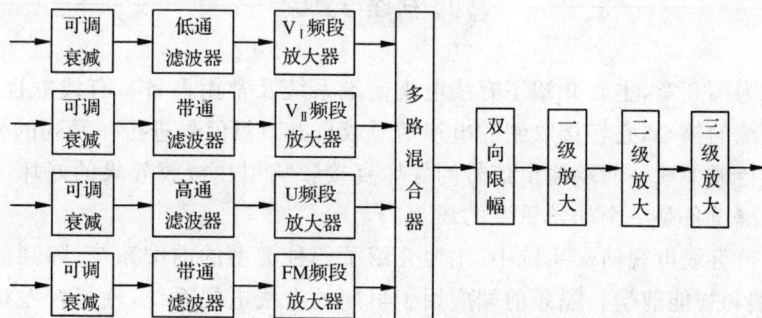

图 3-22 多频段放大器原理框图

多频段放大器采用 LC 滤波器作带通滤波器,可以抑制频段外的信号干扰。放大器一般采用晶体管构成共射级放大电路,第一级为前置低噪声放大,第二级为小功率推动级,第三级为功率放大级。

多频段放大器的性能参数要求:

(1)增益:24 dB 或 39 dB。

(2)带内平坦度:-1～+3 dB。

(3)噪声系数:7 dB。

(4)反射损耗:7.5 dB(V_I 频段),10 dB(V_{II}、U 频段)。

(5)最大输出电平:110 dBμV 或 118 dBμV。

(6)供电电压:AC220 V。

多频段放大器对频率不同的各个波段分别进行放大,每一路的放大器可以分别进行调整，以控制各频段的电平，但受自身技术指标的限制，只能应用于小型非邻频前端。

3.宽带放大器

在邻频前端，无源混合器的插入损耗很大，当混合器输出信号电平偏低时，就要设置宽带放大器来进行补偿，以满足前端信号分配和输出的要求。宽带放大器可以作为前端电路的主放大器，也可以作为干线传输的第一台放大器。

在具有频道放大器的前端中，频道放大器已经把各频道的信号放大到足够高的电平，不需要再加宽带放大器，只要把从频道放大器输出的信号混合后直接送至干线传输系统即可。

宽带放大器的性能参数要求：

(1)增益：视产品的具体标准而定，允许偏差为±2 dB。

(2)带内平坦度：要求为±2 dB。

(3)最大输出电平：105 dBμV、110 dBμV、115 dBμV 或 120 dBμV。

(4)噪声系数：在 VHF 频段，噪声系数要求不大于 10 dB；在 UHF 频段，噪声系数要求不大于 12 dB。

(5)反射损耗：在 VHF 频段，反射损耗要求不小于 10 dB；在 UHF 频段，反射损耗要求不小于 7.5 dB。

知识梳理与总结

本章作为第3章，主要介绍了有线电视前端系统及常用设备。有线电视前端系统是有线电视系统的核心，它将接收到的电视信号或自办节目信号进行一系列的处理，再经混合器输出至传输干线。前端输出信号的好坏直接影响用户接收效果的好坏，所以选择性能优良的前端设备是一个非常重要的环节。

在 3.1 节有线电视前端系统中，主要介绍了四种类型的前端系统：隔频前端、邻频前端、数字前端和智能前端。隔频前端应用于早期的有线电视系统，性能较差，不适合远距离传输；邻频前端的频道数量多，信号质量好，适用于大中型有线电视系统；数字前端使用数字设备对电视信号进行处理，信号质量好，节目数量多；智能前端实现了前端的智能化控制和信号处理，是未来前端发展的趋势。通过对本节知识的学习，可以了解前端的各种类型，重点掌握邻频前端的组成及其各组成设备的功能，为后面自行设计邻频前端奠定理论基础。

本章 3.2 节的内容是常用前端系统设备，主要包括频道变换器、频道处理器、电视调制器、电视解调器、多路混合器、导频信号发生器以及前端放大器，分别从各种设备的作用、分类、组成、主要技术参数等不同角度，对它们进行了介绍。其中频道变换器和频道处理器的功能类似，但频道处理器比频道变换器性能更加优良，所以频道变换器已逐渐被频道处理器所取代；电视调制器和电视解调器是功能相反的两个设备，两者互相配合可以实现频道处理器的功能；多路混合器实现将多路射频信号混合成一路输出，送至传输干线的功能；导频信号发生器为干线放大器提供实现自动增益控制和自动斜率控制的导频信号；前端放大器对前端信号进行放大，使其满足传输系统的要求。通过对常用前端系统设备相关知识的学习,可以了解设备的内部结构,掌握设备的工作原理及其应用,指导学生在实践中正确选择设备,完成前端系统的组建。

思考与练习题

3-1 简要说明有线电视前端系统的作用及其类型。

3-2 开路广播电视信号进入邻频前端混合器有哪几种处理方式?需要什么设备?

3-3 简述邻频系统频道处理器的组成部分及各部分的作用。

3-4 混合器的插入损耗和相互隔离度各指什么?

3-5 导频信号发生器的作用是什么?有线电视系统中为什么要加入导频信号?

3-6 简述前端放大器的分类及其应用。

3-7 设计一个小型邻频前端,能够接收 3 套空间开路广播电视节目,分别是 2 频道、8 频道和 10 频道,其中 8 频道信号较弱;同时能够接收 4 套卫星电视节目,分别是北京卫视、湖南卫视、浙江卫视和凤凰卫视;还有 2 套摄像机和 DVD 机输出的自办节目。请按要求绘制邻频前端设计框图,并列出设备清单。

常见问题解答

问题 1:有线电视前端系统的任务是什么?

答:

有线电视前端系统的主要任务是:

(1)将来自各种信号源的信号经接收、处理、变换、调制和混合等,转换成射频信号或光信号,送给传输和分配系统;

(2)接收来自上行通道的回传信号,并进行相应的处理。

问题 2:对有线电视前端设备的总体要求是什么?

答:前端在有线电视系统中处于核心地位,对系统的指标影响很大。前端设备除了应满足较高的可靠性和稳定性外,还应满足:

(1)前端射频、音频、视频技术指标要求。前端设备中的频道处理器、电视调制器、电视解调器输出信号要求寄生分量小、带外抑制大、频率总偏差小、输出幅度稳定和输出音频幅度连续可调;前端杂波输出频率应比主载频低 60 dB,带外载噪比要满足要求;频道内载噪比要足够高,一般要求大于 40 dB;解调后的视频指标,如微分增益、微分相位和色亮度时延差等要满足要求;前端输出的信号电平要足够大,通常在 90~120 dB;输出信号混合载噪比要足够强,前端设备所用电源要稳定可靠。

(2)前端设备要满足邻频传输要求。相邻频道抑制要大于 60 dB。带外寄生输出抑制要大于 60 dB。每个频道的频率特性应满足:相邻频道电平差不大于 2 dB,任意频道电平差不大于 10 dB,伴音图像功率比为 −23~−17 dB。

问题 3：前端设备安装时需要注意哪些问题？

答：

前端设备采用机架安装时，需要注意：

（1）机架和控制台应安装得竖直、平稳。机架内机盘、部件、控制台等设备的安装应牢固，固定用的螺丝、垫片、弹簧均应安装到位，不得遗漏。

（2）每个频道的解调器和调制器、卫星电视接收机和调制器要尽量放在一起，缩短设备之间的连线长度。

（3）音、视频线不宜与电源线平行敷设，不可避免时应间隔 30 cm 以上或采取其他防混淆措施。

（4）各设备之间要留有一定间距，以利于散热，各频道的输入、输出电缆要排列整齐，不互相缠绕，必要时可用标签进行标注，便于识别。

（5）设备之间要避免迂回走线。

问题 4：频道处理器的工作特点是什么？

答：

频道处理器的工作特点是：

（1）在中频处理时，对图像和伴音信号分别处理；

（2）良好的自动增益控制电路，保证图像和伴音信号电平稳定；

（3）图像和伴音信号电平分别调整，以达到系统所要求的电平和图像伴音功率比；

（4）采用晶振作为本振源，频率变换精度控制在 20 kHz 以内；

（5）有严格的边带特性，对带外噪声的抑制比较好；

（6）输出放大器的动态范围足够大。

有线电视干线传输系统及用户分配系统 第4章

在有线电视系统中,从前端输出的信号经干线传输系统送至用户分配系统。干线传输系统能够将前端输出的各种信号稳定且不失真地进行传输,干线传输的媒介主要包括:同轴电缆、光缆和微波。在实际应用中,通常把多种传输媒介组合使用。

用户分配系统是干线传输系统与用户终端之间的连接网络,是有线电视系统的最后一个环节,能够将干线传输系统传送来的下行信号优质、高效地分配给用户终端。对于双向系统,可以同时将用户回传的上行信号汇集到干线的信号分配点。

4.1 同轴电缆传输系统

同轴电缆是有线电视系统最早采用的传输媒介,具有成本低、设备可靠、安装方便等优点。但是,同轴电缆传输对信号的损耗比较大,所以需要加装干线放大器。而干线放大器越多,引入的噪声越多,非线性失真越严重,信号质量下降得越厉害,所以同轴电缆传输系统一般应用在小型系统或大型系统中靠近用户分配系统的最后几公里。

4.1.1 同轴电缆的结构与型号

1. 同轴电缆的结构

同轴电缆又叫射频同轴电缆,由内导体、绝缘介质、铝塑复合膜、外导体和护套五部分组成,五部分的轴心重合,如图 4-1 所示。

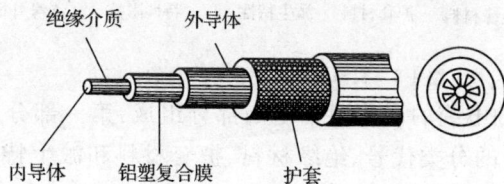

图 4-1 射频同轴电缆结构示意图

（1）内导体

用来传输高频电流(有时也作为电源馈线),通常由实芯铜线、镀铜铝线或镀铜钢线制成。高频电流在导体中传输具有趋肤效应,即电流只在导体的表面流过,而导体中心无电流通过,根据这一原理,较粗电缆的内导体多采用镀铜铝线。

（2）绝缘介质

主要有两个作用：一是对内、外导体起支撑作用，二是阻止沿径向传导的漏电电流。绝缘介质的介电常数越小，电缆的衰减量和温度系数就越小，性能越好。各种介质中，空气芯的衰减量和温度系数都是最小的，但无法固定内、外导体，故采用半空气芯。半空气芯有封闭竹节型、封闭物理发泡型和藕心型等。封闭竹节型是在内、外导体之间放置了横向小圆片，把电缆隔成像竹节一样一节一节的；封闭物理发泡型是把聚乙烯塑料熔化后压进惰性气体，充分搅拌后产生了许多互相封闭的气孔；藕心型是用多根塑料管围绕在内导体周围平行放置，但这种结构使空气与外界相通，易受潮进水，影响电缆的特性和使用寿命。

（3）外导体

主要有两个作用：一是作为传送射频信号和电源馈电的地线，与内导体一起构成完整的传输回路；二是防止自身的射频信号泄露和外界的干扰射频信号入侵，起到屏蔽作用。一般较细的外导体是用金属丝编织而成的网构成的，较粗的外导体是用铝管构成的，外导体的屏蔽能力与其自身的密度和厚度成正比。

（4）铝塑复合膜

与外导体一起增强同轴电缆的屏蔽作用，防止外界电磁干扰。为了更好的屏蔽效果，铝塑复合膜交迭处的压缝应大于 3 mm，防止电缆弯曲时复合膜张开而影响其屏蔽性能。

（5）护套

护套是同轴电缆的最外层，对电缆起保护作用。一般用聚乙烯或乙烯基类材料构成，用以增强电缆的抗磨损、抗腐蚀、抗机械损伤等能力。

2．同轴电缆的型号

我国对同轴电缆的型号和规格实行统一命名，具体命名方法如图 4-2 所示。

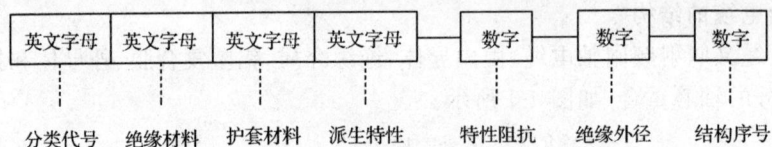

图 4-2　我国同轴电缆统一命名的具体方法

由图 4-2 可知，同轴电缆的命名通常由四部分组成：第一部分由英文字母组成，从左至右依次表示同轴电缆的分类代号、绝缘材料、护套材料和派生特性；第二、三、四部分均由数字组成，依次表示同轴电缆的特性阻抗、绝缘外径和结构序号。

同轴电缆的发展主要体现在绝缘介质方面，目前性能最好的绝缘介质是封闭物理发泡型和封闭竹节型两种。在有线电视系统中常用的同轴电缆有：一是用于用户线以及用户分配网络的 SYWV-75-5、SYWY-75-5 等，该类型号的同轴电缆内导体直径较细，采用镀铜钢线；二是用于传输干线的 SYWV-75-9、SYWY-75-12、SYDLY-75-9、SYWY-75-5，以及用于双向 HFC 的 SYPFV-75-5-2P（多屏蔽电缆）等，该类型号的同轴电缆内导体直径相对较粗，采用镀铜铝线。

4.1.2　同轴电缆的主要技术参数

同轴电缆的主要技术参数包括特性阻抗、衰减系数、温度系数、屏蔽特性、最小弯曲半径、驻波比、反射损耗和电缆老化等。

1. 特性阻抗

同轴电缆上两点间的电压与电流的比值称为同轴电缆的特性阻抗。同轴电缆的特性阻抗 Z 与内导体的直径 d、外导体的直径 D 以及绝缘介质的相对介电常数 ε_r 有关,它们之间满足

$$Z = \frac{138}{\sqrt{\varepsilon_r}} \lg \frac{D}{d} \; (\Omega) \tag{4-1}$$

从公式(4-1)可知,当相对介电常数 ε_r 一定时,改变外导体与内导体直径的比值 (D/d),就能得到不同的特性阻抗。同轴电缆的特性阻抗有 50 Ω、75 Ω、100 Ω 等几种规格,其中 75 Ω 同轴电缆的损耗最小,在有线电视系统中应用最广泛。

2. 衰减系数

衰减系数 α 反映了射频信号的电磁能量沿同轴电缆传输时的损耗程度,与同轴电缆的内、外导体直径 d、D,内、外导体的材料和形状决定常数 k_1、k_2,绝缘介质的相对介电常数 ε_r 和工作频率 f 有关。衰减系数表示单位长度电缆对射频信号衰减的分贝数,即

$$\alpha = 4.75 \times 10^{-1} \left(\frac{k_1}{D} + \frac{k_2}{d} \right) \sqrt{f} + 1.98 \times 10^{-4} f \sqrt{\varepsilon_r} \; (\text{dB/km}) \tag{4-2}$$

电缆的内、外导体直径越大,衰减系数越小;传输信号的频率越高,衰减系数越大。电缆在使用一段时间之后,由于材料老化、导体电阻增加、绝缘介质漏电电流加大等原因,会使电缆的衰减量增加,当电缆的衰减量比标称值增加 10%~15% 时,就需要更换电缆,一般电缆的使用寿命为 7~20 年。

3. 温度系数

温度系数定义为温度每升高 1 ℃,电缆对信号衰减增加的百分数。温度系数反映了温度对电缆损耗值的影响,通常温度升高,电缆损耗值增大;温度降低,电缆损耗值减小。因此会出现干线传输系统输出口电平夏天降低,冬天升高的现象。为了减小温度变化对电缆损耗值的影响,一种方法是在干线传输系统中加入温度补偿放大器,温度补偿放大器所处的环境要与电缆所处的环境相同,否则起不到温度补偿的作用;另一种方法是根据季节、温度变化进行人工手动均衡调整。

4. 屏蔽特性

屏蔽特性是衡量同轴电缆抗干扰能力的一个重要参数,主要取决于外导体的密封程度,通常网状编织层的密度越大、层数越多或铝管越厚、密封越好,屏蔽特性就越好。

5. 最小弯曲半径

电缆的最小弯曲半径一般在说明书上会标明。在安装电缆时,要特别注意其最小弯曲半径,如果电缆弯曲程度过大或因挤压变形,甚至被夹扁,会导致特性阻抗不均匀,从而造成此处的驻波比增大,产生反射,影响收视效果。对于未标明最小弯曲半径的电缆,其最小弯曲半径一般应为电缆直径的 6~10 倍。

其他技术参数如驻波比和反射损耗,都是用于描述电缆的不均匀性,驻波比越小,反射损耗越大,电缆的内部均匀性越好;电缆老化是指随着时间的推移电缆受到外界环境的影响,电缆的电气性能指标会发生变化,尤其是电缆的衰减系数改变最大。比如3年后电缆的衰减系数会增加1.2倍,6年后会增加1.5倍。

4.1.3　干线放大器

同轴电缆对信号的衰减比较严重,所以在同轴电缆传输系统中,为了保证用户端得到足够高的端口电平,必须在传输干线上加入一些放大器,用放大器的增益来弥补电缆的损失。干线放大器的增益等于两个干线放大器之间的电缆损耗及无源器件的插入损耗,一般干线放大器的增益为22 dB,带宽与有线电视系统的带宽相同。同轴电缆具有频率特性和温度特性,因此,干线放大器一般都具有增益控制、斜率控制和温度补偿等功能,高质量的干线放大器还具有自动电平控制功能。常见干线放大器实物如图4-3所示。

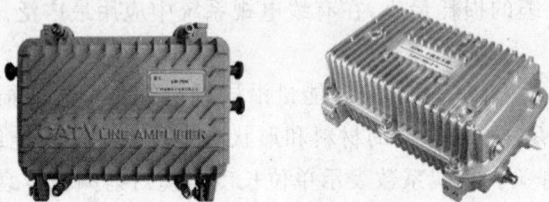

图4-3　常见干线放大器实物图

1.干线放大器的分类

干线放大器的种类很多,按照不同的用途和功能大致分为以下几种:

(1)按控制功能分

①Ⅰ类干线放大器

即自动电平控制(ALC)干线放大器,采用双导频信号,具有自动增益控制(AGC)和自动斜率控制(ASC)功能,一般应用于要求较高的大型CATV系统。

②Ⅱ类干线放大器

即自动增益控制(AGC)干线放大器,采用单导频信号,具有自动增益控制(或带ASC补偿)功能,一般应用于要求不是很高的大中型CATV系统。Ⅱ类干线放大器又可分为A类和B类,其中ⅡA类干线放大器具有自动斜率补偿功能,ⅡB类干线放大器无自动斜率补偿功能。

③Ⅲ类干线放大器

即手动增益和斜率控制干线放大器,无导频信号,具有手动增益控制(MGC)和手动斜率控制(MSC)功能,一般应用于要求较低的小型CATV系统。Ⅲ类干线放大器也分为A类和B类,其中ⅢA类干线放大器与Ⅰ类干线放大器间隔使用,ⅢB类干线放大器可单独使用或与Ⅱ类干线放大器间隔使用。

(2)按在线路中的应用分

①干线放大器(又称干线延长放大器),只有一路输出,在干线传输中起到延长放大的作用,在干线传输系统中得到了广泛应用。

②干线分配放大器,除了有一个主输出口外,还有几个分配输出口,且分配输出口电平低于主输出口电平,可实现传输干线的分路传输。

③干线分支放大器(又称干线桥接放大器),有一个主输出口和几个分支输出口,分支输出口设有分支放大器,所以分支输出口的输出电平高于主输出口的输出电平,可实现信号的分路传输。

(3)按改善非线性失真指标分,包括推挽型(PP 型)、功率倍增型(PHD 型)和前馈型(FT 型)等。其中,PP 型干线放大器应用最广泛;PHD 型干线放大器的性能指标跟 PP 型干线放大器相比有很大提高,多用于大型系统;FT 型干线放大器性能最好,一般用于 HFC 传输系统。

(4)按系统的传输带宽分,包括 300 MHz 干线放大器、450 MHz 干线放大器、550 MHz 干线放大器、750 MHz 干线放大器、862 MHz 干线放大器等。在系统应用中,可根据实际需要进行选择。

2.干线放大器的组成及工作原理

不同类型的干线放大器的组成和工作原理不尽相同,下面介绍几种常用的干线放大器。

(1)Ⅰ类干线放大器

Ⅰ类干线放大器,即 ALC 干线放大器,其组成框图如图 4-4 所示。这种放大器首先通过手动增益和斜率控制,将放大器的增益和斜率调整到合适位置。在运行过程中,由定向耦合器分离出的信号分别经高、低导频带通滤波器得到高、低导频信号,高导频信号控制可变衰减器,保持高频端信号的增益不变,实现 AGC 控制;低导频信号控制可变均衡器,通过改变均衡量,保持输出端高、低频道的电平差始终不变,即斜率不变,实现 ASC 控制。

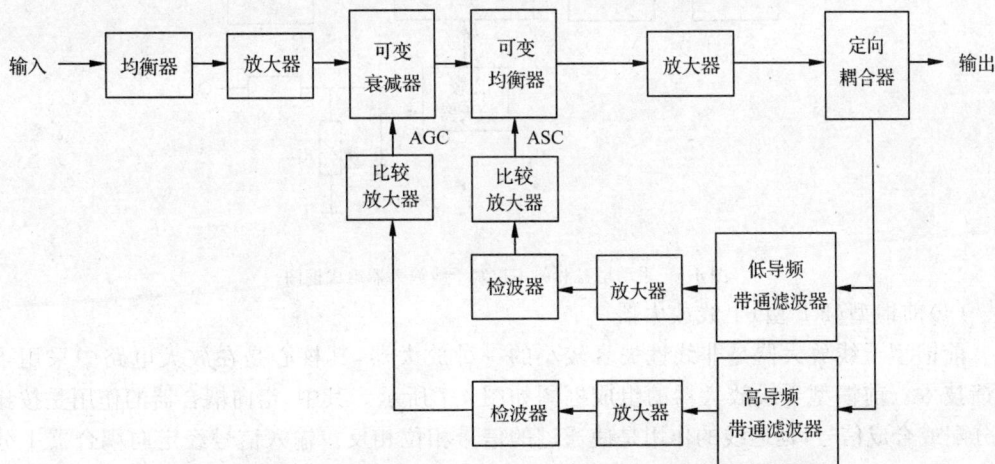

图 4-4　ALC 干线放大器组成框图

(2)Ⅱ类干线放大器

Ⅱ类干线放大器,即 AGC 干线放大器,其组成框图如图 4-5 所示。这种放大器首先利用手动增益控制功能将放大器的增益调整到某一合适位置,当温度升高时,放大器输出电平降低,从输出端取出降低了的导频信号电平,利用它控制可变衰减器的衰减量,使衰减量减少,相当于放大器增益提高,从而达到自动增益控制的目的。当温度降低时,情况相反。

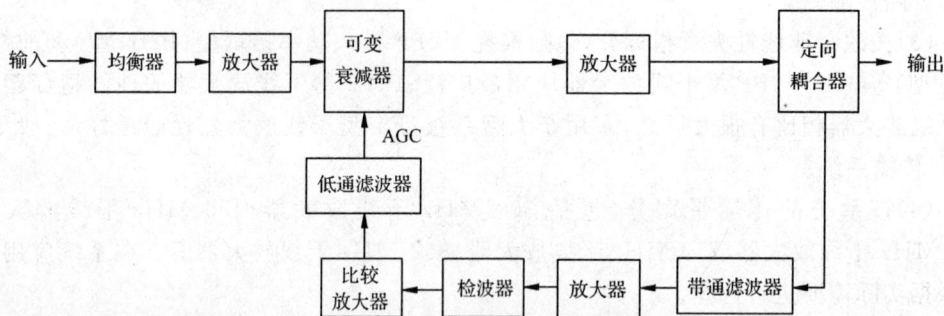

图 4-5　AGC 干线放大器组成框图

（3）Ⅲ类干线放大器

Ⅲ类干线放大器,即手动增益和斜率控制干线放大器,其组成框图如图 4-6 所示。该放大器具有温度补偿电路,当温度升高时,热敏电阻 R_T 的电阻下降,使比较放大器的输入电压减小,输出也随之减小,控制可变衰减器的衰减量减小,输出增大,从而补偿了由于温度升高而导致的电缆衰减量增加。由于现实中放大器与同轴电缆处于不同的环境下,具有不同的温度,热敏电阻温度变化引起的衰减量的变化与电缆中衰减量的变化不能完全抵消,尤其在远距离传输时,这种温度补偿会更显得力不从心。

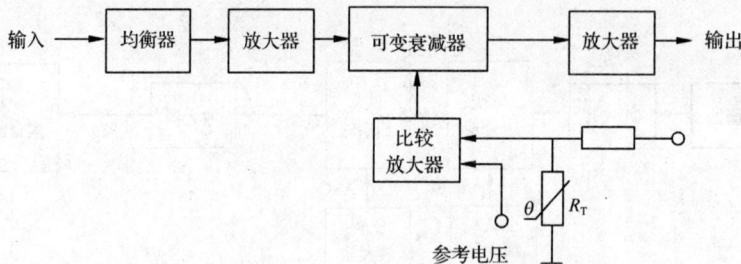

图 4-6　手动增益和斜率控制干线放大器组成框图

（4）前馈型（FT 型）干线放大器

前馈型干线放大器是非线性失真较小的一种放大器,其核心是在放大电路中采用了前馈技术。前馈型干线放大器的组成框图如图 4-7 所示。其中,定向耦合器的作用是按比例分配或合成信号,延迟线的作用是使通过的信号相位相反。输入信号经定向耦合器 1 分成两路信号:一路信号经主放大器放大,输出电平很高,失真分量也很大,此信号经定向耦合器 2 耦合出一部分,经衰减器衰减后进入定向耦合器 3;另一路信号经延迟线反相后进入定向耦合器 3。进入定向耦合器 3 的两路信号相位相反,幅度相等（通过衰减器调节）,将两路信号相减,有用信号相互抵消,即得到主放大器产生的非线性失真信号,该信号经误差放大器放大到合适电平后进入定向耦合器 4。定向耦合器 2 输出的另一部分信号经延迟线反相后进入定向耦合器 4,同样实现两路信号相减,抵消从主放大器中产生的失真分量,从而使输出信号质量得到提高。

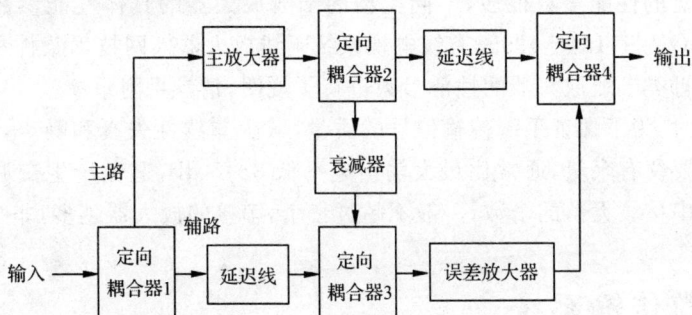

图 4-7　前馈型干线放大器组成框图

（5）干线分配放大器和干线分支放大器

干线分配放大器和干线分支放大器的组成框图分别如图 4-8 和图 4-9 所示。它们与干线延长放大器的区别只是输出部分不同。干线分配放大器的几路分配输出电平比主输出电平要低,干线分支放大器因串接了桥接放大器而使分支输出电平高于主输出电平。

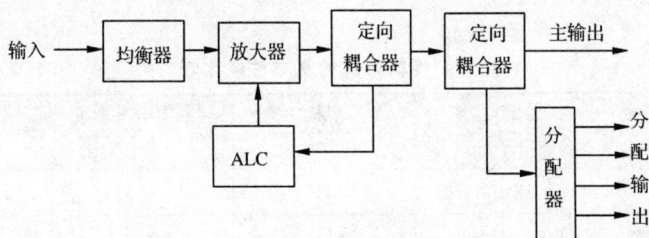

图 4-8　干线分配放大器组成框图

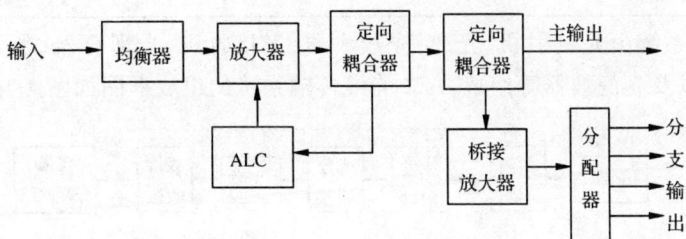

图 4-9　干线分支放大器组成框图

3.干线放大器的供电

为了提高系统的可靠性,干线放大器一般采用电缆芯线集中供电,即利用同轴电缆的芯线和外导体来传输低压交流电。低压交流电一般分为 42 V、60 V 和 90 V 三种,兼顾安全和传输效率,我国一般采用 60 V、50 Hz 的低压交流电。低压交流电由电源供给器提供,通过电源插入器送至干线放大器。

采用集中供电可以减少供电点,系统内无强电进入且与市电分离,使干线传输系统供电的安全性和可靠性得到提高,且不会因个别区域停电等情况而影响系统信号传输。

4．干线放大器的主要性能参数

干线放大器的性能参数很多,不同类型的干线放大器的具体性能参数也不尽相同。我国行业标准 GY/T 124—1995《有线电视系统干线放大器入网技术条件和测量方法》中对Ⅰ类、Ⅱ类、Ⅲ类干线放大器的性能参数进行了说明,请参见附录5。

实际应用时,为了保证系统传输信号的质量,减少非线性失真和噪声,干线放大器的实际输出电平要留有余量,通常比最大输出电平低 3～5 dB,避免产生交调和互调干扰。还应尽量减少串接放大器的个数,一般不超过三个,串接的放大器越多,非线性失真越大。

4.2 光缆传输系统

光缆传输系统利用光导纤维(即光纤)来传输信息,具有频带宽、容量大、损耗低、传输距离长、失真小、抗干扰能力强、系统稳定可靠、使用寿命长等特点,广泛应用于现代有线电视系统的干线传输网络。

光缆传输系统主要类型有调幅(AM)传输型、大功率调幅(AM＋光放大器)传输型、调频(FM)传输型和数字传输型四大类,几种光调制传输方式的基本性能比较如表 4-4 所示。

表 4-4　　　　　　　　　光调制传输方式的基本性能比较

参数 类型	工作波长 /mm	光发射机功率 /dBm	光接收机灵敏度 /dBm	链路损耗 /dB
调幅传输型	1310,1550	12	−3	15
大功率调幅传输型	1550	16	−3	19
调频传输型	1310,1550	0	−22	22
数字传输型	1310,1550	0	−30	30(单级)

光缆传输系统由光发射机、光缆、光放大器、光接收机、光耦合器、光分路器、光隔离器、光衰减器以及光滤波器等组成,AM 光缆传输系统的组成框图如图 4-10 所示。

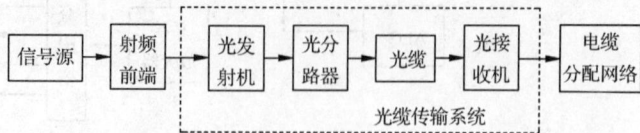

图 4-10　AM 光缆传输系统组成框图

光发射机的射频输入电平一般要求在 80 dBμV 以上,射频前端输出电平一般要求在 90 dBμV 以上,可以直接驱动光发射机。如果射频前端输出电平过低,就要在光发射机的前面加上前馈放大器。

4.2.1 光纤和光缆

光纤以及由光纤组成的光缆是光缆传输系统的传输媒质,下面对光纤和光缆进行简单介绍。

1.光纤的结构和传输原理

光纤一般由石英玻璃（SiO_2）拉成的细丝制成，包括纤芯和包层两部分，其结构如图 4-11 所示。其中，纤芯由纯度极高的 SiO_2 中掺入极少量的磷或锗制成，可以提高折射率；包层由纯度极高的 SiO_2 中掺入极少量的氟或硼制成，可以降低折射率。因此，纤芯的折射率要大于包层的折射率。

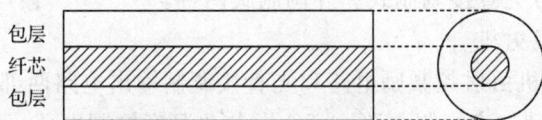

图 4-11　光纤结构示意图

由光的折射定律和反射定律可知，当光从折射率为 n_1 的介质进入折射率为 n_2 的介质时，会发生折射，且入射角和折射角满足：$n_1 \sin\theta_1 = n_2 \sin\theta_2$。当 n_1 大于 n_2 时，θ_2 大于 θ_1。当入射角增大到使折射角为 $90°$ 时，此时的入射角称为临界角；如果入射角继续增大超过临界角，就会产生全反射现象，这时光就会在纤芯内来回反射，曲折向前传播。

2.光纤的类型

光纤按其横截面上折射率的分布，可分为阶跃型光纤和渐变型光纤；根据其传输电磁波模式的数量，分为多模光纤和单模光纤。多模光纤可以采用阶跃型折射率分布，也可以采用渐变型折射率分布；单模光纤一般采用阶跃型折射率分布。多模光纤芯径较粗，制造、耦合、连接比较容易，但其传输特性较差，容量较小；单模光纤虽然芯径较细，制造、耦合、连接比较困难，但其传输特性好、容量大，因此被广泛应用于有线电视系统中。

3.光纤的特性

（1）损耗

损耗是光纤传输的一个重要特性，不同波长的光在光纤中传输时的损耗是不同的。在 850 nm、1310 nm 和 1550 nm 三个波长处，损耗有极小值，通常称这三个波长为光纤通信的三个窗口。850 nm 波长的相对损耗最大，为 3 dB/km 左右；1310 nm 波长的损耗为 0.35 dB/km 左右；1550 nm 波长的损耗最小，在 0.19 dB/km 以下。

（2）色散

色散是光纤传输的另一个重要特性。所谓色散是指输入的不同频率或不同模式的光，在光纤中传播的速度不同，所以不能同时到达接收端，从而造成接收波形展宽、变形引起波形失真的现象。传输距离越远，波形失真越严重。光纤的色散主要有材料色散、波导色散和模式色散三种。1310 nm 波长的光纤材料色散趋于零，故称为零色散光纤，在当前的光纤传输中应用最广。

4.光缆的结构

光缆是由若干根光纤、加强构件和护套等部分组成的。一根光缆中光纤的数量根据实际需要确定，可以有 1～144 根不等，为了便于识别，人们用颜色加以区分；加强构件是为了增加光缆的抗拉和抗冲击能力，可以采用钢丝、纤维增强塑料棒、高强度玻璃纤维等制成；护套的作用是进一步保护光纤，避免其因外部机械力和环境而损坏，具有防潮、防水、耐化学腐蚀等性能。

4.2.2 光有源设备与器件

1.光发射机

光发射机的作用是将前端送来的调幅（AM-VSB）射频信号转换成光信号,通过光缆将光信号进行远距离传输。光发射机的核心器件是激光器,目前应用较多的光发射机是多路调幅光发射机,分为直接调制式和外调制式两种。

（1）直接调制光发射机

直接调制光发射机由射频激励电路和光直接调制输出电路两部分组成,如图 4-12 所示。其中,APC 指自动功率控制电路,ATC 指自动温度控制电路。直接调制光发射机输出 1310 nm 波长的激光,大多采用 DFB(Distributed Feedback Laser 分布式反馈激光器)激光器组件。

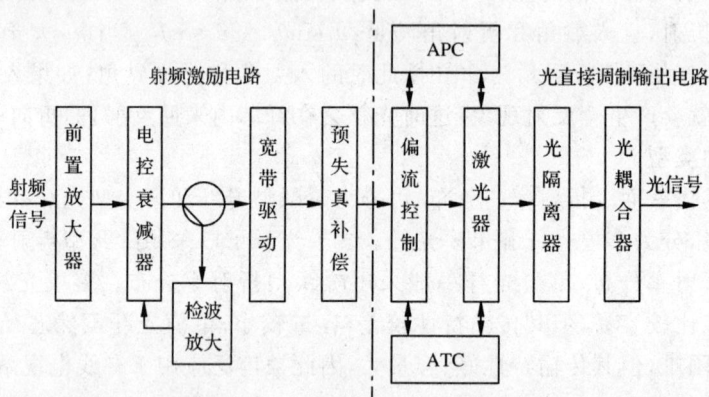

图 4-12 直接调制光发射机组成框图

在直接调制光发射机中,射频信号经过电控衰减器和预失真补偿后,直接驱动激光器,使输出光信号强度随着射频信号强度的变化而变化。同时,射频信号强度的变化又会引起光频率的变化,附带引起频率调制,从而导致色散失真。但由于它结构简单、成本低,仍广泛应用于传输距离在 30 km 以内的系统中。

直接调制光发射机的主要性能指标如下:

①输出功率:DFB 直接调制光发射机的输出功率一般小于 20 dBmW。

②CTB、CSO 指标:DFB 直接调制光发射机的非线性失真指标 C/CSO 和 C/CTB 都可以做到大于 60 dB,完全可以满足光缆有线电视系统传输多路电视信号的要求。

③光调制度:一般直接调制光发射机的光调制度为 25% 左右。

④噪声:主要由 DFB 激光器的相对强度噪声（RIN）决定,RIN 可以做到小于 -160 dB。

⑤频率响应:DFB 直接调制光发射机的频率响应在 550 MHz 频带内的不平坦度一般小于 ±0.5 dB,在 750 MHz 频带内的不平坦度约为 ±0.5 dB,在 1 GHz 频带内的不平坦度约为 ±0.75 dB。

（2）1550 nm 外调制光发射机

1550 nm 外调制光发射机主要由 DFB 激光器、外调制器和光放大器等组成,如图 4-13 所示。

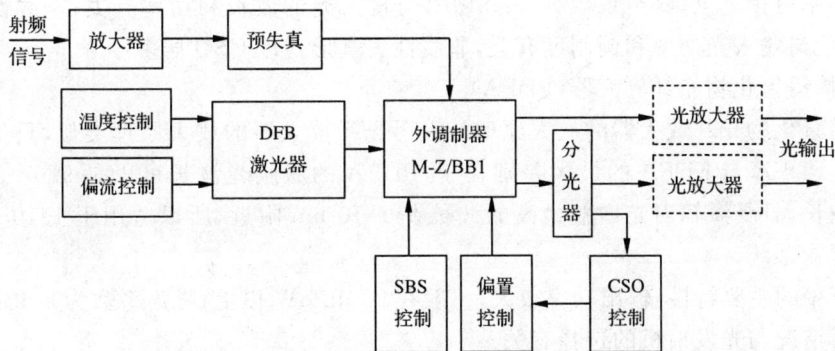

图 4-13　1550 nm 外调制光发射机组成框图

图中,DFB 激光器采用 InGaAsP 半导体材料作为激活物质,产生 1550 nm 波长的激光;外调制器采用 M-Z 干涉仪型或平衡桥（BBI）干涉仪型,为了减小 CSO 失真,还可以采用 CSO 偏置控制环路来控制外调制器的偏置电压,使外调制器工作在对称的工作点上,从而减少偶次失真;DFB 激光器的输出功率较小,再加上外调制器的损失,使光发射机的额定输出功率只有 4 mW 左右,所以要使用光放大器,使其输出功率满足有线电视系统的传输要求。

1550 nm 外调制光发射机具有两路光输出,两路光的射频调制互为反相,所以接收端只有采用配套的光接收机,才能大大提高其技术性能。

2. 光放大器

光放大器包括半导体激光放大器和光纤放大器两类,有线电视系统中应用广泛的是光纤放大器。光纤放大器的作用一般有三个:一是提高光发射机的输出功率,作为光发射机的后置放大器;二是提高光接收机的灵敏度,作为光接收机的前置放大器;三是增加传输距离,在光缆链路中作为中继放大器。光纤放大器主要有掺铒光纤放大器（EDFA）和掺镨氟化物光纤放大器（PDFA）两种。

（1）掺铒光纤放大器（EDFA）

掺铒光纤放大器主要由一段掺铒光纤、泵浦光源、光耦合器、光隔离器以及控制电路等组成,如图 4-14 所示。

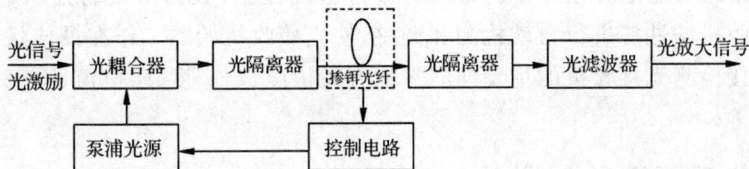

图 4-14　掺铒光纤放大器组成框图

光激励和光信号通过光耦合器进入掺铒光纤,光隔离器用于滤除反射光。掺铒光纤放大器的放大原理是利用掺铒光纤的受激能级跃迁、释放光子的原理。掺铒光纤放大器只适用于 1550 nm 波长的光纤传输系统。

EDFA 的主要特性:输出功率一般有 10 mW、20 mW、40 mW、80 mW 等几种规格,但输出功率可以更大;噪声系数为 3～5 dB,与输入光的波长和功率有关;非线性失真比较小,一般与输入光功率和调制度有关,非线性失真形式以 CSO 居多。

(2)掺镨氟化物光纤放大器(PDFA)

掺镨氟化物光纤放大器的放大原理与掺铒光纤放大器的放大原理类似,只是激活物质不同。PDFA 与 EDFA 的最大差别在于,PDFA 的激励光波长可以是 950～1050 nm 的任意波长,且受激辐射光增益最高的波长在 1310 nm 附近,所以适用于 1310 nm 波长的光纤传输系统。

PDFA 的主要特性:输出功率较大,一般在 20 dBmW 以上;噪声系数为 5 dB 左右;非线性失真情况与光发射机的选择有关。

3.光接收机

光接收机的功能是把光缆链路传输来的光信号转换成电信号,并进行放大、均衡等处理,从而恢复出原传输信号,送入用户分配系统。光接收机对 1310 nm 和 1550 nm 波长的光信号具有通用性。光接收机主要分为模拟直接检测光接收机和相干检测光接收机两种。

模拟直接检测光接收机主要由光检测组件、放大器、均衡器、AGC 电路和数据采集与控制电路等组成,如图 4-15 所示。

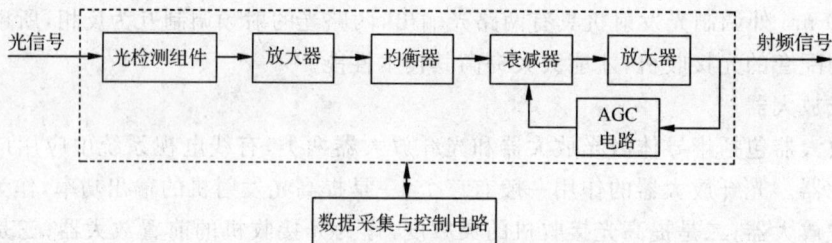

图 4-15　模拟直接检测光接收机组成框图

光检测组件是一个由光电二极管和场效应管构成的,与低噪声前置放大器集成在一起的器件,光电二极管将输入的光信号转换成电流输出;放大器的作用是进一步把光检测组件输出的电信号进行放大,使其满足分配要求;均衡器的作用是补偿光接收机的幅频特性;AGC 电路的功能是对光接收机的增益进行自动控制;数据采集与控制电路利用微处理器对光接收机的性能进行自动检测和调整,使光接收机始终工作在最佳状态。

模拟直接检测光接收机的主要性能参数有灵敏度、响应度、暗电流、噪声、幅频特性和非线性失真等。

4.2.3　光无源设备与器件

在光缆传输系统中,常用的无源器件有光纤连接器、光分路器、光波分复用/解复用器、光隔离器、光衰减器和光开关等。

1.光纤连接器

光纤连接器俗称活接头,用于设备(如光端机、光测试仪等)与光纤之间的连接,光纤与光纤的连接或光纤与其他无源器件的连接。光纤连接器通常由一对插头及其他配合装置构成,光纤在插头内部进行高精度定心,两边的插头经端面研磨等处理后精密匹配。连接器的定心方式分为调心型和非调心型,目前的定心方式以非调心型为主,这种连接器操作简单、连接损耗在 0.3 dB 以下、重复性好。光纤连接器的主要性能指标是插入损耗和反射损耗。

2.光分路器

光分路器又称为光定向耦合器,功能是把一路或多路输入光信号按一定的比例分成多路输出,用 $M \times N$ 表示,类似于电缆分配系统的分支器。在有线电视系统中一般使用 1×2、1×3 以及由它们组成的 $1 \times N$ 光分路器。

光分路器的主要性能指标:

(1)分光比:定义为某一路的输出光功率与各路输出光功率之和的比值。

(2)附加损耗:定义为各路输出光功率之和相对于输入光功率损失的分贝数,一般与分出的路数有关。

(3)插入损耗:定义为某一路的输出光功率相对于输入光功率损失的分贝数。

3.光波分复用/解复用器

光波分复用技术是指在一根光纤中同时传输多个波长的光信号的技术。光波分复用器用于发送端,其功能是将多个波长的光信号复合在一起并注入传输光纤中,所以又称为合波器;光波分解复用器用于接收端,其功能是将复合光信号按波长分开,分别送到不同的接收器上,所以又称为分波器。从原理上讲复用和解复用是两个互逆的过程,复用器对波长的选择性没有严格的要求,只是将多路信号复合在一起,解复用器对波长的选择性有严格的要求。

光波分复用/解复用器可分为有源和无源两大类,常用的是无源的。无源光波分复用/解复用器按工作原理可以分为光滤波型、光栅型和光纤耦合型三种。

4.光隔离器

光隔离器是一种只允许光从一个方向通过而阻止光向相反方向通过的无源器件,作用是对光的方向进行限制,使光只能单方向传输。通过光纤回波反射的光能够被光隔离器很好的隔离,提高光波传输效率。

光隔离器的优点是:正向插入损耗低,反向隔离度高,回波损耗高,偏振相关损耗和偏振模色散极低。

5.光衰减器

在光接收机的输入端,常用光衰减器来控制输入光功率,避免出现饱和失真;在光缆传输系统中,对光信号进行控制、测量时,也常常用到光衰减器。

光衰减器按照衰减原理可以分为三大类:一是利用金属薄膜表面的反射光强度与薄膜厚度有关的原理制成的薄膜光衰减器,二是利用两根光纤的错位衰减原理制成的熔融型光衰减器,三是利用钴离子对光的吸收原理制成的掺钴光纤型光衰减器。

常用的光衰减器有固定和可变两大类,其中固定光衰减器对 1310 nm 和 1550 nm 光的最大衰减量都能达到 25 dB,精度为 1 dB;可变光衰减器对 1310 nm 和 1550 nm 光的衰减量为 4～55 dB,精度为 0.5～2 dB。

6.光开关

光开关是一种光路控制器件,起着控制光流和转换光路的作用,其主要性能指标是开关速度和插入损耗。

按照光开关的原理分为机械光纤式和集成波导式两种。机械光纤式是利用机械驱动来移动入射光纤或利用可动反射镜把入射光射入不同的光纤,此类光开关的反射损耗小于 1 dB,开关时间小于 1 ms;集成波导式是利用某些晶体的强电光效应原理,通过改变控制电压的大小把入射光耦合进不同的光纤,此类光开关速度非常快,可达纳秒级,但插入损耗大,约为几分贝。

4.3 微波传输系统

当有线电视系统的干线传输采用微波传输技术时,就形成了微波传输系统。微波传输系统主要有以下几个优点:

1.适用于特殊的地理环境

微波传输系统适用于地形复杂或建筑物、街道等线缆敷设较困难的地区,或者传输过程中要越过大面积无人区时,这种方式避免了敷设线缆造成的浪费,降低了工程造价。

2.投资少、建网快、组网灵活

微波传输系统采用无线传输,可节约大量的线缆,减少相关传输、连接设备及人工费用支出,降低了维护工作量和维护费用支出。微波传输系统具有施工简单、用户覆盖方便、建网速度快、组网灵活等优点。

3.与前端和用户分配网络接口容易

微波传输系统对模拟电视信号和数字电视信号都能兼容,易于实现双向传输,接口容易。

4.系统可靠性高、图像质量好

微波传输系统省掉了大量的中间环节,从而使其可靠性和图像质量得到提高,同时传输效率高、方向性好、保密性强。

微波传输系统有以上优点,但同时也存在一些缺点:如微波容易受到雨、雪干扰和障碍物的阻挡,不适用于高楼林立的大中型城市;微波传输是直线视距传输,无中继传输距离约为 50 km。

按照对所传送电视信号调制方式的不同,微波传输系统可分为残留边带调幅调制(VSB-AM)、频率调制(FM)和数字微波三大类,VSB-AM 微波传输系统在电视传输系统中得到广泛应用。

4.3.1 AML 和 MMDS 系统

微波传输系统又称为多路微波传输系统,既可以传输模拟电视信号,又可以传输数字压缩电视信号。多路微波传输系统主要分为两大类:一类是定向辐射的多路微波传输系统,包括调幅模式 AML(Amplitude Modulated Microwave Link)和调频模式 FML(Frequency Modulated Microwave Link)两种;另一类是全向辐射的多路微波分配系统 MMDS(Multichannel Microwave Distribution System),它主要是作为本地信号分配系统。

1. AML 系统

AML 作为有线电视干线传输系统,在发送端采用群变频的方式,把邻频前端产生的电视射频信号上变频至微波波段,然后通过功率放大器送至定向天馈系统发射;在接收端通过定向天线接收,再经低噪声放大和下变频将微波信号还原成电视射频信号送至分配网络。AML 系统原理框图如图 4-16 所示。

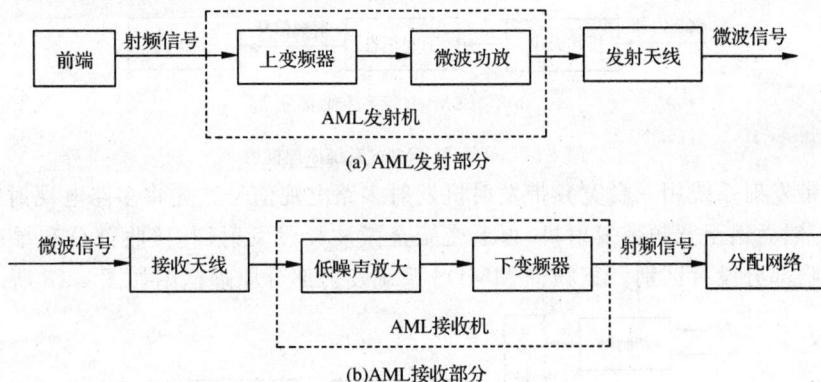

(a) AML发射部分

(b)AML接收部分

图 4-16 AML 系统原理框图

(1)工作频段

AML 的工作频段可选择 X 波段或 K 波段。AML 是宽带传输系统,可根据被传输的有线电视系统的大小和实际情况来选择频段和带宽。在 X 波段常用的工作频段有:7.4~7.7 GHz,带宽为 300 MHz;7.7~8.2 GHz,带宽为 500 MHz;8.2~8.5 GHz,带宽为 300 MHz;8.5~8.75 GHz,带宽为 250 MHz 等。在 K 波段常用的工作频段有:12.7~13.2 GHz,带宽为500 MHz;18.1~18.6 GHz,带宽为 500 MHz。

(2)调制方式

模拟 AML 系统采用残留边带调幅(VSB-AM);对于双向数字 AML 系统,下行 MPEG-2压缩的数字广播电视信号采用符合 DVB-C 标准的 64QAM 调制方式,上行数据信号则一般采用抗干扰能力更强的 QPSK 调制方式。

(3)适用场合

AML 系统使用的收、发天线口径一般为 1.8~3.7 m,可把信号高质量地传输 50 km 左右。AML 系统适用于干线传输,可实现点对点传输。在有线电视系统中,AML 系统常用于实现周边城市之间的有线电视系统联网,中心城市与卫星城市之间的有线电视系统联网以及本地分配中心与各分配点之间的联网。

2. MMDS 系统

MMDS 系统也是由发射和接收两大部分组成的。根据模拟微波发射机的类型,模拟 MMDS 系统分为单频道发射系统和宽频带发射系统两大类。

单频道发射系统中一个频道使用一台微波发射机,然后将多台微波发射机输出的多个频道的微波电视信号经微波频道合成器混合成一路,送至发射天线;其接收部分由接收天线和下变频器等组成,单频道 MMDS 系统原理框图如图 4-17 所示。

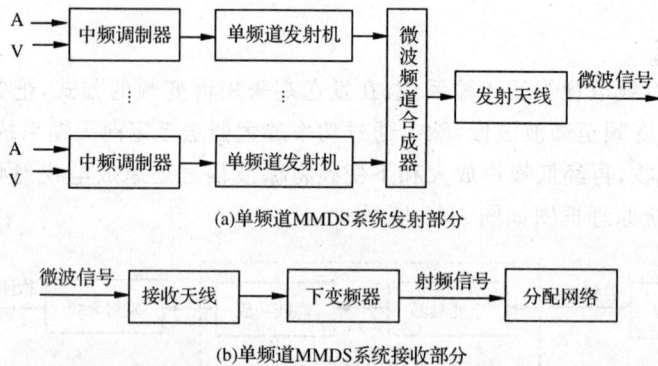

(a)单频道MMDS系统发射部分

(b)单频道MMDS系统接收部分

图 4-17　单频道 MMDS 系统原理框图

宽频带发射系统用一台宽频带发射机发射多路电视信号。先将多路电视射频信号混合成一路,然后送至宽频带发射机,再上变频至微波频段发射;其接收部分和单频道发射系统的接收部分没有区别。宽频带 MMDS 系统发射部分原理框图如图 4-18 所示。

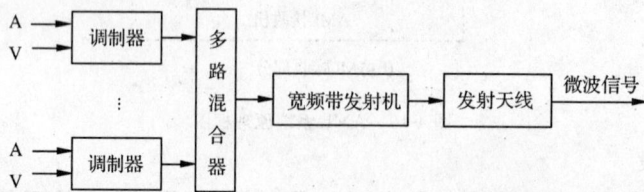

图 4-18　宽频带 MMDS 系统发射部分原理框图

（1）工作频段

MMDS 系统工作在 S 波段,工作频率为 2.5～2.7 GHz,带宽为 200 MHz。

（2）调制方式

MMDS 系统的调制可以是模拟调制 VSB-AM,也可以是符合 DVB-C 标准的数字调制 64QAM。

（3）适用场合

MMDS 系统适宜作为用户分配网络,实现点对面的全向或定向区域覆盖,覆盖区域为 15～50 km。MMDS 系统不适宜用于主干线传输,且双向传输困难。

4.3.2　微波传输系统设备

微波传输系统的主要设备包括微波发射机、微波接收机、微波中继器、天线和馈线等。

1.微波发射机

以 MMDS 系统为例,微波发射机主要包括单频道发射机和宽频带发射机。单频道发射机又有单通道和双通道之分,其中单频道双通道 MMDS 微波发射机由中频调制器、上变频器、前置放大器、功率放大器、双工器和频道合成器等组成,其组成框图如图 4-19 所示。

所示。

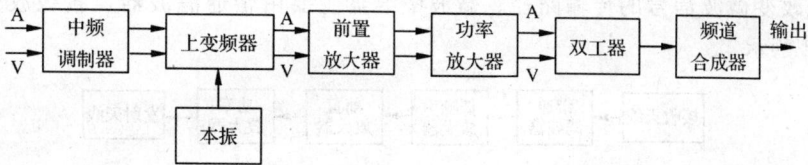

图 4-19　单频道双通道 MMDS 微波发射机组成框图

输入的视频（V）和音频（A）信号先进行中频调制，得到 38 MHz 的图像中频信号和 31.5 MHz 的伴音中频信号，再上变频为微波信号，微波信号经前置放大器和功率放大器后输出额定功率信号，要求放大器工作在线性或准线性工作状态，然后微波图像和伴音信号经双工器合成一路送至频道合成器，频道合成器再将各个频道发射机的输出混合成一路，经馈线传输至发射天线。

宽频带 MMDS 微波发射机由前置放大器、电调衰减器、双平衡混频器、带通滤波器、放大器和环形器等组成，如图 4-20 所示。有线电视系统前端输出的电视信号，经发射机的输入端进入前置放大器进行放大，然后经电调衰减器自动调整到合适的电平，接着在双平衡混频器中与本振信号进行混频，双平衡混频器能有效抑制谐波分量防止和本振泄露，再经带通滤波器、放大器处理后，通过环形器与天馈系统连接。环形器为末级放大器失配时提供保护。

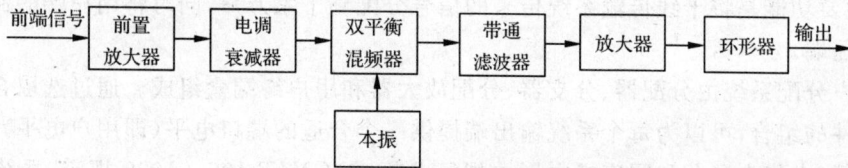

图 4-20　宽频带 MMDS 微波发射机组成框图

2.微波接收机

微波接收机主要由下变频器及电源组成，其中下变频器有一次变频和二次变频两种方式。一次变频式下变频器主要由低噪声放大器、镜像抑制滤波器、混频器、中频放大器等组成，如图 4-21 所示。

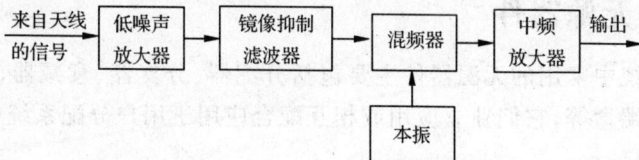

图 4-21　一次变频式下变频器组成框图

下变频器一般密封在接收天线的下端，与接收天线一起安装在户外，这样可以减少连接线缆损耗。接收天线的馈源和下变频器分开的变频器叫作分体式下变频器，合在一起的叫作一体式下变频器。选择哪种本振频率的下变频器由频率配置规划来确定。

3.微波中继器

微波中继器又叫微波转发器，主要作用是实现微波信号的不失真放大，以便传输更远的距离或改变微波信号的传输路径。微波中继器主要由带通滤波器及各级放大器组成，如图 4-22 所示。

接收天线 → 带通滤波器 → 低噪声放大器 → 前置放大器 → 功率放大器 → 发射天线

图 4-22　微波中继器组成框图

4．天线和馈线

发射天线从外形上看有板状抛物面天线、喇叭天线、缝隙天线和栅状抛物面天线等多种形式，发射天线方向性图有全向、扇形、心形等多种形式，发射天线极化方式有水平极化和垂直极化两种。

接收天线一般采用小型定向天线，如矩形抛物面天线或八木天线等。

馈线用来连接发射机与发射天线、接收机与接收天线。微波传输系统使用的馈线主要有椭圆波导、泡沫介质电缆和空心电缆。馈线的价格比较昂贵，所以合理选择馈线可在一定程度上降低成本。

4.4　用户分配系统

用户分配系统是有线电视网络的最后一个环节，是整个网络中直接与用户端连接的部分，主要功能是将干线传输系统传来的信号分配到千家万户，同时将用户端的回传信号汇聚到前端。

用户分配系统由分配器、分支器、分配放大器和用户终端盒组成。通过选取合适的器件或器件的组合，可以为每个系统输出端提供一个合适的端口电平（即用户电平）。

国标（中华人民共和国广播电影电视行业标准）GY/T 106－1999 规定，系统输出端电平为 $60\sim80$ dBμV。系统输出端电平过低，会降低载噪比，使接收机本身的噪声显现出来，屏幕上会出现"雪花"干扰，甚至不能同步或不能出现彩色；系统输出端电平过高，容易造成电视机过载，产生非线性失真，出现"窜台""网纹"等干扰；对于邻频传输系统，系统输出端电平最好为 $60\sim75$ dBμV。

4.4.1　常用无源器件

用户分配系统中常用的无源器件主要包括分配器、分支器、衰减器、均衡器、滤波器、陷波器和用户终端盒等，它们独立应用或相互配合应用于用户分配系统中。

1．分配器

分配器是一种将一路信号的功率平均分成多路信号输出的无源器件。如果将分配器的输入端与输出端倒过来使用，相当于混合器，可将多路信号混合成一路信号。分配器与同轴电缆连接时，必须保持传输系统各部分之间的良好阻抗匹配和相互隔离度。

分配器的分类方法很多，按照分配路数分，有二分配器、三分配器、四分配器、六分配器等；按照工作频率范围分，有全频道型、$5\sim550$ MHz 型、$5\sim750$ MHz 型和 1 GHz 宽带型等；按照使用场合分，有室内型和室外型；按照盒体结构分，有塑料型、金属型、压铸型和密封防水型等。分配器实物如图 4-23 所示，分配器图形符号如图 4-24 所示。

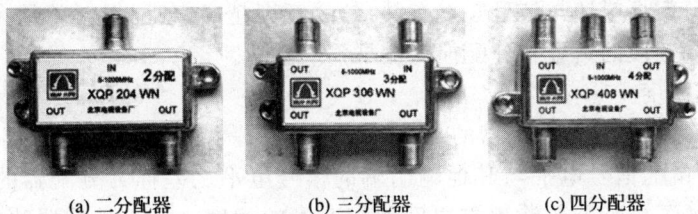

(a) 二分配器   (b) 三分配器   (c) 四分配器

图 4-23　分配器实物

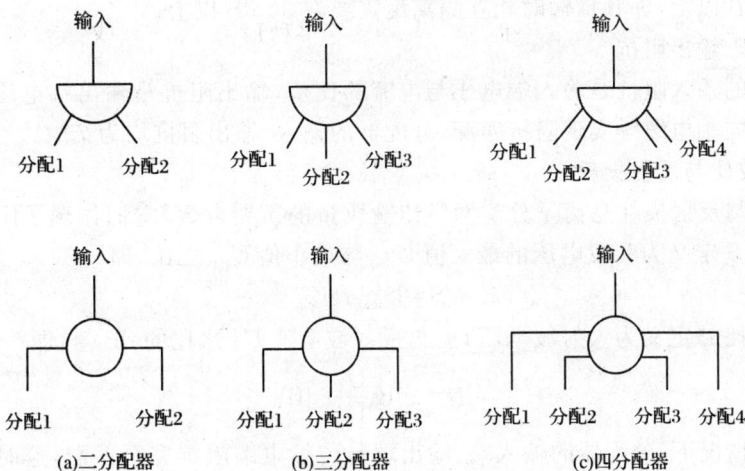

(a) 二分配器   (b) 三分配器   (c) 四分配器

图 4-24　分配器图形符号

分配器的技术参数主要有分配损耗、相互隔离度、输入/输出阻抗、驻波比、反射损耗和频率特性等,下面对这些技术参数进行介绍。

(1)分配损耗

分配损耗是分配器特有的技术参数,指在各输出端良好匹配的条件下,传输信号在输入端的功率电平与在输出端的功率电平之差,即

$$L_s = P_i - P_o (\text{dB}) \tag{4-3}$$

式中　L_s——分配损耗(dB);

　　　P_i——输入信号功率电平(dB);

　　　P_o——测试端口输出信号功率电平(dB)。

理想情况下,n 分配器的每一路输出信号功率是输入信号功率的 $1/n$,分配损耗 L_s 与分配路数 n 之间的关系如下:

$$L_s = 10 \lg n (\text{dB}) \tag{4-4}$$

由式(4-4)可知,分配器的分配损耗与分配路数成正比。在实际应用中,分配器总有一定的分配损耗,且与理想值相比要稍大一些。分配损耗的理想值、实际值与分配路数之间的关系如表 4-5 所示。

表 4-5　　　　　　　　　　　分配器的分配损耗对照表

分配路数 n	2	3	4	6	8
理想值/dB	3.01	4.73	6.02	7.78	9.03
实际值/dB	3.5±0.4	5.5±0.5	7.5±0.5	9±1	11±1

分配器的分配损耗还与信号频率有关,信号频率越高,分配损耗就越大。因此,同一分配器对于不同频段的信号其分配损耗也是不一样的。

(2)相互隔离度

在指定频率范围内,从分配器的某一输出端加入一个信号,其他输出端也会有微弱信号输出,该输出端的信号电平与其他输出端的信号电平之差称为分配器的相互隔离度。相互隔离度反映了分配器各输出端之间的相互影响程度。一个分配器的相互隔离度越大,各输出端之间的相互干扰越小。国标 GY/T 106—1999 规定:分配器的相互隔离度至少应在 22 dB 以上,邻频传输时相互隔离度需要在 30 dB 以上。

(3)输入/输出阻抗

分配器的输入阻抗是输入端电压与电流的比值,输出阻抗是输出端电压与电流的比值。为了与同轴电缆等实现阻抗匹配,分配器的输入/输出阻抗均为 75 Ω。

(4)驻波比与反射损耗

驻波比与反射损耗是衡量分配网络传输质量的重要参数,它们体现了阻抗匹配的程度。驻波比 S 定义为驻波电压的最大值 U_{max} 与最小值 U_{min} 之比,即

$$S = U_{max}/U_{min} \tag{4-5}$$

反射损耗 Γ 定义为入射波电压 U_1 与反射波电压 U_2 之比的 dB 值,即

$$\Gamma = 20\lg \frac{U_1}{U_2}(dB) \tag{4-6}$$

在理想情况下,分配器的输入端、输出端与传输电缆阻抗完全匹配,这时的驻波比为1,反射损耗为无穷大。但实际上很难做到这一点,大部分情况下驻波比为 1.1~1.7,对应的反射损耗为 13~26 dB。如果驻波比太大,信号就会在分配器的输入端或输出端产生严重的反射,使屏幕上出现重影等不良现象。对于邻频传输系统,反射损耗应大于16 dB。

(5)频率特性

频率特性能够描述分配损耗等参数随频率的变化情况。在使用的频率范围内,要求各参数的变化量尽可能小。

2.分支器

将干线或分支线的部分能量馈送给用户终端盒的装置称为分支器。分支器通常串接在分支线的中途,有一个主输入端、一个主输出端和一个或多个分支输出端。其中分支输出端只获得主输入端信号的小部分能量,大部分能量从主输出端输出,继续向前传送。

分支器中信号传输具有方向性,即信号只能从主输入端向分支输出端传输,而不能从主输出端向分支输出端传输,因此常把分支器称为定向耦合器。

分支器的分类方法同分配器类似,按照分支输出端的路数分,有一分支器、二分支器、三分支器、四分支器、六分支器等;按照工作频率范围分,有全频道型、5~550 MHz 型、5~750 MHz 型和 1 GHz 宽带型;按照使用场合分,有室内型和室外型;按照盒体结构分,有塑料型、金属型、压铸型和密封防水型等。分支器实物如图 4-25 所示,分支器图形符号如图 4-26 所示。

分支器的技术参数主要有插入损耗、分支损耗、分支隔离度、反向隔离度、反射损耗、输入/输出阻抗等,下面对这些技术参数进行介绍。

(a) 二分支器　　　　　　　　(b) 三分支器

图 4-25　分支器实物

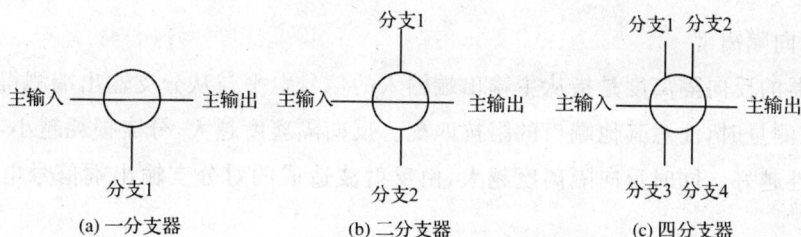

(a) 一分支器　　　　　(b) 二分支器　　　　　(c) 四分支器

图 4-26　分支器图形符号

（1）插入损耗

插入损耗指分支器的主输入端信号功率电平与主输出端信号功率电平的差值，即

$$L_d = P_i - P_o \text{(dB)} \tag{4-7}$$

式中　L_d——插入损耗(dB)；

　　　P_i——主输入端信号功率电平(dB)；

　　　P_o——主输出端信号功率电平(dB)。

分支器的插入损耗是一项重要参数，它反映了信号经过分支器后电平下降的程度。插入损耗还与信号的频率有关，频率越高，插入损耗越大。

（2）分支损耗

分支损耗描述分支器的分支输出端信号功率电平相对于主输入端信号功率电平减少的程度。其定义为主输入端信号功率电平与分支输出端信号功率电平的差值，即

$$L_b = P_i - P_b \text{(dB)} \tag{4-8}$$

式中　L_b——分支损耗(dB)；

　　　P_i——主输入端信号功率电平(dB)；

　　　P_b——分支输出端信号功率电平(dB)。

在进行分支器选择时，采用不同的分支损耗，可以在一定范围内调整用户的信号电平。

分支器的插入损耗和分支损耗的关系如图 4-27 所示。从图中我们可以看出，分支损耗越大，插入损耗越小；分支损耗越小，插入损耗越大。

在实际应用中，可根据主输入端信号电平、插入损耗、分支损耗来计算分支器的主输出端信号电平和分支输出端信号电平。

例 4-1：某系列分支器的主输入端信号电平为 80 dB，插入损耗为 3.5 dB，分支损耗为 8 dB，试计算

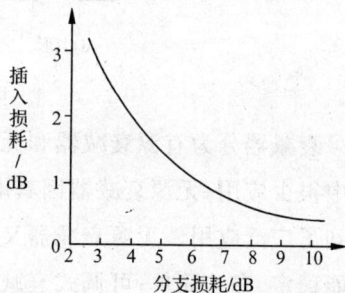

图 4-27　分支器插入损耗与分支损耗关系图

该分支器的主输出端信号电平和分支输出端信号电平。

解：主输出端信号电平＝80－3.5＝76.5 dB；分支输出端信号电平＝80－8＝72 dB。

（3）分支隔离度

分支器的分支隔离度是指分支器的分支输出端之间相互影响的程度。测量时，从分支器的某一分支输出端输入测试信号，在阻抗匹配的情况下测量其他分支输出端的信号电平，则输入测试信号的分支输出端的信号电平与其他分支输出端的信号电平之差即为分支隔离度。

（4）反向隔离度

分支器的反向隔离度是指从主输出端输入的信号电平与从分支输出端测得的信号电平之差，在测量时，注意其他端口的阻抗匹配。反向隔离度越大，分支损耗越小，分支器的定向耦合性越好。同时反向隔离度越大，由反射波造成的对分支输出端信号电平的影响越小。

分支器的其他技术参数，如反射损耗和输入/输出阻抗等与分配器的基本相同，可参照分配器。

3.衰减器

在有线电视系统中，衰减器应用在放大器的输入端或输出端，调节输入或输出电平，使其保持在合适的范围。衰减器通常由电阻组成，具有很宽的频率范围，其基本组成形式如图 4-28 所示。

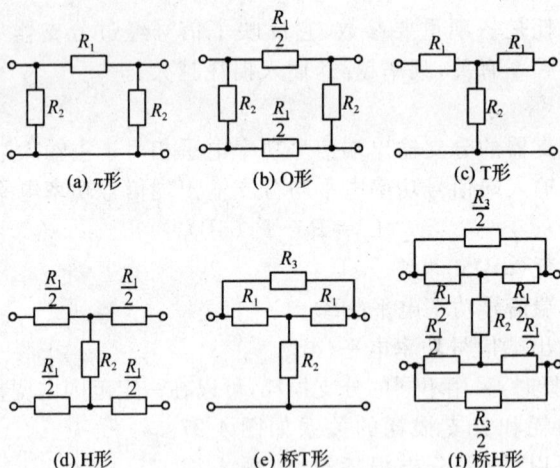

图 4-28　衰减器的基本组成形式

衰减器分为有源衰减器和无源衰减器两大类。有源衰减器电路复杂，在有线电视系统中很少应用；无源衰减器因其电路简单、制作方便、可靠性高等优点，在有线电视系统中得到了广泛应用。无源衰减器又可分为固定式和可调式两种，其中固定式衰减器体积小、性能稳定、安装简单；可调式衰减器又分为步进可调式和连续可调式两种，步进可调式衰减器采用波段开关实现步进调节，连续可调式衰减器用可调电阻代替固定电阻，可以实现在一定范围内的连续可调。

4.均衡器

在有线电视系统中,电缆传输对信号有衰减,且衰减程度与所传输信号的频率的平方成正比,即信号频率越高,电缆的衰减程度越大,损耗越大,由此造成电缆的损耗-频率曲线越倾斜。均衡器是用来补偿射频同轴电缆损耗倾斜特性的。均衡器的频率特性与射频同轴电缆的频率特性相反,低频信号时损耗大,高频信号时损耗小,从而保证在整个频段上能够得到平坦的响应特性。均衡器的功能示意图如图 4-29 所示。

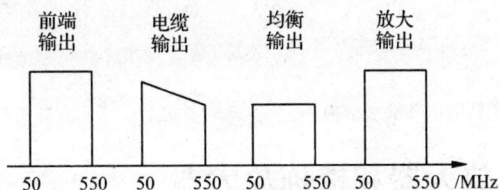

图 4-29　均衡器的功能示意图

均衡器通常由电感、电容和电阻构成。按工作频率可分为 V 段均衡器、U 段均衡器和 750 MHz 均衡器;按均衡量可分为固定均衡器和可变均衡器,其中固定均衡器因其线路简单、成本低、使用方便、均衡量固定等优点在有线电视系统中得到了广泛应用。均衡器一般作为放大电路的插接件。

5.滤波器和陷波器

滤波器是用来分离信号和抑制干扰的无源器件,带通滤波器在早期的有线电视系统中得到了广泛应用。随着对信号处理设备技术指标要求的提高,一般不再单独使用滤波器。

由于同轴电缆传输信号的不均匀性,经远距离传输后,可能会造成某一频道的信号电平超过其他频道的信号电平,这时可以使用陷波器来消除个别频道信号电平过高的现象。陷波器一般插接在放大器中。

6.用户终端盒

用户终端盒提供有线电视系统与用户电视机之间的连接插口,又叫系统输出口,安装在用户电视机所在房间的墙上。用户终端盒的接线盒经同轴电缆与用户分配网络固定连接,面板插口通过插头和同轴电缆与用户电视机活动连接。

用户终端盒的分类方法很多,按输出口数和相应用途可分为单输出口(TV)和双输出口(TV 和 FM)两种,按工作方式可分为串接式和终端式两种,按安装形式可分为明装式和暗装式两种,按盒体材料可分为塑料外壳和金属外壳两种。常见用户终端盒结构及实物分别如图 4-30 和图 4-31 所示。

图 4-30(a)为单输出口终端盒;图 4-30(b)为双输出口终端盒,其中 TV 口直通输出,FM 口经 87~108 MHz 的带通滤波器输出,但由于带通滤波器的隔离损耗小,会产生相互干扰;图 4-30(c)也是双输出口终端盒,但输入和输出之间加入了一个定向耦合器,主输出是 TV 口,分支输出是 FM 口,隔离损耗大,几乎不会产生相互干扰。

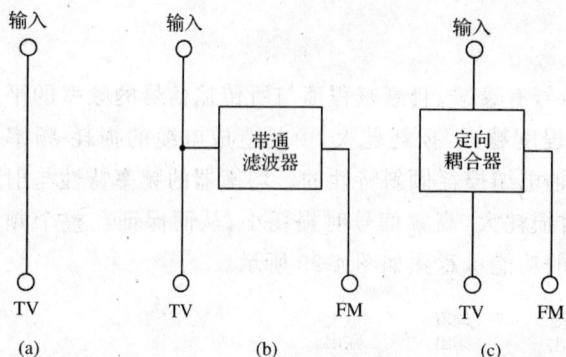

图 4-30　常见用户终端盒结构

图 4-31　常见用户终端盒实物

4.4.2　用户分配放大器和楼栋放大器

用户分配放大器、楼栋放大器的工作原理与干线放大器的工作原理完全相同,只是技术指标要求要比干线放大器的要求低一些。用户分配放大器通常应用在用户分配系统中,一般不具有自动增益控制功能,但增益比较高,一般为 30 ~ 35 dB,输出电平为 100 ~ 105 dB,有多个输出口;楼栋放大器应用于用户分配系统的末端,常置于楼房内部,直接服务用户,技术指标要求更低。

用户分配放大器和楼栋放大器因技术指标要求比较低,信号电平随温度变化而变化,但由于传输距离短,对用户端的影响很小,再加上造价比较低的优势,在有线电视系统的末端得到了广泛应用。

4.4.3　分配网络

1.分配网络的拓扑结构

分配网络的拓扑结构主要指从干线传来的电视信号,在进行终端分配之前,放大器的连接形式,主要有以下三种:

(1)星形分配网络

星形分配网络的特点是从一个中心向四周分配,如图 4-32 所示。它适用于放大器数量多,中心站集中分配的系统,特别适用于具有双向传输功能的系统,便于中心站对用户信号进行集中控制和管理。

(2)树形分配网络

树形分配网络是通过用户分配放大器、干线桥接放大器、分配器和分支器等,一分二、二分四地把一路干线信号分成多条支路信号输出,如图 4-33 所示,它的结构像树枝一样,适用于放大器数量多,传输距离较远的系统。

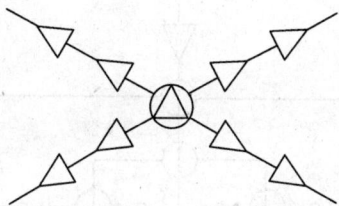

图 4-32　星形分配网络示意图

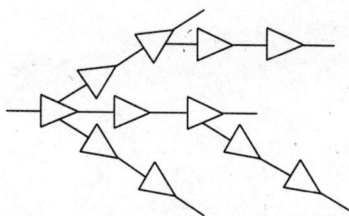

图 4-33　树形分配网络示意图

（3）环形分配网络

环形分配网络的用户分配放大器组成一个环形，如图 4-34 所示。它适用于城市之间或城市小区之间联网的双向传输系统。

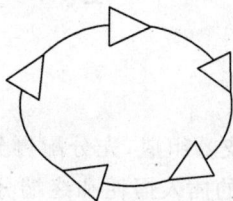

图 4-34　环形分配网络示意图

在有线电视系统中，常常采用几种网络形式的组合，如从前端到分前端采用树形分配网络，从分前端到用户端采用星形分配网络，或者采用多级星形分配网络。无论采用哪种形式，都要从实际需要出发，使信号更好的传输和控制，便于后期对网络业务的扩展。

2.分配网络的组成形式

分配网络的组成形式主要指从用户分配放大器等输出的电视信号，在进行终端分配时，分配器和分支器的连接形式，主要有以下五种形式：

（1）分配-分配形式

分配-分配形式全部由分配器组成，如图 4-35 所示。其信号损耗为各分配器的分配损耗和电缆损耗之和。如果连接的电缆长度相等，且用户对称分布，则各个用户端电平相等；但实际上用户分布并不对称，因此各个用户端电平相差较大。这种组成形式的优点是损耗小，缺点是分配器的相互隔离度差，因此在空端须接匹配负载，否则会严重影响图像质量。分配-分配形式一般只适用于干线分配，很少用在用户分配系统中。

（2）分支-分支形式

分支-分支形式全部由分支器组成，如图 4-36 所示。其信号损耗为主分支器的分支损耗、前端分支器的插入损耗和终端分支器的分支损耗之和。在实际应用中，连接成一串的分支器应选用分支损耗不同的分支器，越靠近输入端的分支器分支损耗越大，插入损耗越小。这种形式相对于分配-分配形式，空端对系统的影响要小，但最好也加上匹配负载。分支-分支形式适用于用户数不多且比较分散、传输距离远的系统。

99 ∎

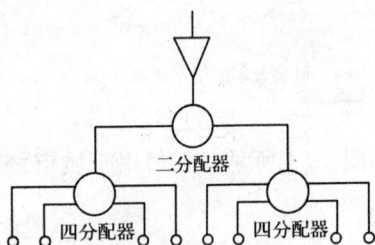

图 4-35　分配-分配形式

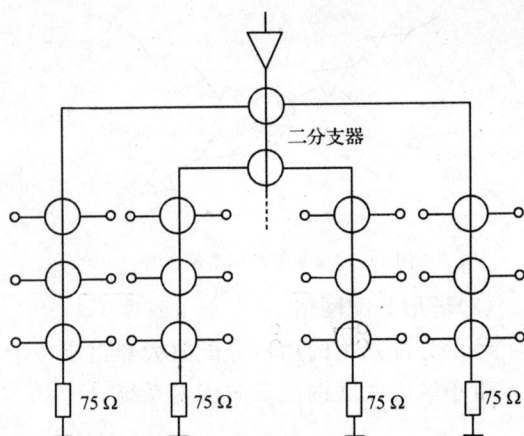

图 4-36　分支-分支形式

（3）分配-分支形式

分配-分支形式由分配器和分支器组成，先分配再分支，如图 4-37 所示。其信号损耗为分配器的分配损耗、前端分支器的插入损耗和终端分支器的分支损耗之和。这种形式集中了分配器分配损耗小和分支器空端对系统影响小的优点，在实际的分配网络中得到了广泛应用。对于分支器，应选用分支损耗不同的分支器来搭配使用，需要注意的是，每条分支电缆串接的分支器数量不能太多，在邻频系统中一般不超过八个。

（4）分支-分配形式

分支-分配形式由分配器和分支器组成，先分支再分配，如图 4-38 所示。其信号损耗为前端分支器的插入损耗、终端分支器的分支损耗和终端分配器的分配损耗之和。为了使各用户端得到基本一致的电平，可选用不同损耗的分支器，且用户端口不宜空载，要接上匹配电阻。

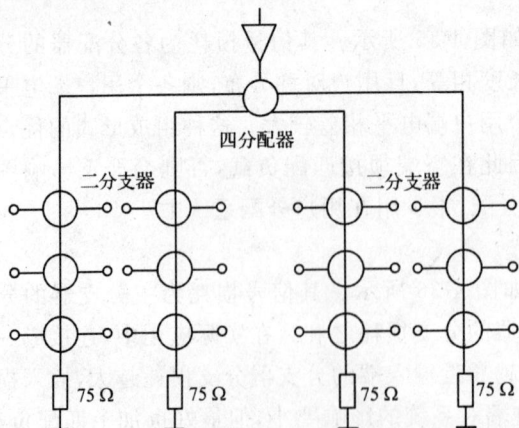

图 4-37　分配-分支形式

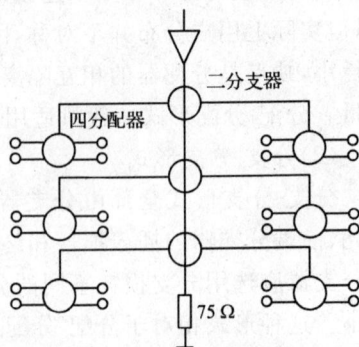

图 4-38　分支-分配形式

（5）分配-分支-分配形式

这种形式是分配-分支和分支-分配两种形式的综合运用，如图 4-39 所示。其信号损耗为一级分配器的分配损耗、前端分支器的插入损耗、终端分支器的分支损耗和终端分配器的分配损耗之和。分支器的选用及端口匹配同前面的讲述一致，这里不再赘述。

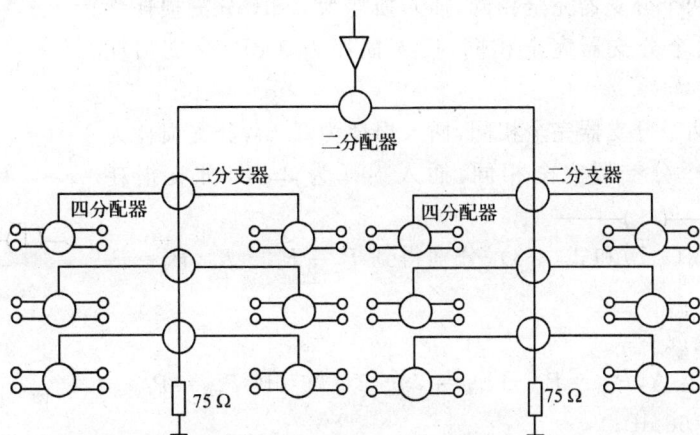

图 4-39   分配-分支-分配形式

4.4.4   用户终端电平计算

用户终端电平的计算方法有正推法和倒推法两种。正推法就是从用户分配放大器的输出电平开始，分别减去分配器的分配损耗，分支器的插入损耗、分支损耗以及线路电缆损耗等，得到用户终端电平。如果经计算得到的用户终端电平过高或过低，就要调整用户分配放大器的输出电平并重新计算。倒推法就是先利用系统允许的最低电平确定用户终端电平，加上分配器的分配损耗，分支器的插入损耗、分支损耗及线路电缆损耗等得到用户分配放大器的输出电平。正推法比较直观，符合人们的习惯，在计算中应用较多。

计算用户终端电平时，应注意以下几点：

(1)不同的用户群与前端的距离以及信号经过用户分配放大器、分配器、分支器等的线缆长度都是不同的，应分别计算。

(2)应首先选择距离最远、用户最多、条件最差的线路进行计算。

(3)常用分配器的分配损耗在表 4-5 中已经列出，在实际计算时，可以按如下考虑：

二分配器的分配损耗为 4 dB,三分配器的分配损耗为 6 dB,四分配器的分配损耗为 8 dB,六分配器的分配损耗为 10 dB。

(4)分配系统的同轴电缆应根据传输信号的频率范围进行选择，一般支干线(用户分配放大器和各分配器、分支器之间的连线)选用-9、-7 电缆;分配器、分支器的输出端到用户终端盒选用-5 电缆。电缆的损耗指标要根据系统相应的频率范围查表或者查看电缆产品说明书得到。

(5)计算用户终端电平时应将最高频端电平和最低频端电平分别计算，以最高频端电平/最低频端电平的方法表示。

例 4-2:用户分配系统的部分线路连接如图 4-40 所示,若输入线路的信号电平为 78 dB,当各分支器参数分别如下面三种情况时,请分别计算出用户终端电平(电缆损耗忽略不计):

（1）A、B、C、D四个分支器完全相同,插入损耗为 2 dB,分支损耗为 12 dB;

（2）A、B两个分支器完全相同,插入损耗为 2 dB,分支损耗为 12 dB;C、D两个分支器完全相同,插入损耗为 3 dB,分支损耗为9 dB;

（3）A、B两个分支器完全相同,插入损耗为 3 dB,分支损耗为9 dB;C、D两个分支器完全相同,插入损耗为 2 dB,分支损耗为12 dB。

解:根据式(4-7)和式(4-8),分别得到 $P_o = P_i - L_d$,$P_b = P_i - L_b$。

第(1)种情况下:

对于分支器 A,$P_{oA} = P_{iA} - L_{dA} = 78 - 2 = 76$ dB,$P_{bA} = P_{iA} - L_{bA} = 78 - 12 = 66$ dB;

对于分支器 B,$P_{oB} = P_{iB} - L_{dB} = 76 - 2 = 74$ dB,$P_{bB} = P_{iB} - L_{bB} = 76 - 12 = 64$ dB;

对于分支器 C,$P_{oC} = P_{iC} - L_{dC} = 74 - 2 = 72$ dB,$P_{bC} = P_{iC} - L_{bC} = 74 - 12 = 62$ dB;

对于分支器 D,$P_{oD} = P_{iD} - L_{dD} = 72 - 2 = 70$ dB,$P_{bD} = P_{iD} - L_{bD} = 72 - 12 = 60$ dB。

所以用户终端电平分别是 66 dB、64 dB、62 dB、60 dB,最大电平与最小电平相差66－60＝6 dB。

第(2)种情况下:

对于分支器 A,$P_{oA} = P_{iA} - L_{dA} = 78 - 2 = 76$ dB,$P_{bA} = P_{iA} - L_{bA} = 78 - 12 = 66$ dB;

对于分支器 B,$P_{oB} = P_{iB} - L_{dB} = 76 - 2 = 74$ dB,$P_{bB} = P_{iB} - L_{bB} = 76 - 12 = 64$ dB;

对于分支器 C,$P_{oC} = P_{iC} - L_{dC} = 74 - 3 = 71$ dB,$P_{bC} = P_{iC} - L_{bC} = 74 - 9 = 65$ dB;

对于分支器 D,$P_{oD} = P_{iD} - L_{dD} = 71 - 3 = 68$ dB,$P_{bD} = P_{iD} - L_{bD} = 71 - 9 = 62$ dB。

所以用户终端电平分别是 66 dB、64 dB、65 dB、62 dB,最大电平与最小电平相差66－62＝4 dB。

第(3)种情况下:

对于分支器 A,$P_{oA} = P_{iA} - L_{dA} = 78 - 3 = 75$ dB,$P_{bA} = P_{iA} - L_{bA} = 78 - 9 = 69$ dB;

对于分支器 B,$P_{oB} = P_{iB} - L_{dB} = 75 - 3 = 72$ dB,$P_{bB} = P_{iB} - L_{bB} = 75 - 9 = 66$ dB;

对于分支器 C,$P_{oC} = P_{iC} - L_{dC} = 72 - 2 = 70$ dB,$P_{bC} = P_{iC} - L_{bC} = 72 - 12 = 60$ dB;

对于分支器 D,$P_{oD} = P_{iD} - L_{dD} = 70 - 2 = 68$ dB,$P_{bD} = P_{iD} - L_{bD} = 70 - 12 = 58$ dB。

所以用户终端电平分别是 69 dB、66 dB、60 dB、58 dB,最大电平与最小电平相差69－58＝11 dB。

通过此例题,我们可以验证结论:分支器串接时应选用分支损耗不同的分支器,越靠近输入端的分支损耗越大,插入损耗越小,这样用户终端电平才能保证大致相同。

例 4-3:由用户分配放大器、衰减器、分配器、分支器及电缆组成的传输线路如图 4-41 所示,计算 N 点和 M 点的端口电平值。其中分配器 FP 分配损耗为 6 dB,分支器 FZ_1 插入损耗为 1 dB,分支器 FZ_2 插入损耗为 2 dB,分支损耗为 10 dB。其他数值如图中所示,电缆衰减常数为 0.1 dB/m。

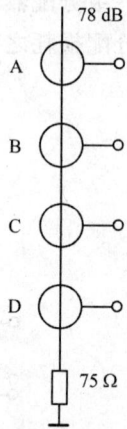

图 4-40 例 4-2 图

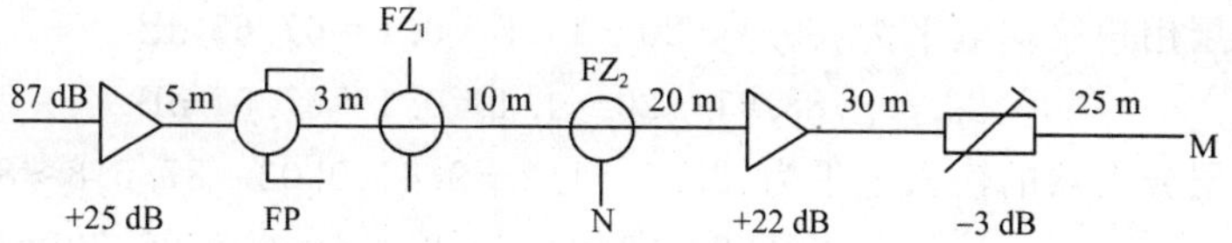

图 4-41 例 4-3 图

解: N 点电平 $=87+25-6-1-10-(5+3+10)\times0.1=93.2$ dB

M 点电平 $=87+25-6-1-2+22-3-(5+3+10+20+30+25)\times0.1=112.7$ dB

例 4-4: 一幢三层四单元 24 户的住宅楼,用户分配系统如图 4-42 所示。用户分配放大器输出电平为 101 dB(750 MHz)和 97 dB(50 MHz);分配器的分配损耗为 7.8 dB(750 MHz)和 7.2 dB(50 MHz);支线电缆采用 SYWV-75-9 电缆,其衰减量为 9.4 dB/100 m(750 MHz)和 2.4 dB/100 m(50 MHz);分支器到用户端采用 SYWV-75-5 电缆,均为 10 m,其衰减量为 14.5 dB/100 m(750 MHz)和 4.4 dB/100 m(50 MHz)。楼层高为 3 m,各层采用的分支器的损耗值如表 4-6 所示,计算用户终端电平。

表 4-6 各层分支器损耗表

层 号	1	2	3
插入损耗/dB	1.2	1.2	1
分支损耗/dB	20	20	24

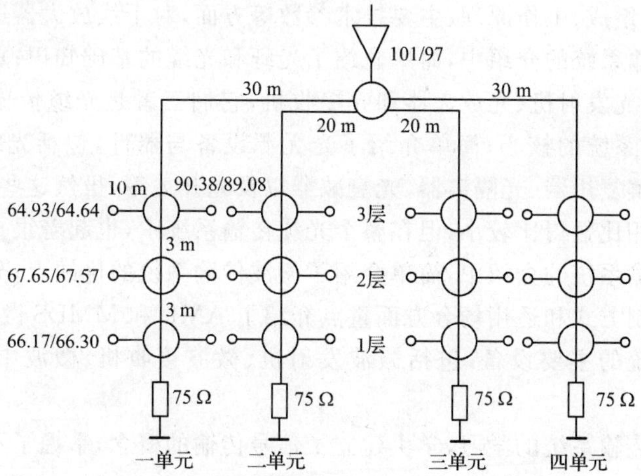

图 4-42 例 4-4 图

解: 由图 4-42 可见,一单元和四单元、二单元和三单元的分配线路完全相同,我们选择线路最长的一单元进行计算,先计算高频端电平,再计算低频端电平。

一单元三层分支器的输入电平为:$101-7.8-9.4\times0.3=90.38$ dB

$97-7.2-2.4\times0.3=89.08$ dB

一单元三层用户终端电平为:$90.38-24-14.5\times0.1=64.93$ dB

$89.08-24-4.4\times0.1=64.64$ dB

一单元二层分支器的输入电平为:$90.38-1-9.4\times0.03=89.098\approx89.1$ dB

$89.08-1-2.4\times0.03=88.008\approx88.01$ dB

一单元二层用户终端电平为：89.1−20−14.5×0.1＝67.65 dB

88.01−20−4.4×0.1＝67.57 dB

一单元一层分支器的输入电平为：89.1−1.2−9.4×0.03＝87.618≈87.62 dB

88.01−1.2−2.4×0.03＝86.738≈86.74 dB

一单元一层用户终端电平为：87.62−20−14.5×0.1＝66.17 dB

86.74−20−4.4×0.1＝66.3 dB

依此类推，我们可以计算出其他单元的用户终端电平。

知识梳理与总结

本章作为第 4 章，主要介绍了有线电视的干线传输系统和用户分配系统，这两者是有线电视系统的重要组成部分。

本章首先介绍了有线电视的干线传输系统，主要包括同轴电缆传输系统、光缆传输系统和微波传输系统三大类。

在对同轴电缆传输系统的介绍中，重点讲解了同轴电缆的结构、型号及其主要技术参数，使读者更深入地了解同轴电缆，能够进行同轴电缆的识别和选择；干线放大器应用在传输干线上，补偿同轴电缆干线的信号损耗，进一步延长了信号的传输距离，本章还从干线放大器的分类、组成、工作原理、主要技术参数等方面，对干线放大器进行了介绍。

在对光缆传输系统的介绍中，简单介绍了光纤和光缆的基础知识；重点讲解了光有源设备与器件，包括光发射机、光放大器和光接收机，它们三者是光缆传输系统必不可少的设备，是光缆传输系统的核心；简单介绍了光无源设备与器件，包括光纤连接器、光分路器、光波分复用/解复用器、光隔离器、光衰减器以及光开关等，虽然这些器件与光发射机、光接收机等设备相比显得比较小，但在整个光缆传输系统中，也起着很重要的作用。

在对微波传输系统的介绍中，简单介绍了微波传输系统的优缺点；分别从系统原理框图、工作频段、调制方式和适用场合方面重点介绍了 AML 和 MMDS 微波系统；还简要介绍了微波传输系统的主要设备，包括微波发射机、微波接收机、微波中继器以及天线和馈线。

通过对三大传输系统的学习，学生建立了信号传输的概念，掌握了不同传输方式的特点和主要设备，为后面的项目操作奠定知识基础。

本章的第二大部分主要介绍了用户分配系统，首先介绍了用户分配系统中常用的无源器件，主要包括分配器、分支器、衰减器、均衡器、滤波器、陷波器和用户终端盒等。其中分配器、分支器是重点，分别对其从功能、分类、技术参数等方面进行了详细介绍，这部分知识为接下来的分配网络及用户终端电平计算等内容的学习奠定了基础。本章还简单介绍了应用于分配网络的用户分配放大器和楼栋放大器。分配网络一节主要介绍了分配网络的拓扑结构和组成形式，其中分配网络的组成形式是重点，学生要掌握每种组成形式的结构、优缺点及适用场合，为后面用户分配网络的设计奠定了基础。用户终端电平的计算一节介绍了电平计算方法以及注意事项，通过列举实例，从易到难，使学生掌握用户终端电平的计算方法，为自行设计分配网络、计算用户终端电平奠定了基础。

本章知识含量比较大，乍看起来内容比较琐碎，实际则不然。各部分知识是有其内在联系的，学生在学习的同时一定要认真思考，建立整体和局部的概念，加强各部分知识之间的联系，用学到的知识指导自己完成后面的项目操作。

思考与练习题

4-1 射频同轴电缆由哪几部分组成？各组成部分的功能是什么？

4-2 射频同轴电缆的主要技术参数有哪些？

4-3 干线放大器按其在线路中的应用分为哪几种？各自的特点是什么？

4-4 简述 I 类干线放大器的工作原理。

4-5 什么是光纤的色散？光纤的色散包括哪几种？

4-6 光纤放大器的作用是什么？

4-7 简述微波传输系统的优缺点。

4-8 简述单频道和宽频带 MMDS 传输系统的区别。

4-9 有线电视的三大干线传输系统指什么？各自的优缺点是什么？

4-10 有线电视用户分配系统常用的无源器件有哪些？各自的主要功能是什么？

4-11 分配器的主要技术参数有哪些？请简要说明。

4-12 分支器的主要技术参数有哪些？请简要说明。

4-13 用户分配网络的组成形式分为哪几种？各自的特点是什么？

4-14 某用户分配系统的部分线路如图 4-43 所示。已知：用户分配放大器的输出电平为 103/99 dB；使用电缆型号如图中所示，其中 SYWV-75-9 电缆的衰减量为 9.4 dB/100 m（750 MHz）和 2.4 dB/100 m（50 MHz），SYWV-75-5 电缆的衰减量为 9.5 dB/100 m（750 MHz）和 4.4 dB/100 m（50 MHz）；二分配器的分配损耗为 4 dB，四分配器的分配损耗为 8 dB；各层分支器的损耗值如表 4-7 所示。计算各分支器的输入电平和用户终端电平，并分析是否满足邻频系统的要求。

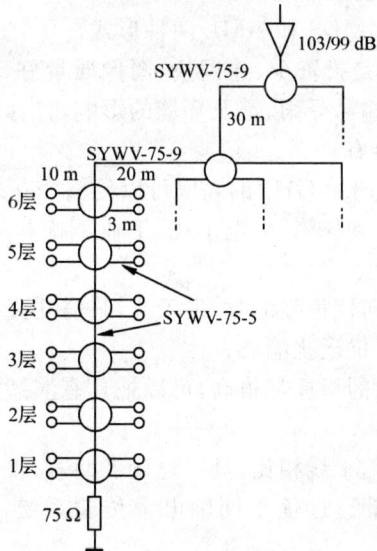

图 4-43 4-14 题图

表 4-7　　　　　　　　　　　　各层分支器损耗表

层　号	1	2	3	4	5	6
插入损耗/dB	3.0	2.4	2.0	1.4	1.2	1.2
分支损耗/dB	8	12	16	20	24	24

常见问题解答

问题 1：同轴电缆传输系统的优缺点是什么？

答：作为三大干线传输系统之一的同轴电缆传输系统在早期的有线电视系统中得到了广泛应用。同轴电缆传输系统的优缺点主要有：

(1)同轴电缆传输信号损耗较大；

(2)干线中需要串接的放大器的数量较多，这样引入新的噪声和非线性失真的概率加大，限制了干线的传输距离；

(3)传输的信号电平在不同季节会出现较大波动，必须采取相应措施；

(4)由于同轴电缆对高频信号的衰减量大，对低频信号的衰减量小，所以必须设置频率均衡器；

(5)建设小型有线电视系统时，常使用同轴电缆进行干线传输。同轴电缆传输系统具有成本低、技术成熟、传输频带宽、双向传输接续简单、容易维护等优点。

问题 2：光缆传输系统的优缺点是什么？

答：随着光纤通信技术的不断发展，光缆传输系统已成为当今有线电视干线传输系统建设的主流。光缆传输系统的优缺点主要有：

(1)损耗低，光纤损耗在 0.4 dB/km 以下，无中继传输距离可达 50 km；

(2)频带宽、容量大，易于实现交互式模拟和数字信号传输；

(3)无电磁辐射，既不会干扰其他电气设备，也不会受到其他电磁信号干扰。

问题 3：微波传输系统的优缺点是什么？

答：微波传输系统包括 MMDS 和 AML 两种形式。

MMDS 系统最大的优点是投资少、建网快、图像质量好、可靠性高；缺点是频道容量少，一般为 8 个模拟频道，传输易受雨、雾及环境的影响，且容易被窃收，不适于双向传输。

AML 系统的优缺点主要有：

(1)频带宽，利用 12.7～13.2 GHz 的频段可以传输 550 MHz 系统的全部电视节目；

(2)传输质量和稳定性得到保障，天电干扰、工业干扰和太阳黑子的变化基本不影响系统的传输；

(3)波长短，可以制成方向性很强的收、发天线，只需几瓦甚至几十毫瓦的发射功率便可传输几十公里，大大提高了抗干扰能力；

(4)微波发射机和接收机的指标都很高，可以把具有演播室质量的电视节目传输几十公里；

(5)与同轴电缆、光缆传输干线相比，具有建设工期短、收效快、维护方便的特点，而且易于更改传输线路，信号质量远远优于同轴电缆传输系统，但比光缆传输系统略微差一些；

(6)同 MMDS 系统相比,定向微波方向性强,抗干扰,具有传输质量高、频道多、易于实现双向传输等优点。但 AML 系统的缺点是设备比较昂贵。

问题 4:分支器和分配器的主要区别是什么?

答:分支器和分配器都能将主路信号馈送给支路,但它们的线路不同,性质也有较大的区别。

功率分配方面:分配器平均分配功率给输出端,各输出端获得的信号完全相同;分支器从干线上取出一小部分功率给分支输出端,大部分功率从主输出端继续沿干线向后面传输。

损耗方面:分配器的分配损耗与分配路数有关,二分配器的分配损耗为 3～4 dB,三分配器的分配损耗为 5～6 dB,四分配器的分配损耗为 7～8 dB;不同分支器的分支损耗为 8～24 dB,插入损耗为 1～3 dB。

阻抗匹配方面:分配器中任一路开路,都会破坏其对称性,使系统阻抗不匹配,容易形成反射波影响整个系统的性能,所以分配器在使用时输出端一定不能开路;分支器的分支输出端开路对系统影响不大,但主输出端不能开路,不用时要接上匹配负载。

连接形式方面:分配器一般采用树形连接;分支器一般采用串接。

问题 5:光传输波长如何选择?

答:一般情况下,对传输距离小于 35 km、覆盖范围较小的系统,应选用 1310 nm 波长直接调制式光发射机。在光纤传输的三个窗口中,1310 nm 窗口的损耗较低、色散最小、技术比较成熟、性价比较高。对传输距离远、覆盖范围较大的系统,如距离为 30～150 km,应选用 1550 nm 波长外调制式光发射机。1550 nm 窗口的损耗最低,且可以采用光纤放大器,传输距离远,技术也比较成熟。如果传输距离大于 150 km,应采用 1550 nm 波长数字传输方式。

问题 6:怎样对干线传输系统进行设计?

答:

干线传输系统的设计主要包括:

(1)确定干线的传输路径及最远传输距离,选择干线传输形式;

(2)根据用户分布情况确定干线上的分支口数量及位置;

(3)根据传输路径上线缆的规格、系统传输频带宽度、最大传输距离及分支设备、接头插入损耗和附加损耗等,确定干线放大器的级数;

(4)根据前端输出电平设计值、干线传输系统结构、分支口与干线放大器的距离、无源器件的插入损耗等,计算干线各分支口输出电平;

(5)根据传输距离、光接收点分布情况,确定光缆长度和芯数、光发射机的输出功率、分光器的分光路数及分光比等,计算有关技术参数;

(6)根据传输距离、接收点位置,确定采用的微波传输方式、发射天线和接收天线的形式、微波发射机功率等,计算有关技术参数。

问题 7:如何对干线传输方式进行选择?

答:通过前面的学习,我们知道干线传输系统主要包括同轴电缆传输系统、光缆传输系统和微波传输系统,那么在具体的干线传输系统设计时,如何来选择呢? 干线传输系统的选择一般遵循下面的原则:

(1)对于小型有线电视系统,可以采用同轴电缆干线传输方式,一定程度上会降低成本。

(2)对于大中型有线电视系统,则采用光缆、微波和同轴电缆混合干线传输方式。一般情况下,当干线距离在 3 km 以上时,应优先考虑光缆和同轴电缆混合干线传输方式;当系统服务半径在 30 km 以内时,可选用 1310 nm 波长调幅光发射机;当部分干线超过 30 km 时,可考虑采用 1550 nm 波长调幅光纤、数字光纤、定向调幅微波、数字微波等长距离干线传输方式。

(3)对于城市郊区和广大农村,可采用光缆或 MMDS 干线传输方式。

(4)对于城市之间的联网,由于传输距离远、节目套数少,可以考虑采用调频光纤、调频微波、数字微波等干线传输方式。

问题 8:分配系统设计的主要内容和设计原则是什么?

答:

分配系统设计的主要内容包括:

(1)根据用户分布情况确定用户分配网络的形式。

(2)根据主干线分支口服务用户数量、最大覆盖范围以及干线分支口输出电平值,确定用户分配网络是否需要加放大器,如果需要加放大器需要几级,并确定安装位置。

(3)根据用户分配网络的形式,在满足用户终端电平的前提下,确定网络中各节点使用的分配器、分支器的型号以及各级放大器的增益。

分配系统设计的设计原则是:

(1)分配系统的路由选择应有很大的灵活性,设计时可多取几个方案,然后再优中选优,以获得最大的性价比。

(2)线路应尽可能短,要避开电磁、机械、雷击、环境等方面的干扰。一般从楼房中间输入信号,保证用户终端的电平大致相同。

(3)分配网络尽量采用分配-分支形式,在满足相互隔离度的前提下,可以选用各种型号的分支器。距离分配器近的分支器,选择分支损耗大的;距离分配器远的分支器,选择分支损耗小的。

(4)为了保证用户终端相互隔离度大于 30 dB 的要求,邻频系统中串接分支器的最后两个分支器的分支损耗之和不能小于 20 dB。

(5)分配线路优先选择墙内穿管敷设,不能满足时,应尽量避免受到强电磁波、电力线、强风和潮湿环境的干扰。

问题 9:有线电视系统中减少非线性失真的主要途径有哪些?

答:

有线电视系统中减小非线性失真的主要途径有:

(1)利用光缆取代电缆用于干线传输,是减少非线性失真的最好办法;

(2)选择合适的工作电平,提高干线放大器的线性动态范围;

(3)适当降低干线放大器的工作电平;

(4)正确设计干线放大器,滤除或者抵消已经产生的非线性失真;

(5)改进频道设置方案,减少由于非线性失真产生的新频率对频道的干扰。

有线电视现代网络技术及应用 第5章

有线电视是以光缆、电缆作为信号传输载体的,将收到的地面开路发射系统,卫星、微波发射系统或其他电子发射系统发送的电视信号,传送到地区性的有线电视网络分配中心进行重新播放的、综合性的、密封的信号接收的传输系统。有线电视自20世纪40年代出现以来,经过了从同轴电缆到光缆、微波等多种传输技术的混合运用,从单一传输模拟信号到模拟、数字信号的混合传输,从单向网络到双向互动网络等多个层面的发展。越来越多的有线电视新技术与先进的传输技术已经成功地运用到有线电视网络当中。现在,中国有线电视网络已经确立了在国家信息化结构框架"三网融合"基础网络中的主要地位。

本章将对有线电视新技术、双向有线电视传输系统以及有线电视综合业务网络作详细介绍。其中有线电视新技术包括数字电视技术、加解扰技术、机顶盒技术等,双向传输技术主要包括 CM+CMTS 技术与 EPON 技术等。

5.1 有线电视新技术

5.1.1 数字电视技术

随着数字技术和网络技术的发展,数字电视技术涉及的领域越来越广,包括文化产业、信息产业等领域。因此,数字电视的快速发展对于促进我国产业升级、提升国民文化素质、丰富人们生活、推进国家信息化建设等都将产生积极的影响。

1.数字电视的含义

数字电视是电视数字化和网络化的产物。数字电视是一个系统,是指电视节目从采集、制作、编辑、播出、传输、用户端接收、显示等全过程的数字化,换句话说就是系统所有过程的信号全是由0、1组成的数字流。

数字电视已经不仅仅是传统意义上的电视,而是能提供包括图像、数据、语音等全方位服务,是计算机、传输平台、消费电子三个环节的聚焦点。

数字电视本质上是将传统模拟电视信号经过取样、量化和编码转换成二进制形式的数字电视信号,或者是利用数字摄像机、数字录像机、数字摄录机等设备直接产生数字电视信号,然后进行一系列针对数字电视信号的处理、传输、存储和记录。严格意义上的数字电视系统是从节目摄制、节目编辑、节目制作、信号发射、信号传输、信号接收到节目显

示的完全数字化的电视系统。相对于模拟电视,数字电视主要有以下优势:

(1)现有模拟电视频道带宽为 8 MHz,只能传送一套普通的模拟电视节目。采用数字电视后一个频道内就能传送1~8套数字电视节目(随着编码技术的改进,传送数量还会进一步提高),电视频道利用率大大提高。

(2)清晰度高、音频效果好、抗干扰能力强。在同样覆盖范围内,数字电视的发射功率要比模拟电视的发射功率小一个数量级。

(3)可以完成移动接收、便携接收及各种数据增值业务,实现视频点播等各种互动电视业务以及加密、解密和加扰、解扰功能,保证通信的隐秘性。

(4)系统采用开放的中间技术,能实现各种交互式应用,可与计算机网络及互联网等互通互联。

(5)易于实现信号存储,而且存储时间与信号的特性无关,易于开展多种增值业务。

(6)由于保留了现有模拟电视的视频格式,用户端仅需加装数字电视机顶盒即可接收数字电视节目,利于系统的平稳过渡,减少消费者的经济负担。

2.数字电视与模拟电视的对比

数字电视采用的技术与模拟电视采用的技术有很大的不同,其对比见表5-1。

表 5-1   数字电视与模拟电视的对比

	模拟电视	数字电视
描　述	采用模拟信号传输电视图像、伴音、附加功能等信号	采用数字信号传输电视图像、伴音、附加功能等信号
信源编解码	因为信号数据量不大,所以不存在数据编码压缩问题	电视信号数字化后,信号的数据传输率很高,具有良好的数据编码压缩技术
复　用	无复用器,视频、音频信号分别传输	将编码后的视频、音频、辅助数据信号分别打包并复合成单路串行的比特流,使数字电视具备了可扩展性、分级性、交互性、与网络的互通性
信道编解码调制/解调	图像信号按行、场排列,具有行、场同步信号,前、后均衡脉冲等,并对视频信号有补偿处理。调制方式一般采用调频和残留边带调幅	经过压缩及复用,传送的信号不再有模拟电视场、行标志及概念。通过纠错、均衡来提高信号的抗干扰能力,调制采用 QAM、COFDM 等新技术。随着调制技术的改进,传输效率进一步提高
特　点	信号数据量小,技术成熟,价格便宜	信号不易在传输中失真,清晰度高,占用频带窄。数字电视信号可方便地在数字网络中传输,与计算机间具有良好接口

3.数字电视的缺点

数字电视并不是完美无缺的,它同样存在着一些缺点。例如在取样、量化误差、压缩编码过程中的信号损伤,在节目制作及传输过程中的贯通延迟等。有些损伤可以修复,并不影响图像的最终质量,而有些损伤只能通过一些补偿措施削弱,但这并不能影响电视领域向数字化的转变。与电视信号数字化后所带来的好处相比,这些影响往往会被忽略。

4.数字电视的应用范围

(1)基本业务:只要节目源允许,用户可以收看数百套数字电视节目,以及几十套调频广播节目和数字音频广播(DAB)节目。

(2)扩展业务：如图文电视、电视会议、数据信息广播、加密电视、视频点播等。

(3)增值业务：可通过双向传输系统进行交互式的多功能应用，如互联网接入、远程教学、远程医疗、电子邮件、计算机联网、数据通信、家庭保安监控等多媒体信息服务。

5.1.2　加解扰技术

目前，在有线电视系统特别是中小型有线电视系统的经营管理上，普遍存在的问题是收费难、费用流失严重、网络安全性差、管理手段落后等。数字电视时代到来之前，在有线电视网络中应用加解扰技术是一种很有效的解决上述问题的技术手段。

1.有线电视加解扰系统的工作原理及特点

有线电视的"加扰"是指有线电视系统的发送端改变标准电视信号的特性，以防止未授权用户接收到清晰的图像和伴音。所谓"解扰"是利用解扰器将加扰的电视信号还原为标准电视信号。有线电视加解扰系统的组成结构如图5-1所示。

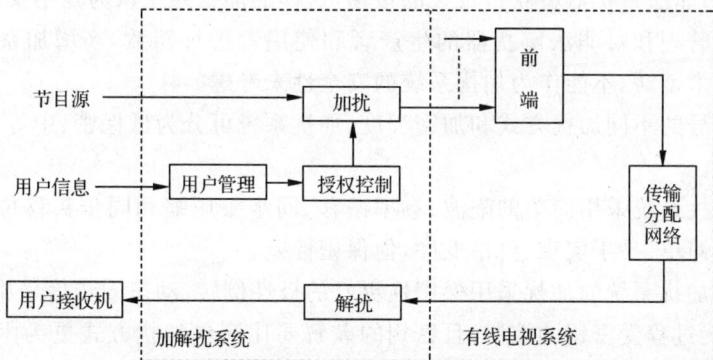

图 5-1　有线电视加解扰系统的组成结构

系统中的加扰、用户管理和授权控制等功能在有线电视前端中完成，而解扰则位于用户终端。终端解扰可采用两种方法：一是在用户终端通过预先约定的方式来解扰而无需由前端进行寻址遥控，二是通过前端对用户寻址控制来解扰。目前绝大多数的加解扰系统都采用寻址模式，用户终端要根据前端送来的解扰信息来决定是否解扰。对加解扰系统的要求主要为以下五个方面：

(1)隐匿性

隐匿性是指加扰之后图像可以识别的程度。从可以识别到完全不能识别，其加扰的深度是逐步增加的。根据对信号加扰深度的不同，未授权用户所能看到的被加扰信号可被接受的程度也不同。一般要求被加扰的电视信号要有足够的加扰深度，使未授权用户无法接收到清晰、稳定的图像和伴音。在实际的加扰播出过程中，为了吸引更多的用户，往往把加扰深度降低，使未授权用户只能收到伴音，或勉强收看到非常模糊的图像、收听到不清楚的伴音，这既让未授权用户了解了付费节目的内容，又使其无法正常欣赏节目，在一定程度上起到了广告的作用，可以吸引未授权用户付费收看。而对加扰深度深的信号，未授权用户则根本不能收听或收看到任何加扰频道的节目内容。

（2）系统安全性

系统安全性在有的场合也被称为"破译难度"，主要是指为了达到非法收看的目的所进行技术工作的难度、工作量的大小和获得该技术的难易程度。它既包含了加扰信号本身被解扰的难易程度，也包含了加密密钥被破译的难易程度。

如果加扰本身很容易解扰，就会出现用于非法接收的解扰器；如果加密密钥很容易被破译，就会造成非法接收者的不付费接收，会给付费电视系统的运营者带来很大的经济损失。

从原理上讲，任何加扰技术都是可以破解的，问题的关键是进行破解所要花费工作量的大小和所要投入资金的多少。

如果不是为了获取非法的市场经营利益，只是为了满足个人技术上的兴趣或只用于个人收看，这样的非法接收者，对于付费电视系统的经营者来说是可以容忍的。这样的加扰技术系统，可以认为是安全的。

如果非法解扰器的成本与正常解扰器基本相当，则由于使用非法解扰器的用户可以不缴纳收视费，非法解扰器将获得较大的市场，这样的加扰系统认为是不安全的。当然还可以通过行政管理和对非法解扰器的生产者和使用者进行罚款，来增加系统的安全性。但这不属于技术范畴，不能作为加扰系统的安全性来考虑。

根据对信号的不同加扰方式和加密程度，加扰系统可分为低保密、中等保密和高保密加扰系统三种。

低保密加扰系统采用简单的陷波、频率搬移、同步头压缩和同步头移位等技术，特点是加解扰系统简单、易于实现、价格低廉，但保密性差。

中等保密加扰系统的加扰采用保密性更好的极性倒转、动态同步信号压缩、载波倒相等技术，其加扰过程受密钥的控制，且密钥的破解要比简单加扰方式更为困难，因而具有较高的保密性。

高保密加扰系统采用更加难以破解的动态和数字加扰技术，并采用难以破译的编码传输方式传送密钥和授权管理信息，使加解扰系统达到更高的保密水平。

在设计一个加解扰系统时，解扰器是设计重点之一，因为数量大，性能价格比的优势和安全性主要是由它来体现的。为了提高安全性，当前解扰器的设计原则之一是采用专用的大规模集成芯片（ASIC），使暴露的泄密接口尽量少，而且仿制难度大、成本高，使得大规模的非法解扰器无利可图。

为了防止加密系统被跟踪，加解扰系统应能方便、及时地通过软件对解扰信息施加各种保护，从而使盗窃者无法获得正确的解扰信息；而一旦解扰信息被窃取，系统能方便、及时地对解扰信息的编码资料进行修改，使已被窃取的信息失去实用价值。

从上面的分析可以知道，保障安全性的核心措施有如下四个：

①复杂、难破译的加密算法和多层多变化的保护；

②加长密码的码位以增加破译的运算时间；

③采用 ASIC 使泄密接口减至最少；

④具有多层升级备用密钥的应变能力。

事实上不存在绝对的安全性，只存在相对的安全性。相对安全性可以从两个方面来理解：

①时间上的安全性，即在系统有效使用期内不致被窃密；

②经济上的安全性，即使系统被窃密也不会对市场效益造成冲击。

（3）图像的还原质量

图像的还原质量是指经过加扰和解扰后，用户收看到的图像质量是否符合要求。一般情况下要求经过加扰和解扰过程后，对图像的损伤在主观上不会被觉察。解扰后的电视信号质量可通过主观评价和客观测试相结合来得到。主观评价者应该是对加解扰技术有较全面的了解，对各项技术指标在屏幕上的反应和表现有观察经验的技术工作人员。主观评价所用的图像信号，应该是质量很好的测试信号或测试带。如果测试信号的质量不好，就很难判断加解扰系统是否有问题，图像还原后的质量是否有损伤。

（4）加解扰技术的先进性、可扩展性和技术使用寿命

这一点应根据国内外加解扰技术的发展过程来考虑。一般地讲，早期使用的加解扰技术是不够先进的，而在近期开发研制出来的技术是先进的。有的技术虽然先进，但由于价格昂贵不便于推广，所以应该着眼于技术先进又便于推广的加解扰技术。有线电视加解扰系统的发展也是从简单到复杂的过程，随着加扰和加密方式的发展，其功能将不断扩展；因此在选择加解扰方式时，既要考虑到当前的技术水平和系统规模，又要考虑将来系统用户的增加、服务范围的扩大和服务项目的增多等因素，使加解扰系统以后的升级变得比较容易。在当今科学技术飞速发展的形势下，有些技术可能很快被淘汰，这一点应引起我们的充分重视。因此，选用的加解扰系统，在今后科学技术有新的发展时，要有采用新技术的可能性，有增加新功能的能力和可能，使这种技术的使用寿命相对延长。

（5）性能价格比

有线电视加解扰系统在满足一定的安全性和电视信号还原质量的前提下，应尽量降低加扰系统和解扰器的成本，以减轻系统运营部门的资金投入压力和用户的承受能力，提高系统的性能价格比。

目前各种加解扰技术方案非常多，也存在多种分类方法，如扰频方式与非扰频方式、模拟方式与数字方式、基带信号加扰方式与射频信号加扰方式、时基处理方式与频域处理方式等。在实际使用中，某一种加扰方式往往具有多种分类特征，可以单独使用或是几种加扰方式同时使用。但无论采用何种方式，加扰的思路无非是使未授权用户无法接收到信号或无法接收到正常信号。其中对正常信号的扰乱，一是利用模拟信号处理方式破坏电视信号的行、场同步，造成电视图像的扭曲、抖动，直至无法正常显示；二是使电视图像中的灰度或彩色发生随机变化，影响正常收看；三是利用数字处理技术使模拟电视图像中的像素位置产生随机的空间移位，不能形成完整、正常的图像；四是采用数字加密技术使数字电视信号的样值和像素位置发生变化，而无法正常恢复。当然，对于授权用户来说，可以通过解扰恢复正常的电视信号。

2.模拟信号加扰方式

模拟信号加扰方式通常有两种类型，一类是扰频方式，通过改变电视信号的结构防止未授权用户接收到清晰的信号，主要包括基带视频信号处理方式及模拟信号的数字加扰等。另一类是非扰频方式，相对于扰频方式来说，非扰频方式不对信号做任何处理，而是

通过某一固定的处理装置让电视信号的信噪比降低甚至消失,使未授权用户无法接收到电视节目来防止非法视听。它主要包括陷波器方式、射频加扰方式和基带视频信号加扰方式等。

(1)陷波器方式

陷波器方式是一种射频处理方式,是最原始的加扰方式。早期常采用负陷波法,即在未授权用户的输入端加一个陷波器吸收掉付费电视节目频道的图像载波,使其收不到正常信号,但不影响对其他节目的收看。该方式对授权用户而言,因没有对信号采取任何处理措施,所以不会降低信号的收视质量。但显然,这种方式是极不安全的,而且当系统中的未授权用户远多于授权用户时,也是不经济的,只能应用于宾馆等特殊场合。

为了提高安全性,更有效的方法是在信号中插入干扰载波的正陷波法,它是一种扰频陷波方式。正陷波法是在前端将一个或多个干扰载波插入到图像载频和伴音载频之中,对图像和伴音信号进行干扰。对于授权用户,由付费电视台技术人员在其终端盒的输入端上安装一个窄带滤波器滤除干扰信号。正陷波法的最大优点是价格低廉、容易操作;缺点是陷波器不仅滤掉了插入的干扰载波,也滤掉了该频率及其附近频率的有用信号,造成信号质量在一定程度上的下降。由于陷波器的陷波带宽很窄,所以对整个图像和伴音信号不会造成很大的影响。正陷波法的隐匿性不是很高,如果干扰信号幅度不是足够大的话,未授权用户仍可识别节目的大概内容。该方式的另一个缺点是用户的管理比较麻烦,用户的交费状态改变后,需要技术人员上门安装或拆卸陷波器。此外,随着加扰频道数量的增多,所需的陷波器的数量也增多了,有多少收费频道就要有多少种型号的陷波器,实际运作较为麻烦。

(2)射频加扰方式

射频加扰方式包括射频同步压缩加扰方式、射频相位调制加扰方式以及可寻址射频加扰方式。

①射频同步压缩加扰方式

射频同步压缩加扰方式是付费电视发展初期采用的加扰方式之一。在前端,利用一个与行频同步的定时开关脉冲控制一个衰减器,在行同步信号周期内打开衰减器,压缩调制在射频上的电视行同步信号,使未解扰的信号无法在接收机中正常恢复行同步信号,达到扰乱图像画面的目的。为了使授权用户能够在接收端通过定时开关脉冲恢复射频行同步的幅度,它将与一个行频的行频定时同步信号和一个四倍行频的正弦波叠加后调幅在伴音载波上。接收端解扰器利用窄带滤波器滤出这两个正弦波信号,通过检测这两个正弦波的正负过零点斜率来找到定时开关脉冲的起始点,恢复定时开关脉冲,进而恢复射频行同步信号的幅度。这一措施一方面达到了传送密钥的目的,另一方面又实现了对伴音信号的加扰。该方式与正陷波法相比,虽然均在信号中插入了正弦波信号,但射频同步压缩加扰方式插入的信号不在图像信号频谱范围内,因而解扰的处理不会对图像质量造成影响,对伴音的影响也很小。此外,由于该方式破坏了被加扰信号的行同步,其隐匿性要高于正陷波法,但安全性与正陷波法相当,仍然不高。同时,其用户管理的复杂度也与正陷波法相当,但解扰器成本要高于正陷波法。

②射频相位调制加扰方式

射频相位调制加扰方式是一种较新的射频加扰技术,其基本原理是在行消隐期内利用一个定时脉冲作开关,对已调制射频信号的图像载波相位作随机的180°相移,相移的同时还对同步信号的幅度进行压缩,造成未解扰的信号图像产生随机的行失步和彩色反转。其中180°相移和同步信号的衰减通常采用声表面波滤波器完成。在解扰器中,通过一个专门设计的锁相同步检波器检出定时脉冲,恢复行消隐期内图像载波的相位和同步信号的幅度。在该方案中,图像载波相位变化,同时还会在未加扰信号的伴音解调时产生伴音干扰,增加了加扰效果。

③可寻址射频加扰方式

可寻址射频加扰方式也称作可寻址射频闭锁方式,是一种非扰频方式。它是从前端将不加扰的信号送到用户小区或建筑物内的闭锁装置中,再由该装置联接管理几十到几百个用户。在该方式中,闭锁装置中的压控振荡器产生一个在特定频带内工作的射频干扰信号,其能量由微处理器控制,前端计算机通过对每个用户发出寻址授权指令,由闭锁装置对未授权用户实施加扰或闭锁,对授权用户则让信号不加处理的通过。

该方式的特点是若干用户共用一套具有保密结构的解密设备,无需每户安装解扰器,用户费用较低,但用户分配网络要求采用星型结构,布线成本高。由于该方式对授权用户接收的信号未采取任何处理,所以对电视信号质量不会产生任何损伤,但要防止干扰信号的高次谐波对其他频道的电视节目产生干扰。该方式具有较高的安全性,加扰之后很难被破解或导致信号旁路。此外,该加扰方式还可工作于按节目付费方式的有线电视系统,实现交互式应用。

（3）基带视频信号加扰方式

基带视频信号加扰方式是在信号被调制到发射前实施的加扰技术,解扰时需在信号被接收后进行。基带视频信号加扰方式主要包括各种对同步信号的加扰技术、对视频信号的处理技术等。

①视频极性反转

视频极性反转是将基带视频信号的极性按行或场随机反转以后,再进行调制输出的加扰技术,一般常采用伪随机动态行极性反转。视频极性反转可以对全电视信号进行,也可以只对电视信号正程进行。只对电视信号正程进行反转,则会在图像的扫描行或场中随机出现黑白颠倒的图像;如果是对全电视信号进行反转,则未授权用户接收机无法得到稳定的图像。用于随机控制的伪随机序列可以插在逆程中传送,或是在专门的辅助信道中传送。视频极性反转信号波形如图5-2所示。

视频极性反转加扰方式存在的主要问题是如何自适应地解决加扰反转电平和解扰反转电平的一致性,避免解扰图像画面随信号变化出现横条状随机干扰。此外,视频极性反转加扰方式对微分增益失真特别敏感,容易造成不同行之间亮度和彩色饱和度的变化,产生横向不连续的干扰条纹。

②视频干扰波叠加

视频干扰波叠加是将一个频率与行频锁定的正弦波或方波信号叠加到视频信号上,并通过控制干扰信号的相位,使其负峰值或负脉冲正好与同步脉冲相对应,从而导致同步

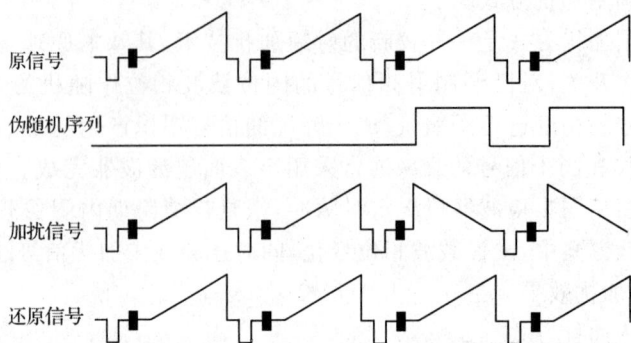

原信号

伪随机序列

加扰信号

还原信号

图 5-2　视频极性反转信号波形

信号幅度的压缩,造成接收机无法分离出同步信号和画面不断扭动、翻滚的加扰效果。解扰器只需在视频信号中加入一个极性相反、幅度相同的干扰信号,即可恢复出原信号。但实践证明,视频干扰波叠加加扰方式的安全性较低,图像质量劣化明显。

③同步信号处理

同步信号处理是通过对电视信号的行、场同步信号进行幅度压缩、倒相、移位、移去、置换等处理,达到扰乱图像画面目的的一种加扰方式。同步信号幅度压缩和倒相是加扰技术中最原始和最基本的技术之一,包含行抖动和行抑制两种方式。

行抖动方式是使每一行的同步脉冲起始点位置随机地前后变化,从而破坏图像信号和行同步信号的相对关系,造成图像扭曲、不稳定。实现行抖动的另外一种手段是使行同步信号保持标准不变,而让图像信号从正程开始位置随机地前后变化。对于这种手段,当行同步头位置的变化范围在接收机能够维持行同步的情况下,与前面实现行抖动的手段效果是相同的,均可造成加扰图像信号不同行的随机前后交错、图像模糊不清现象;而当它无法维持同步时,前一种手段会造成整个图像的扭曲而无法收看,因而加扰深度更深。行抖动方式解扰后可恢复较高的图像质量,因为加扰后虽然造成图像信号不同行,会有不同程度的位置平移,但却保持了图像信号的连续性,只要解扰时做相反的位置平移即可。如图 5-3 所示为行抖动方式加扰图像示意图(图中数字表示抖动程度)。

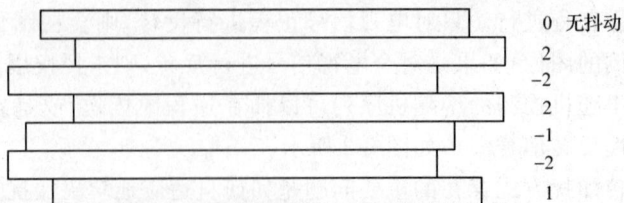

| 0 无抖动 |
| 2 |
| -2 |
| 2 |
| -1 |
| -2 |
| 1 |

图 5-3　行抖动方式加扰图像示意图

行抑制方式是将视频信号中的行同步头完全抑制掉,而在辅助信道中传送同步信息。行同步置换是将行同步头用非标准脉冲替换,一般常用同步编码数据替换,在接收端可用授权密钥,由译码电路从同步编码数据中恢复出正常行同步信号。

(4)模拟信号的数字加扰

模拟信号的数字加扰是指在信号的加解扰过程中将视频信号数字化,利用数字处理技术进行时基的变换,之后再变换成模拟信号形式传输或显示。此类加扰方式主要包括行扰乱、行分割和时基压缩等方式,其原理框图如图 5-4 所示。

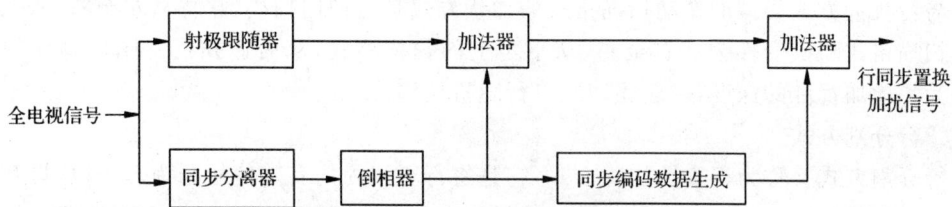

图 5-4 模拟信号的数字加扰原理框图

① 行扰乱方式

行扰乱方式是在发送端利用存储器将数字化以后的电视信号加以存储,然后在伪随机序列的控制下扰乱信号各行的发送顺序,使图像在垂直方向上出现混乱而无法正常收看;解扰时,进行相反的过程恢复图像的行顺序。发送端加扰器中扫描顺序的扰乱,是根据一个位数至少为 16 位、一般为 32 位的伪随机序列发生器给出的序列指令进行的,解扰器中有一个相同位数的伪随机序列发生器。解扰器中接收到的密钥,就是从发端送来的、用以启动伪随机序列发生器生成解扰序列的序列初始值,即控制字。为了提高安全性,此控制字需要随时加以更新,考虑到延时等因素,一般控制字的最小更新周期为 1 秒。

在该方式中,被扰乱的行范围越大,加扰的效果越好,但所需的存储器容量也越大,成本也就越高。实验结果表明,扰乱范围至少要有 24 条扫描行信号才能达到基本的扰乱效果,而用具有 64 条扫描行信号的扰乱范围时,即可得到相当好的扰乱效果。需要注意的是,如果扰乱范围过大,有可能因存储延时而带来伴音信号相对于图像信号超前的问题,造成声音和画面不同步,这也是所有具有存储结构的加解扰系统共同存在的问题。如图5-5 所示为行扰乱方式的信号加解扰示意图(图中数字表示信号携带的信息)。

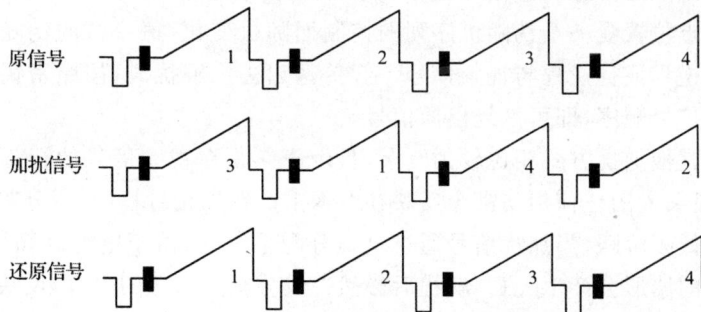

图 5-5 行扰乱方式信号加解扰示意图

在行扰乱过程中,为了保持场顺序和场同步的稳定以及与网络设备匹配的一致性,一般需要保留场消隐期内的正常行顺序不变。同时,在 PAL 制信号的行扰乱过程中,为了保持色同步和有效信号相位的一致性,一般采取色同步脉冲和有效信号的整行移动。包括了色同步信号的行扰乱方式存在一定的缺点：一是色同步波形由于 A/D 和 D/A 变换可能会变得不够标准，从而产生色矢量误差；二是对加解扰系统的时钟精度要求较高，时钟的抖动会造成色同步与色差信号之间的相位误差，从而引起彩色的失真。总体来看，该方式的安全性较高，一般情况下图像质量无明显的劣化。

与行扰乱方式类似的变动扫描格式的加扰方式是行逆向扫描，它将从左至右、从上至下的扫描格式随机变换为从右至左、从下至上的扫描格式，从而达到扰乱图像画面的效果。为了增加扰乱的深度，一般还辅之以行随机位移。

②行分割方式

行分割方式又称为行旋转加扰方式，它是将行正程内的有效信号分为若干段，再互换这些段的位置来达到加扰的目的。其加扰的原理与行扰乱方式类似，但它不是把整行的信号转移，而是随机地在一行内的某些分割点位置把信号分成若干段后加以扰乱，这样就大大减少了所需的信号存储容量。在该方式中分割的段越多，可能的组合就越多，保密性也就越好，但所需发送给接收端的解扰信息也越多，系统就越复杂；此外，分割的段太多，图像质量会劣化严重，因此一般采用两段分割、分割点随机变化的加扰方式。如图 5-6 所示为行分割方式只有一个分割点时加扰前后的信号结构。

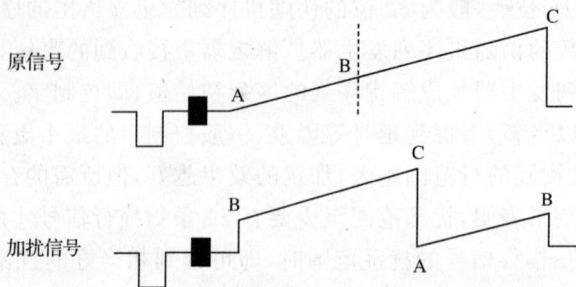

图 5-6　行分割方式信号加扰示意图（只有一个分割点时）

图中 AC 表示一段信号，B 点是前后两段信号的分割点。分割点的位置可以有多个，一般情况下分割点的位置信息用 8 比特表示，即有 256 个分割点位置。在加扰的过程中，每一行的分割点位置受一个伪随机序列的控制而随机变化，每一行的伪随机序列以密钥的方式放在场逆程或行逆程与视频信号一起传送出去。解扰时，按照密钥指定的分割点位置重新排列信号顺序，即可恢复出原信号。

行分割与其他加扰方式相比较为复杂，且由于它是在视频信号的行正程内进行分割的，因此由分段引入的任何损伤都会反映在图像上。在加扰过程中，行分割将会在信号分割点产生一个低频阶跃，当加扰信号通过电缆分配系统时，由于电缆高频特性的影响，加扰信号阶跃点的波形会产生失真，解扰后必然造成分割点信号的失真，反映在整幅图像上就是在分割点处的一系列干扰点。为了弥补这一不足，可以采取一定的失真补偿措施，减小失真的影响。

减少因分段互换造成信号失真的措施之一是将分割后的第二段信号极性倒相，使分割点处的信号幅度跳变变小。但由于信号的幅度变化是随机的，若信号波形经分段互换后分割点处的信号幅度跳变并不大，小于第二段信号极性倒相带来的信号幅度跳变，则以不处理为好。因此,需要根据信号幅度跳变的大小做出是否倒相的随机判别。

　　③时基压缩方式

　　时基压缩方式是将电视信号中的亮度和色度分别在时间轴上进行压缩,然后再以时分复用方式传送,接收端分别将这两个信号进行时基扩张。时基压缩方式一般与行分割方式结合使用,从而进一步增强加扰效果。

3. 数字信号加扰方式

　　数字信号加扰方式是对数字电视信号实施加解扰的技术方案,它与模拟信号数字化处理的加扰方式不同,其加扰后的信号不再转换为模拟形式,而是直接通过数字信道传输数字信号,解扰也是直接对数字信号进行的。此类加扰方式破译难度大,安全性高,加解扰过程不会造成图像信息的损失,但成本较高。数字信号加扰方式主要有以下几种:

　　(1)图像结构扰乱方式

　　与模拟加扰技术中采用的行扰乱、行逆扫、行分割等的原理相类似,在数字加扰技术中可以更加灵活地运用存储器对图像结构加以扰乱。由于数字电视信号的加扰不再受模拟电视信号行、场结构的限制,因而不仅可以像模拟加扰技术那样采用整行的搬移和行内的分段,还可以进行像素级的二维任意位置移动。因而,其加扰效果更好、安全性更高。

　　(2)叠加模拟信号或伪随机序列方式

　　在数字电视信号进入传输信道前若叠加一个伪随机的模拟信号,会使数字电视接收机无法正确判断数字脉冲的有无,从而导致信号的混乱,达到加扰的目的。同样地,在数字电视信号进入传输信道前若叠加一个伪随机的数字序列,也会使数字电视接收机无法正确接收原数字信号,达到加扰的目的。对授权用户来说,只要在接收端将叠加的伪随机模拟信号和伪随机数字序列去除后,即可恢复出原始数字信号,达到解扰的目的。

　　(3)密码控制方式

　　密码控制方式是利用各种数据加密算法对数字电视信号进行加密处理的加扰方式。传统的保密系统使用两种变换,即加密和解密变换,其中一种变换是另一种变换的反变换。将原始数据称为明文(plain text,用 P 表示),加密后的数据称为密文(cipher text,用 C 表示),明文信息经过加密变换成密文,通过信道传输后再经解密变换成明文。加解密过程都是在相同密钥控制下完成的,这种保密系统对密钥的安全传送要求很高,将明文通过密钥加密成密文的过程(包括反变换过程)称为加密(解密)变换,可采用的数学方法称为加密(解密)算法。在数据保密系统中,密钥起着至关重要的作用。所谓密钥管理是指密钥的生成、保存、分配、注入、取消或变更、验证和行政管理等确保密钥安全性的综合技术管理,只有好的密钥系统而无严密的密钥管理体制,这种保密通信是不安全的。

　　付费电视系统中设计加解密变换的目标是加解密运算的即时性及经济性,即时性是指在用户终端的解密要和前端的加密在时间上同步,经济性是指在满足加密安全性要求的前提下,在终端实现解密的硬件费用要尽量低,能被一般用户接受。也就是说,密码分析运算既要足够复杂、难以破密,又不能复杂到使硬件的成本大幅上升。随着微电子技术的迅速发展,大规模集成电路的集成度提高很快,这有利于缓解上述的矛盾。

　　加密技术有两种完全不同的方法:机密密钥方法和公开密钥方法。

　　机密密钥方法具有完全的可逆性和对称性,机密密钥系统在保密性方面具有很强的优势,但在通用性方面就差一些。

公开密钥系统是一种非对称系统——加密和解密算法是不同的,在公开密钥系统里,需要用一种密钥来加密,而用另一种不同的密钥来解密。

虽然公开密钥系统的加密密钥可以公开,但人们无法通过它去发现解密密钥。公开密钥系统有两个重要的好处:第一个好处是只需要记住自己的解密密钥,这样可极大地简化密钥的分配和管理;第二个好处是具有实现"电子签名"的能力,在诸如家庭银行购物系统和电子邮件等应用领域这是一个特别重要的特征。尽管公开密钥系统的加密技术具有很明显的优势,但机密密钥系统却一直被更为广泛的应用,这是因为公开密钥算法要求有大得多的计算资源才能赶上机密密钥系统的加解密速度,而这会导致高成本。在付费电视加解扰系统中,目前大都采用机密密钥技术。机密密钥技术按加密方式大致可分为数据流加密算法和码组加密两种。

①数据流加密

数据流加密的基本原理是数据流和密钥流逐比特加密,如图 5-7 所示为数据流加密算法原理图。

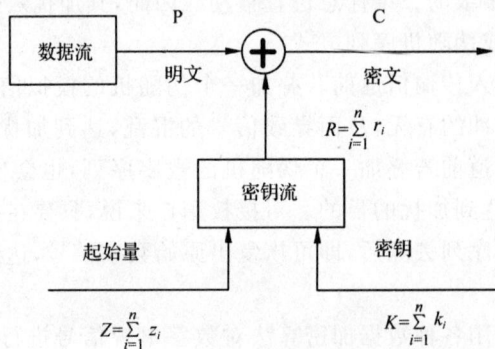

图 5-7　数据流加密算法原理图

密钥流一般采用伪随机序列。所谓的伪随机序列是指具有某种随机特性的确定的序列,一方面它是可以预先确定的,并且是可以重复地生产和复制的;另一方面它又具有某种随机序列的随机特性即统计特性。

数据流加密过程中,每一比特数据的加密与信息数据的其他部分无关,即任一比特数据在传输过程中发生了错误,只会影响这一比特而不会影响其余数据,也就是说没有误码扩散效应。

②码组加密

码组加密也叫分组加密。它是把数据明文分成若干独立的码组,分别独立地对码组进行加密运算从而产生分组的密文序列,解密时则进行逆运算从而获得明文。

码组加密有两种基本类型:换位和置换。

● 换位:换位也称为排列,它不变换明文序列的内容,只将其顺序按密钥规则重新排列形成密文。

● 置换:它保持明文元素的原来位置,但改变其比特值或用别的字符来代替它们,

ASCII 码就是用于计算机中的一种置换编码。可以采用等长置换，也可以采用非线性（压缩型或扩展型）置换，前者输出比特少于输入比特，后者则相反。

这两种方法单独使用时都不能有效避免现代计算机的破密，当将两者结合起来复合使用时就大大提高了码组加密的安全性，将换位和置换相结合就构成了乘积密码系统。

(4) 数字压缩编码方式

近年来，随着计算机通信网络及数字压缩处理技术的发展，使得数字视频信号的传输成为可能，并酝酿着一种新的全数字电视广播系统。所谓全数字，是指电视信号在编码与传输时都采用数字方式。常规电视若仅做数字化处理不能在现有 6～8 MHz 带宽的通道中传输，需根据电视活动图像的时间和空间相关性，采用运动补偿、正交变换以及熵编码等技术进行视频数据压缩，达到 50～100 倍的压缩比，才能使信号在常规电视信道中传输。

与模拟传输相比，视频数字压缩的优点之一在于它有利于存储和按字节检索。这样，广播机构和有线网络经营者等可以很方便地按他们自己的意愿选择节目的传送时间，并根据观众的需求及可利用的容量或其他参数进行决策，通过在控制中心将数字视频图像加扰后进行广播传输，用户在接收端使用专用解扰器解扰后即可观看到节目。加扰算法的难易程度，可以根据当地电视节目的收视率来决定。

① 视频数字压缩的基本原理

一路普通模拟视频信号经数字化后，其数据量将高于 100 Mbps，由于卫星、光缆及同轴电缆的容量有限，要将多路未经压缩的所有视频数据信息装入可利用的信道带宽是不可行的。为了利用数字信号的优点，对数字视频信号进行压缩是必需的。

数字压缩的方法有多种，目前由 MPEG（活动图像专家组）制定的标准 MPEG-1、MPEG-2 已成为世界性视频压缩标准，上述标准是对数字存储媒体、电视广播、通信等方面的活动图像和伴音通用的编码方法。在信源端，将视频信号进行数字化后，首先用基于块的运动补偿减少时间冗余度，运动补偿既能用于由过去图像对当前图像的因果性预测，也能用于由过去和未来图像对当前图像的帧间非因果性预测，其运动矢量定义在图像的每 16×16 个像素的范围之内。在进行不可逆的量化过程之前，对差值信号，即预测误差进行离散余弦变换（DCT）以消除它的空间相关性，量化过程会去除一些不重要的信息。最后，运动矢量与 DCT 信息一起用可变长霍夫曼（Huffman）编码表示，其结果送入数据复用器进行数据分组。

为了解决随机进入的要求与高效压缩间的矛盾，在此定义了三种类型的图像：帧内编码图像（I-Pictures）编码时不参考其他图像，它提供编码序列中解码开始的进入点，但只进行中等压缩编码；预测编码图像（P-Pictures）的编码效率要高得多，它根据过去的帧内或预测编码图像进行运动补偿预测；双向预测编码图像（B-Pictures）具有最高的压缩比，但它需要过去和未来的参考图像用于运动补偿，双向预测编码图像不再用于预测参考。

② 视频压缩数据的分组结构

视频信号经压缩后，按照 MPEG-2 标准传输复用数据分组结构，与话音、辅助数据及其他控制数据复用后，加上一定的同步信息构成系统传输分组结构。它采用固定长度数据分组结构，每一数据分组长度为 188 Bytes，分成连接头、可变长自适应头以及有效数据负载三个部分。在连接头部分是 4 Bytes 固定长度的连接头信息,自适应头的长度不确定,它取决于各比特位的定义及其后所跟随的自适应信息长度。其中自适应信息中的比特位 24、25 定义了本组信息是否加扰及是偶密钥还是奇密钥。

③视频压缩数据的加扰方式

对于加扰系统而言,视频压缩数据的加扰在系统的传输层中进行,传输层格式允许对数据进行扰乱,且传输层中各基本数码流可以独立地进行加扰,但连接头信息在传输层中不加扰。考虑到全数字高清晰电视(HDTV)、有线电视(CATV)、视频点播(VOD)等系统,视频加扰主要是针对视频数码流即视频有效数据负载来进行的(一般不对话音进行加密,以便利用其广告效应吸引更多的观众),在时域范围内针对视频压缩数据可以有各种处理及扰乱算法,下面介绍其中四个加扰方法,前三个加扰方法中传输层的有效数据负载长度不变,第四个加扰方法则对有效数据负载的长度进行控制。

● 随机反相方法

在数据分组的有效数据负载中,按加密算法对其中的若干位置以基本数码流、字节(8 bit)、字(16 bit)、双字(32 bit)等为单位做反相处理,即在每个数据分组的有效数据负载中,一部分数据是按正常极性传输的,而另一部分则进行反相。在接收端,如果没有相应的解码器,就无法对图像进行正确解码,也就不可能收看到节目。

● 分段旋转方法

将数据分组的有效数据负载分成 n 段,分割点的位置由伪随机序列算法随机确定,将分割点前后的数据进行位置互换。由于分割点的位置是不确定的,未授权用户的接收端没有正确的解密密钥,因此无法判断有效数据负载从何处分割,接收到的数据也是杂乱无章的,从而达到了加扰的目的。

● 分段反相方法

为了充分利用软件加密的优点,将上述两种方法结合起来,先将数据分成 n 段,使用分段旋转方法处理得到具有新顺序的 n 段数据序列。再从该序列中选取 m 段数据用软/硬件加密盒对其进行加密,然后将加密后的数据与剩余的 $n-m$ 段数据一起按新顺序送入调制器进行传送。接收经这样处理后的视频数据,首先要有与加密盒对应的破译盒,其次要用传输信道中所传输的直接加密密钥将分段数据的顺序重新恢复成原数据分组的顺序。与前两种方法相比,这种方法的数据扰乱的效果较好,安全性较高,比单独使用前述任一方法的效果好。

● 随机抖动方法

随机抖动方法与前几种方法的不同之处在于,它对数据分组的格式进行了改变,使每个数据分组的长度不等于 188 字节,而是根据密钥及加扰算法的规定随机地进行变化,每一实际的数据分组可能比标准的 188 字节多,也可能少。在实际使用时为了简化系统,可以设置抖动值为某些固定值,如 ±4、±8、±16 等。这样未授权用户就无法按正确的接收程序对数据进行解码,而蓄意破译者制作设备的成本也高。授权用户的接收机,只要按照所传送的直接加密密钥恢复数据分组的标准长度和格式,就可以收看到视频节目。

4.加解扰系统的相关技术

(1)模拟加扰系统中的数据传输

当前,虽然在模拟加扰系统中电视信号传输通道还是以模拟为主,但解扰所需的密钥信息、算法信息以及寻址信息等均为数字信息,因而需要从前端传送必要的数据信息给用户解扰器。在模拟电视传输系统内进行数据传输主要有两种方法:带内数据传输和带外数据传输。带内数据传输是指数据在同一个被传电视频道频带范围内传输。带内数据传输又分两种情况:一种是数据和视频信号都在同一个频道内,但在不同的频谱段上传输,如调幅在伴音载波上;另一种是数据插入视频信号逆程空隙内传输,在场消隐期内插入的数据通常是基带数码型,而在行消隐期内传输的数据采用双相键控型相位调制方式。

带外数据传输是指数据在常规视频信道外的一个独立载波上传输。这个载波可以是任意频率,但它通常在 FM 广播频段或附近,数据信道可以是 FM 型或 AM 型。带外数据传输要求解扰器有数据接收的附加电路,随着数字和微电子技术的发展,带内数据传输因其能节省频谱资源、简化接收端数据检取电路以及使用大规模 ASIC 芯片,已成为发展的主流。

场消隐期内的逆程行基本上都已安排指定的用途,其中图文电视占 11、12、13、14 四行,电视台内部控制占第 15 行,时间码占第 16 行,插入测试信号占 17、18、22 三行,偶次场类似。10 行以前不占用,否则光栅容易出现回扫亮点,目前空的逆程行有 19、20、21 三行。已指定安排的逆程行一般不可随意占用,但在有线付费电视系统中这些逆程行可专门用来传输解扰信息,加大数据传输量。

(2)数据误码率

在通信领域中误码率一直是非常重要的一项指标,其测试技术和手段也非常成熟,有专用的误码率测试仪、微机自动测试系统等。在广播电视领域中,只有图文广播对涉及误码的眼图、误码率、群时延提出了参数要求。由于加扰技术中大量采用了数码技术,因此误码率在有线付费电视系统中也就变得日益重要了。

在有线付费电视系统中,误码率高就会使解扰信息在传输中造成误码,误码引起的不良后果有:可能造成寻址出差错,找错地址;授权出差错,使付费用户收不到解扰后的节目,没有付费的用户反而能免费收视;密钥出差错,使解扰器不能解扰等。由此可见,在有线付费电视系统中重要的是,在接收端一定要认准编码。因此,除了提高误码率指标要求外,还要在电路技术方面采取各种措施来防止误码。由于有线付费电视系统中对数据传送的即时性没有苛刻的要求,因而可以采用三次或五次重复发码判定等方法。

为了使有线电视网络能够达到规定的误码率指标要求,适当降低传输的编码频率也是一种有效的方法。在场逆程中插入解扰信息,对寻址系统来说,提高寻址速率和降低数据传送速率之间有一定的矛盾(一般不能采用减少地址码码位的方法来提高寻址速率)。行逆程作为数据通道的传输方式在一定程度上降低了数据传送速率,再配之以诸如前向校验、重要数据重复发送等多重数据保护措施可使误码率降得更低。

有线电视系统的载噪比要大于 43 dB,即信噪比大于 49.4 dB,因此,合格的有线电视系统的信噪比要远远满足误码率指标的要求。但是,信噪比并不是产生误码的唯一因素,有线电视网络的结构使它的部分传输链路特性比空间电波传输链路特性差,如有线电视网络中,串接设备比较多,反射回波、群时延、相位特性失真等引起的误码影响要大得多。

(3)伪随机序列的产生

在加解扰技术中,普遍采用伪随机二进制数序列(PRBS)用作解扰密钥。伪随机序列的特性是:一方面产生该序列的电路结构或形式是可以预先确定的,并且是可以重复产生和复制的(所以它是一个确定序列);另一方面序列本身又具有某种随机序列的统计特性,即在一定长度范围内序列的预先不可确定性和不可重复实现性。序列的长度越长,这种随机特性越明显。产生伪随机二进制数序列 PRBS 的发生器可由线性反馈移位寄存器组成,序列的长度由移位寄存器的不同级数和不同反馈逻辑来确定。伪随机二进制数序列 PRBS 发生器的加密算法(也可以说是解密算法)应具有下列特性:

①在较长一段时间内,输出比特的相关性必须很小。

②同一个发生器中来自两个不同初始状态(由初始值确定)的两个序列之间的相关性必须很小。

③即使知道部分伪随机序列,也不能推测出发生器中的预置数据。

5.加解扰技术性能评价因素

随着电子技术的进步,有线付费电视系统所采用的加解扰技术正在从低级向中、高级发展。现今国际上的加扰技术已从模拟加扰朝着安全性更高、图像质量几乎不受损伤的数字加扰方向发展。由于数字加解扰技术的全面实施有赖于全数字电视的普及应用,数字加解扰技术已经成为当前电视系统的主要加解扰方式。

在国外加解扰有线付费电视发展的过程中,早期曾普遍使用模拟加扰技术,其优点是生产技术比较简单、成本低、价格便宜。但在使用过程中不断有被破译的情况发生,所以目前正在向着模拟信号进行数字化处理的加扰技术过渡。然而,由于历史的原因或经营上的需要,目前仍有为数不少的有线电视网络还在使用模拟加扰技术,我国也仍以此类加扰技术为主。对模拟信号进行数字化处理后再加扰的技术是目前北美和欧洲大型有线付费电视网络正在推广使用的加扰技术,它的加扰级别较高,安全性高,图像恢复质量好。

对某一种加解扰技术性能的评价和估测,除了前面已经提到的隐匿性、安全性和图像还原质量等因素外,一般还应考虑以下几个方面。

(1)最大寻址速度

最大寻址速度是指使用计算机管理进行中心寻址授权的加解扰技术系统,进行寻址时的最大速度,一般以每分钟多少万户表示。

(2)控制信息传送位置

控制信息传送位置是指解扰用的解扰信息,在用户授权信息和其他信息传送时在频道中占用的位置。一般有场逆程中传送、行逆程中传送、伴音通道中传送、另设专用频道传送等方式。按照我国标准的规定,不允许另设专用的传送信息频道,因此使用另设专用频道传送方式传送解扰信息的技术系统,是不被允许的。

(3)控制码字长

控制码字长是指控制信息的编码长度,用 bit 表示。比特数多的控制码可以编码得更复杂一些,安全性更高一些。

（4）信息码存取速率

信息码存取速率是指信息码在前端加扰器中和终端解扰器中存入和取出的速率，一般以每秒若干比特来表示，存取速率高则性能好。

（5）解扰码的更换速率

解扰码的更换速率是指向用户传送的解扰信息，多长时间更换一次，一般以间隔时间短、更换速率快为好。

（6）信息码传送误码率

信息码传送误码率与有线电视网络的技术质量密切相关。加解扰系统本身所能允许的误码率，是这个技术系统的重要技术参数。误码率是指数字信息在传送中出现差错的比特数与所传送的总比特数之比。加解扰系统允许的误码率大，则对有线电视系统的技术质量要求低，反之，对有线电视系统的技术质量要求就高。

（7）同时可加扰的频道数

同时可加扰的频道数是指该加解扰系统，同时可用于多少个频道，一般以频道数多为好。

5.1.3 数字电视机顶盒技术

作为下一代网络发展的趋势，"三网融合"已被业界专家和行业所认同，其中，数字电视网作为一个重要的角色已得到越来越多的关注。近年来数字电视广播获得了飞速发展，国内主要城市相继开始了有线数字电视的商业播出，数字电视离我们已经不再遥远，作为数字电视的接收端，数字电视机顶盒正在逐步走进我们的生活。

数字电视机顶盒是综合宽带信息网的重要组成部分，它不仅是用户终端，也是网络终端，它能使模拟电视机从被动接收模拟电视信号转向交互式数字电视信号（如视频点播等），并能接入互联网，使用户享受图像、数据、语言等全方位的信息服务。随着数字技术、多媒体技术和网络技术的发展，数字电视机顶盒的功能将逐步完善，应用将更加广泛。

1.数字电视机顶盒的概念与分类

机顶盒（STB,Set Top Box）是指利用网络（电视网络或信息网络）作为传输平台，以电视机为用户终端，用来增强或扩展电视机功能的一种信息设备。由于人们通常将它放置在电视机的上面，所以又被称为机顶盒或顶置盒。机顶盒曾经有模拟和数字之分，而目前市面上使用和销售的机顶盒大部分为数字电视机顶盒，所以现在常说的机顶盒一般是指数字电视机顶盒。

数字电视机顶盒是一种将数字信号转换成模拟信号的转换设备，它将经过数字化压缩的图像和伴音信号进行解码还原，产生模拟的图像和伴音信号，通过电视显示器和音响设备提供高质量的电视节目给观众。目前，数字电视机顶盒已成为一种嵌入式计算机设备，具有完善的实时操作系统和强大的 CPU 计算能力，用来协调控制机顶盒各部分硬件设施，并提供易操作的图形用户界面。它可以支持几乎所有的广播和交互式多媒体应用，包括收看普通电视节目和数字加密电视节目、点播多媒体节目和信息、电子节目指南（EPG）、收发电子邮件、互联网浏览、网上购物、远程教育等。

数字电视机顶盒根据传输媒体的不同，可分为卫星数字电视机顶盒（DVB-S）、地面数字电视机顶盒(DVB-T)和有线数字电视机顶盒(DVB-C)三种。三种机顶盒的硬件结构主要区别在信道的解码和解调部分。目前应用较为广泛的是卫星数字电视机顶盒及有线数字电视机顶盒。常用的有线数字电视机顶盒的外观如图 5-8 所示。

图 5-8　常用的有线数字电视机顶盒外观

2. 数字电视机顶盒的原理

数字电视机顶盒的基本功能是接收从各种传输介质传输来的数字电视信号和各种数据信息,处理 MPEG-2 标准的数字音、视频信号,将其转换成为模拟电视信号。其原理框图如图 5-9 所示。

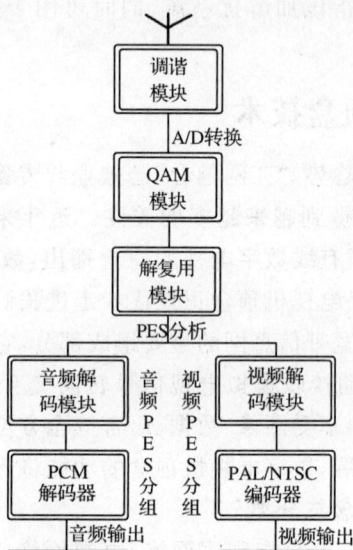

图 5-9　数字电视机顶盒原理框图

数字电视机顶盒的工作过程有以下几个步骤:

首先调谐模块通过天线接收到射频信号并下变频为中频信号,通过 A/D 转换为数字信号后送入 QAM 模块进行 QAM 解调,并输出 MPEG 传输流的串行和并行数据。然后解复用模块接收 MPEG 传输流数据,并从中抽出一个节目的数据流(PES),包括视频 PES、音频 PES、数据 PES。解复用模块包括一个解扰引擎,可对加扰的数据进行解扰,其输出是已解扰的 PES。接着,将视频 PES 送入视频解码模块,取出 MPEG 视频数据,并对 MPEG 视频数据进行解码,再输出到 PAL/NTSC 编码器编码成模拟电视信号,最后经过视频输出电路输出。音频 PES 送入音频解码模块,取出 MPEG 音频数据,并对 MPEG 音频数据进行解码,再输出到 PCM 解码器解码成立体声模拟音频信号,最后经过音频输出电路输出。

数字电视机顶盒硬件部分多采用模块化设计,一般可分为五个模块:接收前端模块,主模块,电缆调制解调器模块,音、视频输出模块和外围接口模块。如图 5-10 所示。

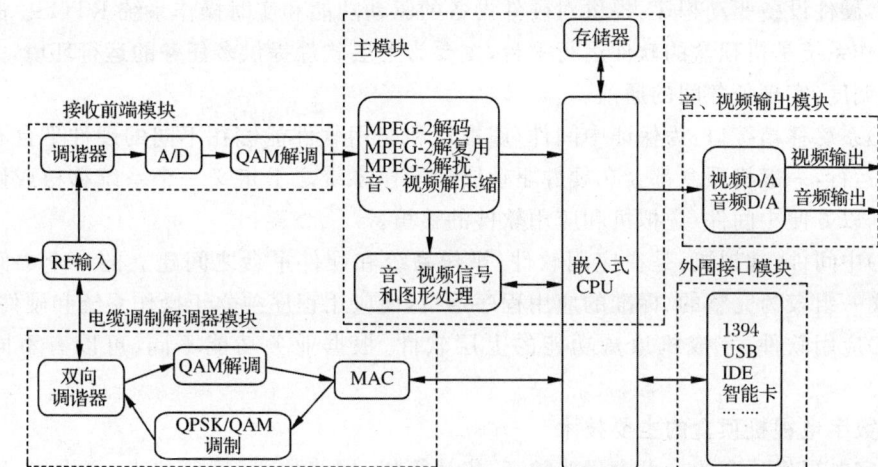

图 5-10　数字电视机顶盒硬件结构图

　　(1)接收前端模块包括调谐器、A/D 转换器和 QAM 解调器,该部分可以从射频信号中解调出 MPEG-2 传输流。

　　(2)主模块是整个数字电视机顶盒的核心部分,解码部分可对传输流进行解码、解复用、解扰等操作,而嵌入式 CPU 和存储器用来运行和存储软件系统,并对各个模块进行控制。

　　(3)电缆调制解调器模块由双向调谐器、QAM 解调器、QPSK/QAM 调制器和媒体访问控制(MAC)模块组成,该部分实现电缆调制解调的所有功能。

　　(4)音、视频输出模块对音、视频信号进行 D/A 转换还原出模拟音、视频信号,并在常规彩色电视机上输出。

　　(5)外围接口模块则提供了丰富的外部接口,包括高速串行接口 1394、通用串行接口 USB 等。

　　音、视频信号的解码由硬件实现,而机顶盒与个人计算机的互联以及与互联网的互联则由软件实现。在广播数字化后,在数字电视机顶盒技术中软件技术占有更为重要的位置。数字电视机顶盒软件结构图如图 5-11 所示。

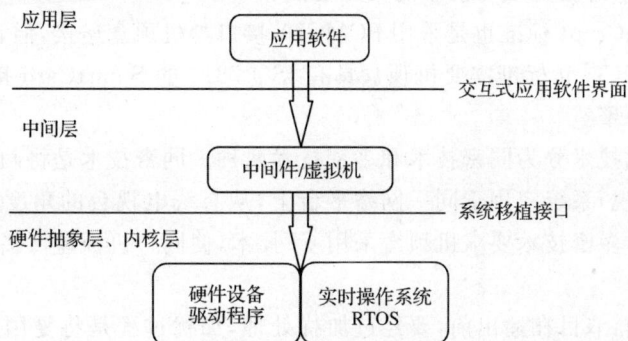

图 5-11　数字电视机顶盒软件结构图

数字电视机顶盒的软件主要包括以下几个部分：

（1）硬件设备驱动程序：提供对硬件设备的驱动功能和实时操作系统 RTOS。嵌入式实时操作系统是机顶盒的软件运行平台，主要为上层软件提供多任务的运行环境，完成任务间的调度，实现任务间的通信。

（2）系统移植接口：为保证中间件/虚拟机和应用软件能够在不同的硬件平台和操作系统上运行，一般机顶盒都会在硬件驱动层和操作系统之上定义一个系统移植或硬件接口函数，以方便中间件/虚拟机和应用软件的移植。

（3）中间件/虚拟机：是在应用软件、操作系统和硬件平台之间建立的一个中间层软件，定义一组较为完整的、标准的应用程序接口，使应用程序独立于操作系统和硬件平台。

（4）应用软件：完成机顶盒功能的上层软件，根据业务功能不同，可以有不同的应用软件。

3.数字电视机顶盒的主要技术

数字电视机顶盒的技术含量非常高，集计算机、网络技术、通信技术、多媒体、数字压缩编码、解扰算法和加解密算法于一身。这里主要介绍数字电视机顶盒的两个关键技术。

（1）中间件技术

中间件是一种将应用程序与底层的操作系统硬件细节隔开的软件环境，它通常由各种虚拟机构成，如 HTML 虚拟机、JavaScript 虚拟机、Java 虚拟机、MHEG-5 虚拟机等。数字电视机顶盒软件中间件的核心层模块包括 GDI 模块、SI 模块、文件系统模块、AV 模块、浏览器模块、系统模块等，它不仅能够为应用层提供与业务无关的应用软件接口，而且能够屏蔽上层软件模块对硬件的依赖性，构建一个软件平台适配层。

成熟的商用中间件产品有 OpenTV 的 EN2 产品，Liberate 的 TV、Navigator for DTV 产品，EnReach 的 EnReachTV for DTV 产品，Canal＋的 Mediahighway 产品和 Intellibyte 的 IB EPG、IB SI Manager、IB Browser 产品等。这些产品在市场上都占有一席之地，但彼此兼容性并不好，相关标准组织已经着手建立公开的中间件标准。

（2）机顶盒加解扰技术

机顶盒加解扰技术用于对数字节目进行加密和解密，目前，国际上有两种标准：

① OpenCable 定义的 POD 标准；② DVB 定义的 SimulCrypt 和 MultiCrypt 标准。

OpenCable 定义的 POD 标准是一个通过 PCMCIA 接口与机顶盒相连的模块，该模块除了解扰功能外，还要完成与前端的交互功能。

DVB 的 MultiCrypt 标准也是采用 PCMCIA 接口与机顶盒连接，但它只有解扰功能。

DVB 的 SimulCrypt 标准需要机顶盒具有 ISO 7816 的 SmartCard 接口，还需要机顶盒具有硬件解扰引擎。

机顶盒加解扰技术分为同密技术和多密技术两种。同密技术是将两家或两家以上的条件接收（有线电视）系统应用于同一网络平台上，从有线电视台的角度看是实现技术选择和竞争的环境。多密技术要求机顶盒采用 CI 技术，使同一机顶盒可接收不同有线电视系统的加密节目。

其工作原理为：节目在播出前，要经过加扰处理，加扰过程是将复用后的传输流与一个伪随机序列做模 2 相加，而这个伪随机序列的生成由控制字发生器提供的控制字

(CW)来确定,有条件接入的核心实际上就是控制字传输的控制。在 MPEG 传输流中,与控制字传输相关的两个数据流为授权控制信息(ECMs)和授权管理信息(EMMs)。由业务密钥(SK)加密处理后的控制字在 ECMs 中传送,其中还包括来源、时间、内容分类和价格等节目信息;对控制字加密的业务密钥在 EMMs 中传送,且业务密钥在传送前要经过用户个人分配密钥(PDK)的加密处理,EMMs 中还包括地址、用户授权信息、用户可以看到的节目或时间段、用户付的收视费等,用户个人分配密钥存放在用户的智能卡中。

5.1.4　EPG 系统

EPG (Electronic Program Guide)是电子节目菜单,IPTV 所提供的各种业务的索引及导航都是通过 EPG 系统来完成的,IPTV EPG 实际上就是 IPTV 的一个门户系统。EPG 系统的界面与 Web 页面类似,在 EPG 界面上一般都提供各类菜单、按钮、链接等可供用户选择节目时直接点击的组件;EPG 的界面上也可以包含各类供用户浏览的动态或静态的多媒体内容。

EPG 在美、欧等数字电视发展较早的国家和地区已得到了广泛的应用,成为数字电视的基本业务之一。据统计,在数字电视的各类业务中,EPG 的点击率最高,并逐渐成为数字电视中一个发展迅速的行业,也出现了如美国 TV Guide 等一批专业的 EPG 开发制作公司。实际上,EPG 已成为数字电视的重要标志,是观众进入数字电视和 IPTV 的门户。

EPG 的主要作用是用户利用 EPG 提供的菜单,可以选择自己喜欢的组播频道、点播自己喜欢的视频节目、在线演唱自己喜欢的歌曲等;查找 IPTV 提供的各种信息,包括生活信息、娱乐信息、教育信息、体育信息等;也可使用 EPG 提供的菜单来订购自己喜欢的节目,甚至可以通过 EPG 提供的菜单支付水费、电费,进行电子商务的交易等;还可以利用 EPG 菜单查看节目的附加信息,例如对节目内容、演员及导演的介绍等;同时,通过 EPG 菜单中提供的家长控制功能,家长可以对某些节目加以限制,不向孩子开放所有的观看权限。

EPG 为 IPTV 提供的基本业务(如 VOD 点播、KTV、歌曲等)及各种增值业务的使用提供了简单方便的操作平台,为 IPTV 用户收看电视节目、享受多媒体节目点播以及开展信息服务提供了一个良好的导航机制。使用 EPG 系统,可使用户能够方便快捷地找到自己关心的节目;使用 EPG 系统,用户通过电视机这个终端和 IP 机顶盒就可以登录互联网;更重要的是,使用 EPG 系统的用户就可以和电视机进行互动,这样用户就不再被动地接收信息,用户可以及时、主动地发表自己的意见和看法,并将这些意见和看法及时反馈给内容制作商。因此,EPG 在 IPTV 系统中起着十分重要的作用。

EPG 系统作为 IPTV 业务的门户系统,主要完成与用户的接口、用户命令的解析和交互,并将结果发回给用户,为用户消费提供指引,并使用户享受到 IPTV 服务。EPG 系统必须向用户提供高质量的用户体验服务,即可以快速响应各类操作;另外给用户提供简便的操作方式,使其适合各类人群操作。

EPG 系统的主要功能如下：

（1）节目单功能

频道化电视以"频道-时间"方式提供一段时间内的所有电视节目信息，实现业务浏览功能，通过节目单的方式展示 IPTV 提供的各种业务。

（2）节目播放列表功能

点播节目时从播放列表中选择要点播的节目，在节目播放列表中要包含节目的相关信息。EPG 系统的可选功能相当丰富，主要包括以下几项：

①节目附加信息功能：给出节目的附加信息，如节目情节介绍等；

②节目分类功能：按节目内容进行分类，EPG 系统必须支持用户对 VOD 节目根据节目的分类进行浏览，比如节目可以分为故事片、新闻片、爱情片、惊悚片、卡通片等；

③节目预订功能：在节目单上预约一段时间之后将要播放的节目，届时该节目将自动播放；

④家长分级控制功能：对节目内容进行分级控制，提供家长可以设置节目观看权限的控制界面；

⑤业务搜索功能：提供多种方式的业务搜索功能，如按主演、导演、片名和字数、ID、片名首字母等；

⑥业务导航功能：提供业务排行、业务推荐、最新更新等导航功能。

5.1.5　付费电视

随着有线电视系统的不断发展，不仅网络规模得到了空前的发展，节目源也有了很大程度的丰富。开发有线电视新的增值业务，充分发挥有线电视网络节目套数多的优势开展付费电视业务，不仅可以满足观众不同层次的需求，也可以大大降低有线电视系统的运营成本，进一步促进有线电视系统的发展。付费电视就是在有线电视台设立若干个收费频道，用户根据自己的兴趣和爱好选择一个或几个频道付费收看。相对于付费电视，含义更广的一类有线电视系统是有条件接收系统，即只有满足一定接收条件的用户才能收看某些特定的电视节目。随着付费电视业务的开展，传统的管理手段和方法已不能适应有线电视系统复杂的管理工作，为了促进有线电视向更高层次发展，有必要建立起一个有效的管理信息系统，以便高效地完成有线电视系统中用户管理、授权管理、加解扰管理、收费管理等日常工作。

国际上有条件接收系统的运行已有 30 多年历史，70 年代初美国开办以电影为主体的专门节目频道，付费后用户足不出户就能在电视机前欣赏到喜爱的影片；随后，新闻、天气预报、体育、音乐、儿童节目、电视购物等专门付费频道不断出现，使有线电视系统从纯商业广告经营方式转向采用节目分层次付费的运营管理方式。目前我国央视的大部分卫星电视节目均采用了数字压缩加扰技术，其接收对象主要是各地有线电视台。各地有线电视台接收到加扰节目后，将其解扰为 PAL 信号送入有线电视网络，对接收用户实行按月平均收费制度。

任何一种有条件接收系统所提供的业务都只限于授权用户使用。为了使只有付费用户（或称为授权用户）才能收看到想看的节目，就需要采取一定的措施使未付费用户无法正常收看付费电视节目。为此,必须在前端设置加扰系统对节目进行加扰,在终端根据对用户付费与否的识别来决定对节目是否予以解扰并设置相应的解扰装置。对一个有条件接收系统或付费电视系统的运营者来说,一个加解扰付费系统应具有以下三种基本功能:

(1)电视节目的加解扰功能

该功能取决于所选用的加扰方式。目前存在许多成熟的加扰方式,如模拟信号加扰方式、数字信号加扰方式、可寻址加扰方式和不可寻址加扰方式等多种方式,它们在安全性、可靠性、保密性、方便性以及性能价格比等方面各有优劣。

(2)系统运行和操作功能

系统的运行和操作通常由节目的加扰、授权、传输、收费和解扰等单元组成,用来确保加扰系统的安全性。在可寻址的加解扰系统中,该功能的目的是向接收端解扰器发送解扰所需的数据或密码,此密码包括用户地址码和密钥控制码,在解扰器中要通过解密装置对此密码解码。

(3)授权管理功能

该功能根据用户的交费情况控制系统的加扰、授权和解扰,对用户解扰器中的授权进行各种更换管理。根据需要,前端管理中心可向用户发送含有新授权和保密的管理信息,管理信息由管理密钥进行保护,授权管理信息的传送不需要与节目同步。

付费电视系统除了向其授权用户提供上述功能之外,还应提供灵活的付费方式。几种主要的付费方式如下:

(1)按户付费方式或称预定节目付费

这是最简单的一种付费形式,用户可以预定一段收看节目的时间,如一个月、一个季度或一年。对于有线电视系统用户来说,不论收看与否,均应向电视台、站付费。这种付费方式手续非常麻烦,而且也不够公平,但目前在没有采用加扰技术的有线电视台中,均采用这种方式。由于没有采用加扰技术,有时不但收不到收视费,而且容易被未授权用户盗用线路,连安装费也收不到。更为严重的是,由于线路的非法盗用,损坏了电缆线路及系统,影响了授权用户收看电视节目。在加扰的有线电视系统中,也可采用这种简单的付费方式。

(2)计时付费方式

这是一种按实际收视时间来付费的方式,适合即兴观众的收视付费。通常情况下,用来对电视信号进行加扰处理,在用户电视机的前面加入一个带计时的解码器,用来将已加扰的电视信号恢复成正常的电视信号。只要用户选通某信号频道,这个解码器即对已加扰的电视信号进行解扰,同时开始计时工作,并显示累计收视时间,收费员定期上门"抄表",依此向用户收费。这种付费方式虽然较合理,但难度很大,收费也很麻烦,不过对设备要求并不高,解码成本也很低。

(3)按次付费方式

用户每收看一次节目付费一次,可以预先付费,也可以即兴付费。

(4)准交互式付费方式

这种付费以单向有线电视系统为基础,电视信号在有线电视网前络端进行加扰,用户必须使用解码器才能收看到电视节目,每个用户的解码器都有一个固定的地址,用户在安装时由中心控制台设定,并且不能由用户改变,用户到指定地点交费后就可收看到电视节目。准交互式付费方式主要包括计户收费、计节目收费、计频道收费、计时收费等。

计费方式有两种:一种是解码器本身带有费用存储器,用户交费的数目由中心输入,并传送到用户的解码器中储存,解码器可显示费用的具体情况;另一种是解码器本身不带费用存储器,用户的交费由中心计算机存储并计费,用户通过电话向中心提出收视要求,中心自动应答,并向用户传出解码密钥,解码器开始工作并计费。

(5)交互式付费方式

这种付费以双向有线电视系统为基础,电视台控制中心的寻址计算机不断地循环发出注册用户的地址,用户开机收看时寻址计算机访问到该用户后,解码器将发出一个应答信号,将用户的状态参数通过电缆反馈到中心,用户受中心监视,并由中心计费,费用的具体情况由计算机传到用户解码器并显示出来。在双向多功能电视网络中,用户可在电视台用户网络中建立一个自己的账户,在家即可将自己银行账户上的钱款直接汇到电视台里自己的账户上,大大方便了收费。这是付费电视系统收费的最佳方式。

5.1.6 IPTV

IPTV 即交互式网络电视,是一种利用宽带有线电视网络,集互联网、多媒体、通信等多种技术于一体,向家庭用户提供包括数字电视在内的多种交互式服务的崭新技术。用户在家中可以有两种方式享受 IPTV 服务:(1)计算机;(2)网络机顶盒加普通电视机。IPTV 能够很好地适应当今网络飞速发展的趋势,充分有效地利用网络资源。IPTV 既不同于传统的模拟式有线电视,也不同于经典的数字电视。因为传统的模拟式有线电视和经典的数字电视一般都具有频分制、定时、单向广播等特点,尽管经典的数字电视相对于模拟式有线电视有许多技术革新,但只是信号形式的改变,而没有触及媒体内容的传播方式。

IPTV 是利用计算机或网络机顶盒加普通电视机完成接收视频点播节目、视频广播及网上冲浪等功能。它采用高效的视频压缩技术,使视频流传输带宽在 800 kb/s 时可以有接近 DVD 的收视效果(通常 DVD 的视频流传输带宽为 3 Mb/s),对今后开展视频类业务如互联网上视频直播、远距离视频点播、节目源制作等来讲,有很强的优势,是一个全新的技术概念。

传统电视播放存在的问题是单向广播方式,它极大地限制了电视观众与电视服务提供商之间的互动,也限制了节目的个性化和即时化。为了满足这些新技术的需求,IPTV应运而生。相对于传统的电视单播系统,IPTV 在电视系统的互动性、个性化及即时化都有了较大的提高。

IPTV 是利用宽带有线电视网络的基础设施,以家用电视机为主要终端电器,通过网络协议来提供包括电视节目在内的多种数字媒体服务。其特点表现为以下几点:

(1)用户可以得到高质量(接近 DVD 水平)的数字媒体服务。

(2)用户可有极为广泛的自由度来选择宽带 IP 网上各网站提供的视频节目。

(3)实现媒体提供者和媒体消费者的实质性互动。IPTV 采用的播放平台将是新一代家庭数字媒体终端的典型代表,它能根据用户的选择配置多种多媒体服务功能,包括数字电视节目、可视 IP 电话、DVD/VCD 播放、互联网游览、电子邮件及多种在线信息咨询、娱乐、教育及商务功能。

（4）为网络发展商和节目提供商提供了广阔的新兴市场。目前我国通信事业正在迅猛地发展，用户对信息服务的要求越来越高，特别是宽带视频信息，可以说中国已基本具备了大力发展 IPTV 的技术条件和市场条件。

IPTV 技术是一项系统技术，它能使音、视频节目或信号，以 IP 包的方式，在不同物理网络中，被安全、有效且保质地传送或分发给不同用户。它包括音视频编解码技术、音视频服务器和存储阵列技术、IP 单播和组播技术、IP QOS（服务质量）技术、IP 信令技术（如 SIP 技术）、内容分送网络（CDN）技术、数字版权管理（DRM）技术、IP 机顶盒与 EPG 技术、用户管理和收费系统技术等；它还涉及各种不同的宽带接入网络技术，如 Cable Modem（电缆调制解调器）网络技术、EPON（以太网络）技术和 ADSL（非对称数字用户环路）网络技术等。

IPTV 技术能提供将音、视频流媒体节目，如 IP 电视节目，从节目中心播出，并通过 IP 骨干网、IP 城域网和宽带接入网传输，直到被用户接收的端到端完整的技术解决方案。一个端到端的 IPTV 系统一般具有前端系统、传送网络、接收端等几个部分，如图 5-12 所示为 IPTV 系统结构图。

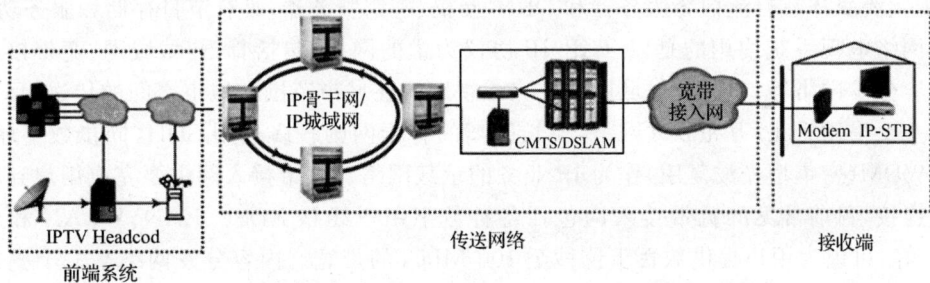

图 5-12 IPTV 系统结构图

IPTV 系统结构图中各部分的功能如下：

1.前端系统

IPTV 前端系统一般具有完成节目采集与节目存储和服务两种功能。

节目采集包含节目的接收（如从卫星、CATV 网络、地面无线和 IP/ATM 网络等接收节目）、节目的压缩编码或变换编码及格式化、加密和 DRM 打包及节目生成等。

节目存储和服务完成对经过节目采集程序处理后生成的节目进行大规模存储或播送服务。这里的播送服务不仅要将加密的音、视频流媒体节目以 IP 单播或组播的方式，从视频服务器播送出去，而且还要对用户或用户终端设备进行认证，并从 DRM 授权/密钥服务器向被认证的用户或用户终端设备传送 DRM 授权/密钥，使用户能够对已接收到的加密音、视频流媒体节目进行解密和播放。IPTV 所使用的 DRM 技术，与传统的条件接收技术相比，具有两个基本的不同点。其一，前者是对音、视频流媒体节目内容本身进行加密，而后者是对连接/传输层如 MPEG-2 系统复用层/流加密；其二，前者的 DRM 授权/密钥一般不与被加密的音、视频流媒体节目流一起传送，而后者的密钥如 ECM 必须与被加密的音、视频流媒体节目流一起传送。

2．传送网络

IPTV 系统的节目传送功能是由 IP 骨干网、IP 城域网、有线电视前端或电信中心站及相应的宽带接入网络完成的。对以 IP 单播或组播方式发送的音、视频流媒体节目流进行路由交换传输，是 IP 骨干网和 IP 城域网在 IPTV 系统网络中要发挥的基本作用。一般而言，IP 骨干网和 IP 城域网现有的路由器可以很容易地支持各种不同的 IP 单播路由协议，但它们中的许多必须通过升级方能支持 IP 组播路由协议。目前，各设备厂家普遍支持的 IP 组播协议是 IGMPV2。为了保证所传送的 IPTV 节目流的质量和实时收看性，IP 骨干网和 IP 城域网通常要采用不同的 IP QOS（服务质量）技术。此外，为了提高对 IPTV 节目流点播的响应和传输实时性，以及解决或减缓 IPTV 点播请求的冲击性和波动性对 IPTV 前端设计容量所造成的压力，IP 骨干网和 IP 城域网普遍采用了内容分送网络技术。IP 骨干网和 IP 城域网也可以采用不同的低层物理网（如千兆/万兆光以太网络）的方式提供传输服务。有线电视前端或电信中心站则根据相应的宽带接入网络，如 Cable Modem 网络或 DSL 网络，将 IP 音、视频流媒体节目流通过放在有线电视前端的 CMTS（电缆调制解调器）或电信中心站的 DSLAM（数字用户线路接入复用器）设备上，发送至 HFC 网络或 DSL 网络并传输到用户端。有线电视前端或电信中心站一般还配备音、视频流媒体节目流内容服务器和 DRM 授权/密钥服务器，具有节目存储和服务功能。

网络电视系统使用的是以 TCP/IP 协议为主的网络，包括骨干/城域网、宽带接入网和内容分发网络等。骨干/城域网主要完成视频流在城市范围和城市之间的传送，目前城域网主要采用千兆/万兆以太网络，而长距离的骨干网则较多选用 SDH（同步数字序列）或 DWDM（密集型光波复用）作为 IP 业务的承载网络。宽带接入网主要完成用户到城域网的连接，目前常见的宽带接入网包括各种数字用户线路 XDSL、LAN、WLAN 和双向 HFC 等，可以为用户提供数百千位秒至 100 Mbps 的带宽。内容分发网络是一个叠加在骨干/城域网之上的应用系统，主要作用是将位于前端的视频内容分别存放到网络的边缘，以改善用户获得服务的质量，减少视频流对骨干/城域网的带宽压力。

一般而言，网络电视系统的前端直接连接在骨干/城域网上，视频流通过内容分发网络被复制到位于网络边缘的宽带接入设备或边缘服务器中，然后通过宽带接入网传送到业务的接收端。由此可以看出，网络电视业务中的视频流传送实际上是通过分布在全网边缘的各个宽带接入设备或边缘服务器与前端部分共同完成的。

3．接收端

IPTV 用户终端设备被用来接收、存储、播放及转发 IP 音、视频流媒体节目。基本型 IPTV 用户终端设备的硬件没有内置电缆调制解调器（Cable Modem）或 DSL 调制解调器（DSL Modem），它只提供一个以太网络接口，与外部的 Cable Modem、DSL Modem 或以太网络 HUB 相接。集成式的 IPTV 用户终端设备则内置 Cable Modem 或 DSL Modem，可与 Cable Modem 或 DSL 宽带网络直接相连。高端 IPTV 用户终端设备还带有内置硬盘，可以提供 IPTV DVR 功能，甚至支持 IEEE 802.11 无线联网功能，能将受 DRM（数字内容版权加密技术）保护的 IP 音、视频流媒体节目无线传输给其他设备，如 PC 机等。一个 IPTV 用户终端设备必须带有 IPTV 系统所使用的包含 DRM 技术的客户端软件。为了使 IPTV 系统成为一个开放式的业务平台，IPTV 用户终端设备通常还使用了中间件软件。

网络电视系统的接收端包括了计算机、电视机、手机和其他智能终端设备。计算机设备包括了各种台式计算机以及各种可以移动的计算机，如 PDA（掌上电脑）等，此类设备的特点是自身具备较强的处理能力，不仅可以独立完成视频解码显示任务，同时还可以安装其他软件完成信息交互、自动升级和远程管理等功能，如浏览器和终端管理代理等。电视机一般仅具备显示各类模拟和数字视频信号的能力，目前市场上大多数的模拟电视机需要配备专门的数字视频处理设备，如机顶盒，才可以完成数字视频的显示工作。目前上市的数字电视产品可以接收基于 DVB 的数字电视信号，但对于网络电视业务来说仍然需要增加相应的功能。手机作为网络电视业务的终端显示设备必须具备处理和显示数字视频信号的能力，目前市场上出现的可以处理、显示动态画面的手机，由于其网络传输速率和视频解码处理能力的限制，还无法提供比较流畅的视频信号，因此在 3G 网络投入运营以及应用更为有效的编码方案后，手机会逐步成为网络电视的真正终端设备。

5.2　双向有线电视传输系统

5.2.1　双向有线电视网络的基本概念

原有的有线电视网络是一个广播式单向传输宽带信号的网络。利用广播信道构建的传输和分配平台称为广播平台。广播信道的基本结构通常由一个总前端和若干个分前端、一级和二级传输网、接入分配网等组成。

双向有线电视网络是通过建立双向的城域网和接入网为用户提供综合业务的双向传输系统。双向有线电视网络的基本结构通常由城域网、接入网、用户端等几部分组成，其逻辑结构示意图如图 5-13 的右边部分所示。

图 5-13 为单向 HFC 网络和双向有线电视网络的逻辑结构示意图，有线电视网络双向化改造以后，单向广播电视业务继续保持原有的 HFC 逻辑链路，双向业务路由和逻辑分层与采用的网络双向化改造技术相关。结构图主要部分作用如下：

(1)城域网：双向有线电视网络的城域网由两部分构成，第一部分为总前端和分前端构成的广播网络，第二部分为由 IP 网络核心路由、交换和传输以及汇聚路由交换构成的高速数据主干网络。广播网络一般采用星型或环型架构，能够提供数字和模拟电视广播功能；数据主干网络一般为网状联接，具有提供大容量高速数据路由交换、转发以及汇聚的功能。

(2)接入网：双向有线电视网络的接入网有两种基本结构，一种是基于光纤和同轴电缆的双向数据传输网络，另一种是基于光纤和五类线的双向数据传输网络。

(3)用户端：双向有线电视网络的用户端接入线路有两种类型，一类采用同轴电缆入户的接入类型，另一类是采用五类线入户的接入类型。

单向HFC网络	双向有线电视网络		

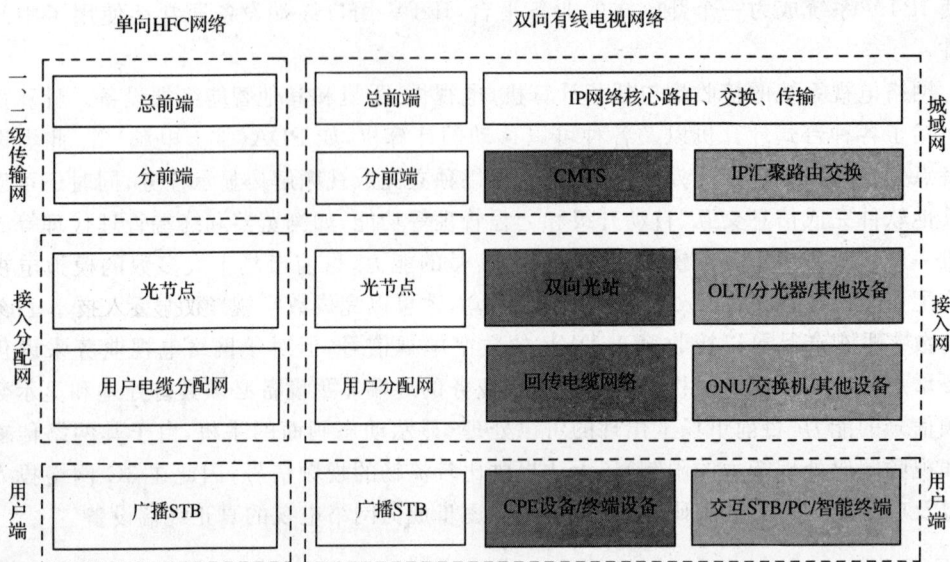

图 5-13 有线电视网络逻辑结构示意图

现简要介绍有线电视网络双向化改造技术。

鉴于有线电视网络中城域网的发展已基本定型,本文所指的有线电视网络双向化改造技术主要包括接入网光传输改造技术和用户接入改造技术两部分的内容。

有线电视网络双向化改造要通过建立回传通道以满足终端用户的双向化需求。目前,国内部分网络双向化改造采用了有线电视电缆调制解调技术、以太网接入技术、无源光网络技术及各种新的双向接入技术。从技术发展趋势上看,这些技术都是向 FTTH(光纤到户)发展的过渡技术,各地有线电视网络运营商可以根据现有网络基础、投资成本、技术成熟度、双向综合业务的发展规划等采用不同的网络双向化改造技术。

1. 接入网光传输改造技术

光网络传输技术,通常分为有源光网络(AON)和无源光网络(PON)两大类。有源光网络具备传输距离长、需供电、需维护等特点,有源光网络一般是基于点到点的网络拓扑结构,如 HFC 光网络、LAN 光网络等,有源光网络主要应用于干线传输网络和城域网。

无源光网络一般是基于点对多点的传输方式,多采用树型或星型(多级星型)的拓扑结构,是多用户共享系统。无源光网络具备拓扑结构简单、设备成本低、消除局端与用户端之间的有源设备等特点。由于 PON 技术的网络拓扑与有线电视网络的拓扑结构类似,无源光网络技术已经成为一种在广播电视网上应用的新技术。

2. 用户接入改造技术

有线电视网络双向化改造的用户接入技术种类较多,基本上可分为 HFC 网络用户接入技术、基于以太网协议的用户接入技术、其他用户接入技术等几类。这几类用户接入技术的共性为:广播电视业务可以通过同轴电缆传输,双向数据业务可以使用 IP 协议实现,且它们均支持电视广播、宽带互联网接入、语音服务、视频点播、网络游戏等业务。

（1）HFC网络用户接入技术

该类技术是基于HFC网络射频调制类用户的接入技术,系统一般通过数字调制技术实现双向数据信号和有线电视广播信号的混合共缆传输,用户端信号由相应的终端设备提取,从而实现基于有线电视同轴电缆的数据接入技术。大多数系统采用上、下行非对称信道的传输方式,采用QPSK或QAM等数字调制技术,目前,该类技术主要包括Cable Modem等接入技术。

（2）基于以太网协议的用户接入技术

基于以太网协议的用户接入技术是以以太网系列技术为基础的数据接入技术。该类技术的物理传输介质可以是普通的五类线,也可以是同轴电缆;数据传输可以使用基带传输接入技术,也可以使用调制传输接入技术。目前,基带传输接入技术主要包括以太网用户接入技术、EoC(通过同轴电缆传输以太网数据)等用户接入技术,调制传输接入技术主要包括BIOC(Broadcasting and Interactivity Over Cable)等用户接入技术。

（3）其他用户接入技术

其他用户接入技术是在电话线上网、电力线缆上网、无线上网的基础上发展起来的数据接入技术,该类技术正逐步在有线电视同轴网络上应用。目前,该类技术主要包括:HiNOC(High performance Network Over Coax)、Home PNA(Home Phoneline Network Alliance)、HomePlug(HomePlug Powerline Alliance)、MOCA(Multimedia Over Coax Alliance)等用户接入技术。

（4）光纤到户

光纤到户(FTTH),是指将光网络单元(ONU)安装在用户处。其显著技术特点是提供了更大的带宽且增强了网络对数据格式、速率、波长和协议的透明性。

随着数字技术、网络技术的快速发展和普及应用,目前世界广播影视正处在从模拟技术向数字技术全面转换的关键时期,各国政府正大力推进广播影视数字化,发展广播影视数字内容产业。在国内,相关行业已完成从模拟技术向数字技术的转换,具备了提供音、视频服务的能力,广播电视、通信、互联网等行业正处在融合、汇聚、转型过程中。随着广大人民群众物质文化和精神生活要求的提高,人们对交互电视业务的需求日益增加,相关行业正力图利用数字技术、采用各种方式进入传统的广播影视服务领域,收音机、电视机和银幕已不再是广播影视独享的接收和显示终端。技术与业务的不断融合导致传统的行业界限正在模糊,新兴产业群不断出现,开放与融合已成为当今技术发展的主流。信息传播正在从单向单一形态向双向多元形态、从资源垄断向资源共享、从自成体系向开放体系转变。与此同时,无源光网络等网络技术的飞速发展以及大量应用,用户终端宽带接入技术的层出不穷,都在极力促进全国各地有线电视网络双向化改造建设的发展。有线电视网络双向化改造可以为广大人民群众提供更为个性化、专业化、多样化的广播电视和信息服务,有利于国家信息化、社会信息化和家庭信息化的建设,是推进"三网融合"的有效途径。

"光进铜退"是有线电视网络宽带化、双向化的发展趋势,有线电视网络双向化改造应将光纤进一步向用户端推进,实现高可靠、高带宽、高承载力、可管理、可运营的目标。各地有线电视网络双向化建设应因地制宜地扩大光纤传输覆盖范围,基本实现光纤到楼,并逐步向光纤到户发展。接入分配网的双向化改造应依据各自的业务规划,充分利用入户线路的同轴电缆资源,采用适合当地的宽带双向接入技术,使有线电视网络具备承载模拟和标准清晰度数字电视节目、高清晰度数字电视节目、广播、视频点播、宽带数据接入、语音服务等多种业务的能力。

5.2.2 基于 HFC 的双向传输系统

1.宽带 HFC 系统

HFC 即 Hybrid Fiber-Coaxial 的缩写,是光纤和同轴电缆结合的混合网络。HFC 通常由光纤干线、同轴电缆支线和用户配线网络三部分组成,从有线电视台出来的节目信号先变成光信号在干线上传输,到用户区域后把光信号转换成电信号,经分配器分配后通过同轴电缆送给用户。它与早期 CATV 同轴电缆网络的不同之处在于,在干线上用光纤传输光信号,在前端需要完成电-光转换,进入用户区后要完成光-电转换。

宽带 HFC 系统的主要特点如下:

(1)传输容量大,易实现双向传输,从理论上讲,一对光纤可同时传送 150 万路电话或 2000 套电视节目;

(2)频率特性好,在有线电视传输带宽内无需均衡;

(3)传输损耗小,可延长有线电视的传输距离,25 公里内无需中继放大;

(4)光纤间不会有串音现象,不怕电磁干扰,能确保信号的传输质量。

同传统的 CATV 网络相比,HFC 网络拓扑结构也有些不同:

(1)光纤干线采用星形或环状结构;

(2)支线和配线网络的同轴电缆部分采用树状或总线式结构;

(3)整个网络按照光结点划分成一个服务区,这种网络结构可满足为用户提供多种业务服务的要求。

随着数字通信技术的发展,特别是高速宽带通信时代的到来,HFC 已成为现在和未来一段时期内宽带接入的最佳选择,因而 HFC 又被赋予了新的含义,特指利用混合光纤、同轴电缆来进行双向宽带通信的 CATV 网络。

HFC 网络能够传输的带宽为 750 MHz～860 MHz,少数可达到 1 GHz。根据原邮电部 1996 年意见,其中 5 MHz～42/65 MHz 频段为上行信号占用,50 MHz～550 MHz 频段用来传输传统的模拟电视节目和立体声广播,650 MHz～750 MHz 频段用来传送数字电视节目、VOD 等,750 MHz 以上的频段留着以后技术发展用。

有线电视宽带 HFC 接入网是有线电视综合业务开展的基础,利用双向 HFC 有线电视网络可以为广大用户提供大容量、高速度、高质量、高可靠性的交互式数据服务。同时,利用有线电视线缆可实现真正的有线电视、通信、计算机"三网合一",彻底解决信息高速公路"最后一公里"的问题。

比较典型的宽带 HFC 系统,其结构如图 5-14 所示,由前端设备系统、HFC 传输网络、光节点站设备、用户端接入设备、局域网接入五个部分组成。

典型宽带 HFC 系统的主要设备介绍如下:

(1)前端设备系统

前端设备系统包括有线电视信号源设备,头端系统,数据业务服务设备,Internet 接

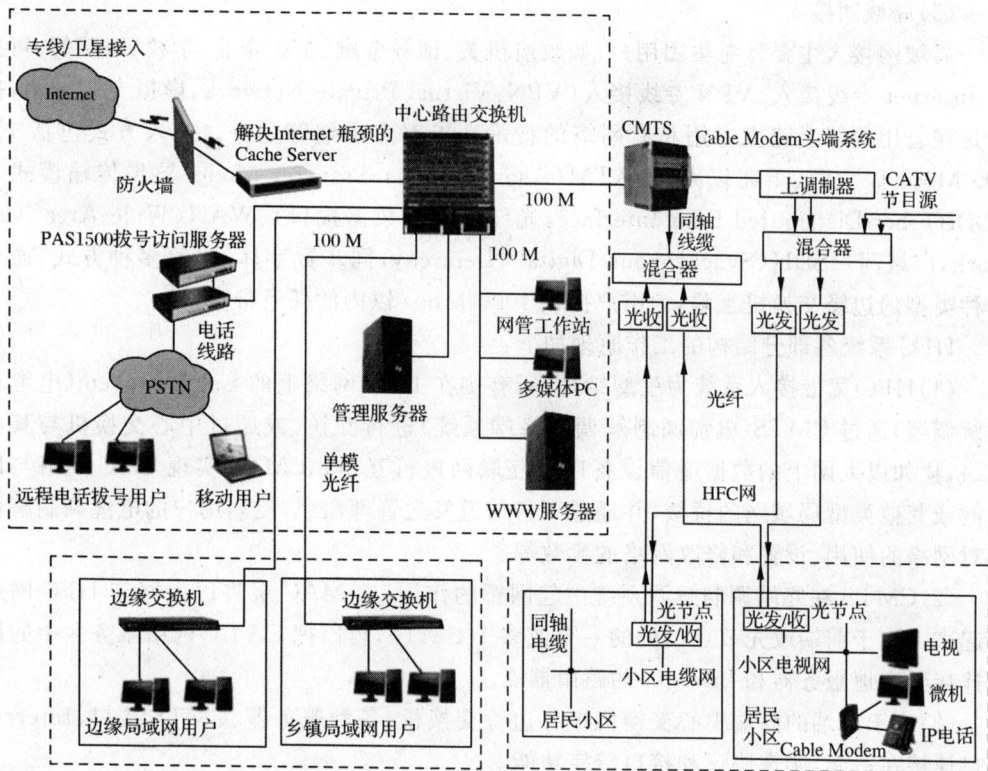

图 5-14　典型宽带 HFC 系统结构图

入系统，前端信号混合、分离及光端机设备等。有线电视信号源设备包括模拟电视信号源接收、处理设备（如模拟调制器等）和数字卫星电视接收与解码设备（如数字卫星电视接收机等）。头端系统包括电缆调制解调器（Cable Modem）头端设备（CMTS）、管理服务器。数据业务服务设备包括第四层（基于应用层）高端中心交换机、WWW 服务器、VOD 视频服务器、邮件服务器、网管服务器/工作站、多媒体工作站等。Internet 接入系统包括防火墙、Cache Server（Web 缓存服务器）、路由设备，可以通过路由器用 DDN、帧中继连接Chinanet/Internet 节点，也可以通过光纤、微波、卫星连接。前端信号混合、分离及光端机设备包括信号混合器、分离器、下行光发射机、光分路器、上行光接收机等。

（2）HFC 传输网络

HFC 传输网络由光纤传输主干线、同轴电缆传输支线、分配线以及电延长放大器组成。当光纤传输主干线用于长距离传输时，还应包括光放大器。

（3）光节点站设备

光节点站设备包括下行光接收机、上行光发射机、内置双向干线放大器等。

（4）用户端接入设备

用户端接入设备包括分配器、电视机、电缆调制解调器（Cable Modem）、用户 PC 机或机顶盒等。Cable Modem 分为 16MAC 地址的外置式 Cable Modem 和单地址的内置式 Cable Modem 两种，它们支持多种标准网络协议。

(5)局域网接入

局域网接入主要针对集团用户,如政府机关、证券金融、工矿企业、学校、医院等,可提供 Internet 专线接入、VPN 专线接入(VPN:Virtual Private Network,虚拟专用网络,指的是在公用网络上建立专用私有网络的技术)、点对点中继等业务。接入方式包括 10/100 Mbps 以太网、千兆以太网、ATM(Asynchronous Transfer Mode,异步传输模式)、FDDI(Fiber-Distributed Data Interface,光纤分布式数据接口)、WAN(Wide Area Network,广域网)、SDH(Synchronous Digital Hierarchy,同步数字体制)等多种方式,通过各种类型的边缘交换机互联,为用户提供 1000 Mbps 以内的任意带宽。

HFC 系统各部分结构的工作原理如下:

(1)HFC 宽带接入系统为星型结构,所有接在 HFC 网络上的 Cable Modem(电缆调制解调器)通过 CMTS(电缆调制解调器终端系统)进行互访,或通过中心交换机与其他网络,比如以太网上的数据通信设备以及互联网进行互访。CMTS 实现 HFC 网络与以太网或其他类型局域网的桥接,并通过下行信道发送管理命令,控制用户的电缆调制解调器对网络的使用、设置和修改网络的参数等。

(2)CMTS 在终端调制解调系统中起网桥的作用,在 MAC 层将以太网与 HFC 网连接起来。位于前端或光节点站处的一个或多个 CMTS,可以把 CATV 网络服务区中的用户连接到本地服务器和 Internet 的路由器上。

(3)位于前端的高端中心交换机把各边缘交换机、各种服务器、CMTS 接口、Internet 接口连接在一起,实现协议和接口转换功能。

(4)位于前端的网络管理服务器/工作站控制所有的 CMTS 和电缆调制解调器,并对系统中所有配套的设备进行管理,如路由器、本地服务器、用户 PC 机等。

(5)前端路由器实现本地网与互联网的互联,防火墙把本地网和互联网进行隔离。

(6)拨号访问服务器实现远程电话用户及移动用户对本地网的访问。

(7)VOD 视频服务器和 WWW 服务器,实现视频点播服务及 WWW 服务。

(8)边缘交换机实现集团用户局域网与本地网间的互联。

(9)用户电缆调制解调器将用户 PC 机接入 CATV 网,提供 PC 机和 CMTS 之间的双向通信。电缆调制解调器也有桥接功能,可以连接到本地以太网的集线器上。

(10)位于前端的下行光发射机和上行光接收机以及光节点站处的下行光接收机和上行光发射机,实现下行/上行信号的光/电信号转换和光信号的发送和接收。

电缆调制解调器接入系统是有线电视宽带网络建设的基础,也是基于有线电视资源的增值服务。利用有线电视双向 HFC 网络可以使数据在 DOCSIS 1.0/1.1 标准中达到下行 38 Mbps(PAL 制式为 52 Mbps)、上行 10 Mbps 的传输速率,让每个 Cable Modem 用户享受宽带的优势。

2.CM+CMTS 组网

CM(Cable Modem,电缆调制解调器)是连接 HFC 和用户终端的设备,完成数据转发、协议处理和射频调制解调等功能。CMTS 即电缆调制解调器终端系统,是管理控制 CM 的设备,其配置可通过 Console(控制)接口或以太网接口完成,其配置内容主要有下行频率、下行调制方式、下行电平等。下行频率在指定的频率范围内可以任意设定,但为了不干扰其他频道的信号,应参照有线电视的频道划分表选定在规定的频点上。下行调制方式的选择应考虑信道的传输质量,此外,还必须设置 DHCP、TFTP 服务器的 IP 地址,CMTS 的 IP 地址等。上述设置完成后,如果中间线路无故障,信号电平的衰减符合要求,则启动 DHCP、TFTP 服务器,就可在前端和 CM 间建立正常的通信通道。

CMTS 设备中的上行通道接口和下行通道接口是分开的,使用时需经过高、低通滤波器混合为一路信号,再通过混合器与有线电视信号一同送入 HFC 网络中。在实际使用中,也可简单地使用分支分配器完成信号的混合,但因为这些器件的隔离度较差,可能会对 CMTS 设备内部的上、下行通道产生一定的干扰。

一般来说,CMTS 的下行输出电平为 110~121 dBμV,接收的输入电平为 44~86 dBμV,CM 接收的输入电平为 45~75 dBμV,上行输出电平为 68~118 dBμV(QPSK)或 68~115 dBμV(16QAM)。上、下行信号在经过 HFC 网络传输后,到达设备端口的电平值应满足这些要求。CMTS 和 CM 间的通道建立后,可使用简单网络管理协议(SNMP)进行网络管理。SNMP 是一个通用的网络管理程序,对于不同厂家的 CMTS 和 CM 设备,需将厂家提供的管理信息库(MIB)文件装入 SNMP 中,才能管理相应的设备。

CMTS 技术基于 HFC 网络,以数字调制方式传送数据及音、视频信号,向用户提供宽带 IP 接入服务。CMTS 接入支持各种 IP 宽带业务,如互联网接入,局域网互联,IP 语音、视频、数据,多媒体应用等宽带 IP 增值业务。CMTS 是数据网和 HFC 网之间的连接设备,主要完成数据转发、协议处理和射频调制解调等功能。CM+CMTS 组网结构示意图如图 5-15 所示。

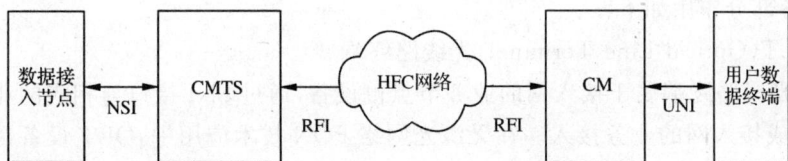

图 5-15 CM+CMTS 组网结构示意图

CM 技术是专门为有线电视网络设计的,主要有 3 个标准,分别是美国 MCNS 制定的 DOCSIS 标准(北美对 CM 产品的一种标准)、欧洲 DVB、DAVIC 联合制定的 DVB-RCC 标准和 IEEE 制定的 802.14 标准。目前主要使用的是 DOCSIS 标准。

CMTS 接入的优点有:

(1)在网络线路达到标准的前提下,其性能稳定、安装方便、使用简单,不需要在用户家庭重新布线;

(2)技术标准及产品比较成熟,在欧美和国内都已经大量使用;

(3)广播电视网络的 CMTS 业务在达到一定的接入率时具有明显的成本效益;

(4)CMTS 业务利用现有的 HFC 网络资源,具有覆盖广、成本较低的特点,可以面向全市用户开展业务,能够迅速发展用户,抢占宽带接入市场份额。

CMTS 接入的缺点是:

(1)上行的漏斗效应导致噪声汇聚,对传输性能和带宽影响较大,将增加相关维护工作量。因此,对于一些网络状况较差的地区,CMTS 上行端口只能采用较小的上行带宽

和较低的调制方式,以免导致 CMTS 下行通道传输速率有限;

(2)在用户数量多,接入率高的情况下,用户所能得到的带宽非常有限,所以只能进行浏览型业务,对带宽超过 1 Mbps 的流媒体业务已经表示难以承受。受网络状况影响,CMTS 上、下行带宽和调制方式受限制,没有完全有效地使用电缆的带宽资源。

5.2.3 基于 EPON 的双向传输系统

1. EPON 技术

EPON(Ethernet Passive Optical Network)是指以太网无源光网络,EPON 技术本身是一种多业务的提供平台,可以为不同要求的用户提供数据、语音、CATV 等多种业务服务。EPON 系统具有组网灵活、扩展性强、安全、可靠、高效、维护方便等优点。

EPON 系统主要由 OLT 光线路终端、ODN 光分配网络、ONU/ONT 光网络单元三部分组成,其结构如图 5-16 所示。

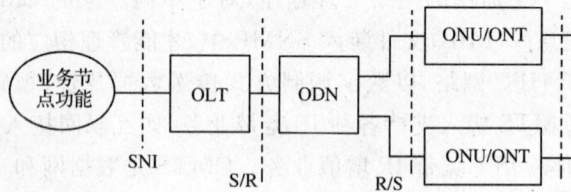

图 5-16　EPON 系统结构

图中各部分作用如下:

(1)OLT(Optical Line Terminal)光线路终端

OLT 光线路终端属于接入网的业务节点侧设备,通过 SNI 接口与相应的业务节点设备相连,完成接入网的业务接入。在无源光网络 PON 技术应用中,OLT 设备是重要的局端设备,它可以实现的功能是:①与前端(汇聚层)交换机用网线相连,将信号转化成光信号,用单根光纤与用户端的分光器互联。②实现对用户端设备 ONU 的控制、管理、测距等功能。③OLT 设备和 ONU 设备一样,也是光电一体的设备。

(2)ODN (Optical Distribution Network)光分配网

ODN 光分配网是基于 PON 设备的 FTTH 光缆网络,其作用是在 OLT 和 ONU 之间提供光传输通道。

(3)ONU (Optical Network Unit)光网络单元

一般把装有包括光接收机、上行光发射机、多个桥接放大器在内的网络监控设备叫作光网络单元。在 EPON 系统中主要完成以下功能:

①选择接收 OLT 发送的广播数据;

②响应 OLT 发出的测距及功率控制命令,并作相应的调整;

③对用户的以太网数据进行缓存,并在 OLT 分配的发送窗口中向上行方向发送。

(4)ONT (Optical Network Terminal)光网络终端

该设备的网络地位与 ONU 相同。IEEE 802.3 定义了以太网的两种基本操作模式:

①第一种模式采用载波侦听多址接入/冲突检测(CSMA/CD)协议,应用在共享媒

质上；

②第二种模式为各个站点采用全双工的点到点链路,通过交换机连接到一起。

相应的,以太网 MAC(媒介访问控制)地址可以工作于这两种模式之一。

EPON 的性质是共享媒质和点到点网络的结合。在下行方向,拥有共享媒质的连接性,而在上行方向,其行为特性就如同点到点网络。EPON 系统组网如图 5-17 所示。

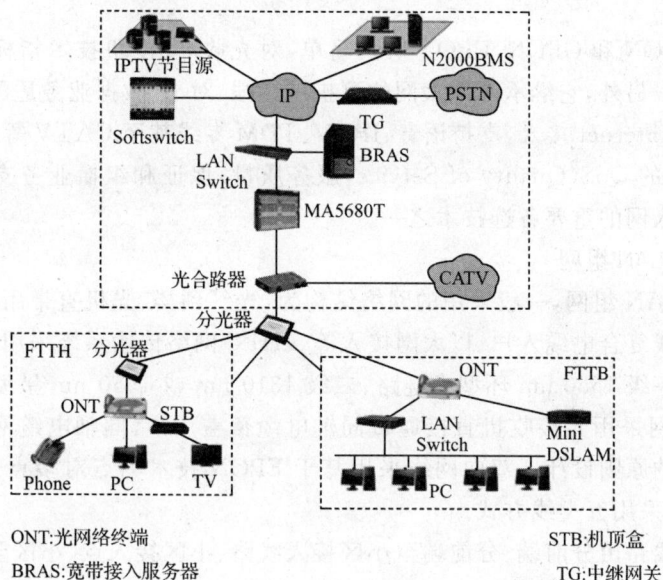

图 5-17　EPON 系统组网

在下行方向,EPON 的特性是 OLT 发出的以太网数据经过一个 1∶N 的无源光分路器或几级分路器传送到每一个 ONU(光网络单元),N 的典型取值为 4～64(被可用的光功率预算所限制)。这种行为特征与共享媒质网络相同。

在上行方向,EPON 的特性是由于无源光合路器的方向特性,任何一个 ONU 发出的数据包只能到达 OLT(光线路终端)而不能到达其他的 ONU。EPON 在上行方向上的行为特点与点到点网络相似,但是不同于一个真正的点到点网络。在 EPON 中,所有的 ONU 都属于同一个冲突域——来自不同的 ONU 的数据包,如果同时传输,依然可能会引起冲突。因此在上行方向,EPON 需要采用某种仲裁机制来避免数据冲突。

在物理层,IEEE 802.3—2005 规范采用单纤波分复用技术(下行为 1490 nm,上行为 1310 nm)实现单纤双向传输,同时定义了 1000 BASE-PX-10 U/D 和 1000 BASE-PX-20 U/D 两种 PON 光接口,分别支持 10 km 和 20 km 的最大传输距离。在物理编码子层,EPON 系统继承了吉比特以太网的原有标准,采用 8B/10B 线路编码和标准的上、下行对称 1 Gbit/s 数据速率(线路速率为 1.25 Gbit/s)。

在数据链路层,多点 MAC 控制协议(MPCP)的功能是在点到多点的 EPON 系统中实现点到点的仿真,支持点到多点网络中多个 MAC 客户层实体,并支持对额外 MAC 的控制功能。MPCP 主要处理 ONU 的发现和注册,多个 ONU 之间上行传输资源分配、动态带宽分配,统计复用的 ONU 本地拥塞状态汇报等。

EPON 利用下行广播的传输方式,高效传输下行视频广播/组播业务。EPON 还提供了一种可选的 OAM(Operation Administration and Maintenance,操作管理和维护)功能,提供了一种诸如远端故障指示和远端环回控制等管理链路的运行机制,用于管理、测试和诊断已激活 OAM 功能的链路。此外,IEEE 802.3－2005 规范还规定了特定的机构扩展机制,以实现对 OAM 功能的扩展,并用于其他链路层或高层应用的远程管理和控制。

相对于 BPON 和 GPON,EPON 协议简单,对光收/发模块技术指标要求低,因此系统成本也较低。另外,它继承了以太网的可扩展性强、对 IP 数据业务适配效率高等优点,同时支持高速 Internet 接入,支持语音、IPTV、TDM 专线甚至 CATV 等多种业务综合接入,并具有很好的 QoS(Quality of Service,服务质量)保证和组播业务支持能力,是目前建设高质量接入网的重要备选技术之一。

2.EPON＋LAN 组网

EPON＋LAN 组网,一般采用的网络结构为:光纤到楼、光机直带用户、EPON 传输、同轴电缆五类线复合电缆入户、以太网接入等。HFC 网络传输系统采用 860 MHz 频带,拓扑结构采用一级 1550 nm 环型光链路、二级 1310 nm 或 1550 nm 星型光链路的结构,楼栋以下接入网采用光接收机直接通过同轴电缆覆盖用户,同轴电缆网络采取"单向传输、集中接入"的原则设计。双向网络采用基于 EPON 技术的点对多点光以太网传输技术,楼栋至用户采用五类线方式。

接入网的线路由分前端、分前端至小区接入线路、小区接入点、小区至楼栋接入线路、楼栋接入点、楼栋至用户终端接入线路、用户终端等组成。

组网根据光链路拓扑结构不同分为 1550 nm＋1310 nm 和 1550 nm＋1550 nm 叠加(1550 nm＋Δ)两种方式,系统组网示意图分别如图 5-18 及图 5-19 所示。

举例说明:对于一个 500 户小区模型来说,结构示意图如图 5-20 所示,各部分结构分别描述如下:

(1)分前端部署光发射机、光放大器等 HFC 传输设备和汇聚交换机、OLT 等数据传输设备,实现 HFC 下行广播信号的传输和小区双向数据业务信号的汇聚。主要有两部分功能:一级光路保护、广播信号放大分配和本地信号插入;一级光路保护模块采用光切换开关实现一级光链路光信号的保护。广播信号放大分配模块根据分前端覆盖范围的大小进行具体设计,本地信号插入模块采用射频插入和光插入两种方式将本地信号插入到广播电视信号中。

(2)分前端至小区接入线路,分配 12 芯光纤,平均距离为 3000 至 5000 米。分前端至小区接入点的光纤用量计算方法是,按照双纤三波的组网方案计算。每 60 户作为一个楼栋光接入点,分配 1 芯光纤作为数据传输用,每 8 个楼栋光接入点分配 2 芯作为数字电视信号传输用,按 20% 计算冗余,最后再按 4 的倍数取值。对于一个 500 户小区,数据传输使用 8 芯,数字电视信号传输使用 2 芯,冗余为 2 芯,共计 12 芯。

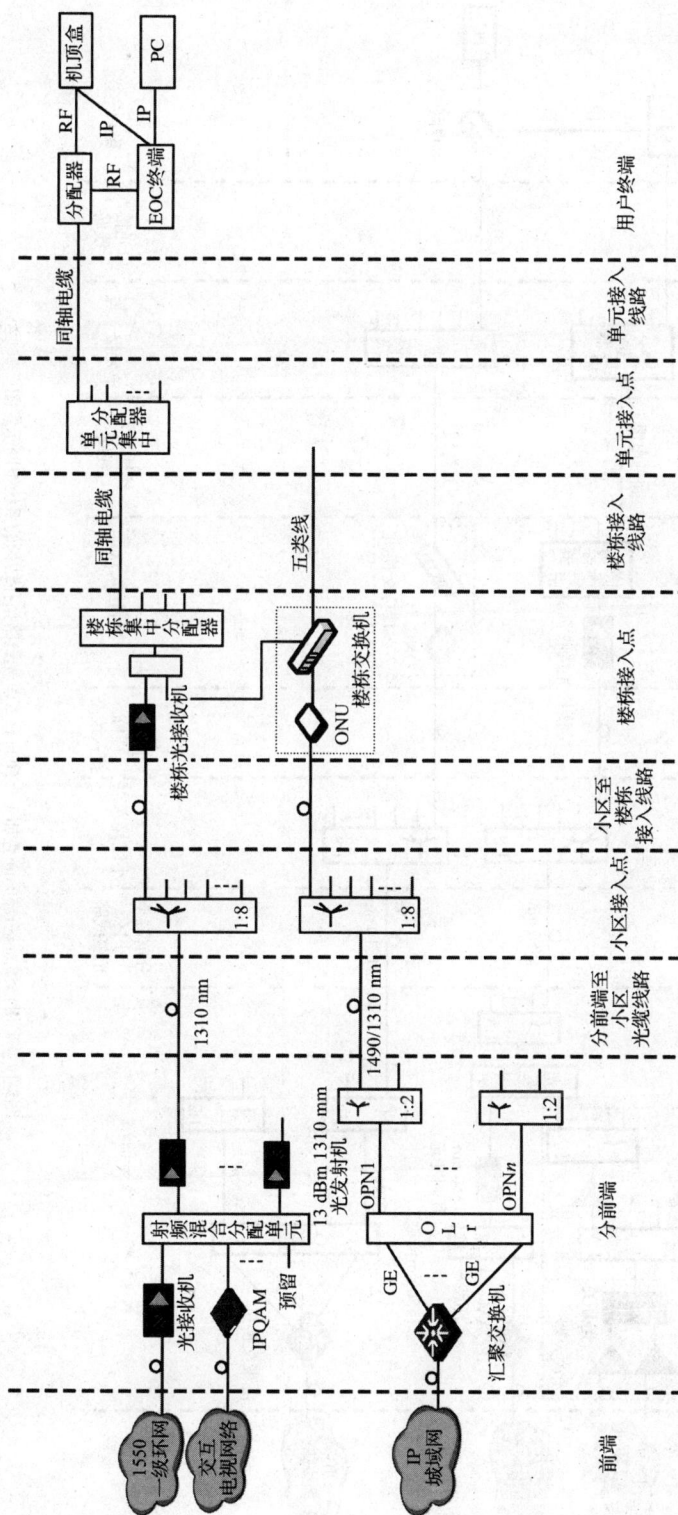

图5-18 采用1550 nm+1310 nm光链路拓扑结构的系统组网示意图

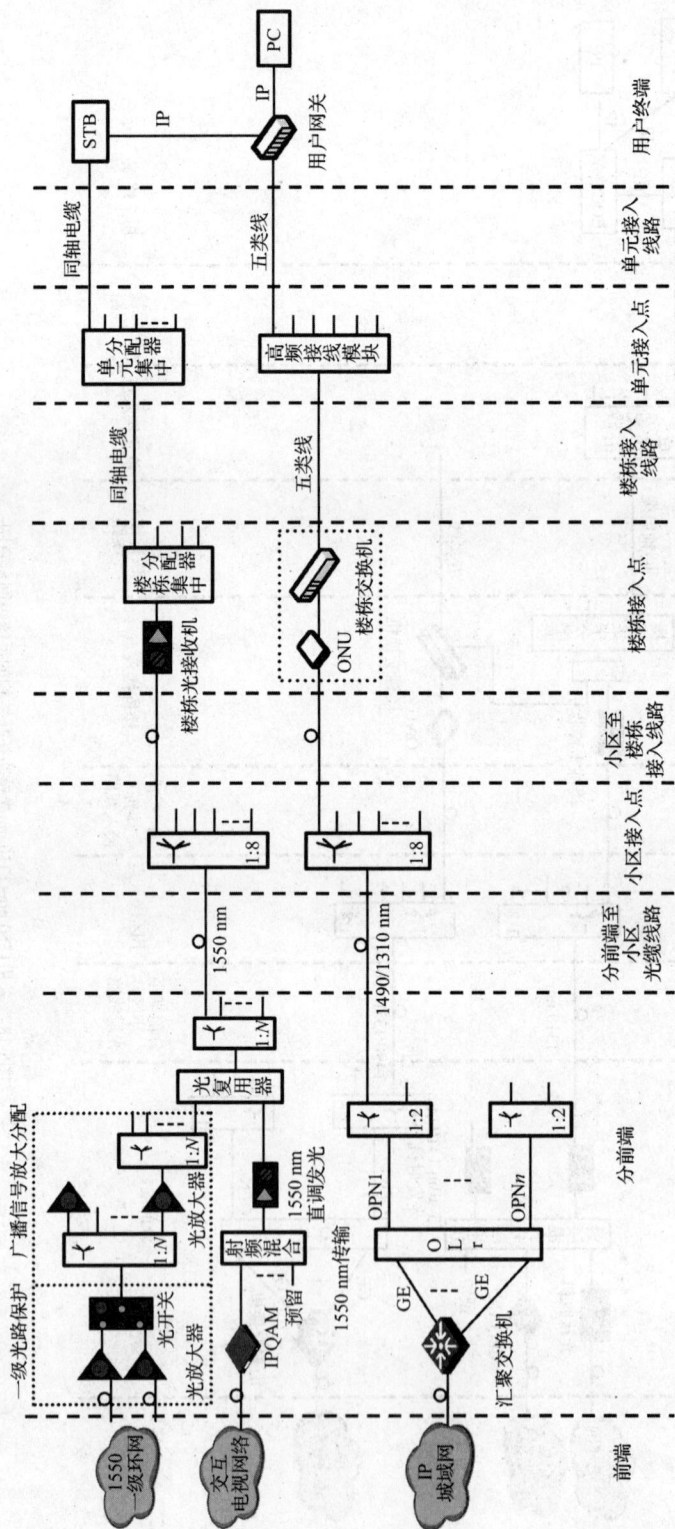

图5-19　采用1550 nm+1550 nm叠加（1550 nm+Δ）光链路拓扑结构的系统组网示意图

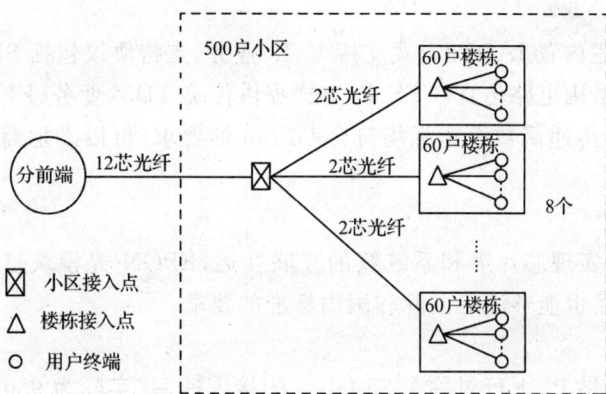

图5-20 500户小区应用案例模型图

（3）小区接入点对应小区机房，其中放置光交接装置和本地插入、汇聚设备，对主干光缆和小区分配网光缆进行接续、分配和调度，并实现本地信号的插入以及满足业务发展到一定阶段分前端汇聚设备的下移要求。无小区机房时，采用光交接箱部署。

（4）小区至楼栋接入线路，布放2芯室外光缆，平均距离为200～300米。

（5）楼栋接入点放置楼栋设备箱，对进楼光信号进行光电转换和分配后，覆盖单元接入点，楼栋接入点覆盖用户数不超过60户。楼栋设备箱由箱体和楼栋光接收机、ONU、交换机、高频模块、熔接单元、供电设备及附件组成，楼栋设备箱采用一体化设施，有效利用箱体空间。有源设备采用本地220 VAC供电方式。

（6）楼栋接入点至单元接入点布放同轴电缆和大对数电缆。

（7）单元接入点对电信号进一步分配，实现HFC射频信号的分配，并实现大对数电缆和入户五类线的对接，覆盖最终用户。单元接入点覆盖用户数为8～16户。

（8）单元接入点至用户终端布放同轴电缆和五类线的复合电缆。

（9）用户终端，为用户提供综合业务的线路接口，向用户提供射频和以太网接口。

EPON＋LAN组网的特性如下：

（1）多业务支撑

①视频业务

860 MHz带宽的HFC系统可以承载近500套的直播标清电视节目，采用IPQAM方式实现标清/高清的VOD点播。按照每500户小区配置24个频点的IPQAM设备来计算，并发率可达到40%（200套节目）。EPON系统承载下行点播页面数据和上行点播信令的传输。

②数据业务

EPON系统可以实现完善的宽带接入，主要表现在：EPON系统和楼栋交换机的用户速率控制技术可以实现对用户接入带宽的控制；用户在二层网络的相互隔离，可以保证对业务的控制，并防止广播风暴的发生。

③语音业务

ONU 设备采用内置 IAD 的方式支持 VoIP 业务,支持协议包括 SIP 和 H. 248 两种。另外,EPON 能够采用电路仿真(CESoP)方式提供传统 TDM 业务(E1)的接入能力,其时延、抖动容限、抖动传递函数等指标均符合 G. 703 的要求,可以满足商业客户对 E1 专线接入的要求。

(2)技术成熟度

EPON 设备已实现芯片级和系统级的互联互通,EPON 光模块已经非常成熟,生产厂商较多,相关产品也能够满足国际和国内标准的要求。

(3)带宽速率

EPON 能够提供上、下行对称 1.25 Gbps 的接入速率(实际为 950 Mbps),2.5 Gbps 速率的 GPON 产品日渐成熟,10 Gbps 速率的 EPON 标准也正在制定中。

EPON 系统的户均带宽与 OLT 覆盖 ONU 数以及 ONU 下挂交换机端口数有关。虽然 EPON 的 950 Mbps 是共享带宽,但比 DOCSIS 3.0(北美对 Cable Modem 产品的一种标准)的 300 Mbps 宽很多。

(4)可靠性

双网结构采用无源光网络接入技术,其中 HFC 系统通过楼栋光接收机直接带用户,EPON 系统的信号从 ONU 输出后经五类线覆盖用户。这样避免了外部设备的电磁干扰和雷电对线路和小区机房有源设备的影响,减少了设备故障率,提高了系统可靠性。

(5)网络安全

EPON 系统与 HFC 系统都是基于分配-分支拓扑结构的,两者完全可以同路由传输。因此,两个系统在光缆物理路由上同缆不同芯,电缆物理路由上共享传输管道,而逻辑上 EPON 系统与 HFC 系统完全独立,两者信号相互不受影响。

EPON 设备采用 AES 128 或三重搅动的加密方法保证 PON 接口下行数据安全,组播业务采用 VLAN 进行业务权限控制。

(6)网络管理

楼栋光接收机预留了基于 SNMP 的网管应答器,网管数据通过 IP 通道传输。IEEE 制定的 EPON 标准提供的是可选 OAM 网管功能,包括远端故障指示、远端环回、链路监控和 OAM 能力发现。随着产品功能的进步,EPON 网络管理系统已经比较完善,能够实现设备和业务配置、故障、性能、安全等管理功能,可以满足现代网络的应用要求。

(7)可持续发展

可持续发展主要体现在 EPON 系统的可升级能力上。现有系统可通过减小系统分光比或提高 EPON 上联带宽容量来扩大用户接入带宽。待 GPON 或 10G EPON 成熟产品推出后,可大幅度扩大系统带宽。

3. EPON＋EoC 组网

EoC(Ethernet over Coax)是同轴电缆上的以太网,EPON＋EoC 是在同轴电缆上传输以太网数据信号的一种技术,主要将机房传送至小区或大楼的宽带数据信号通过电缆向用户传输,满足用户端多业务的高带宽需求。信号的传输方式分为基带和调制两种,EoC 主要分为基带 EoC 和调制 EoC 两种。

基带 EoC 一般为无源设备,基于 IEEE 802.3 相关的一系列协议,将以太网数据信号和有线电视信号采用频分复用技术在同一根同轴电缆里传输。它适用于集中分配的小区,一般情况下数据信号必须传输到楼栋。因此,基带 EoC 技术无法适用于网络中普遍存在的树型网络。

调制 EoC 利用正交频分复用(OFDM)等技术在头端把以太网信号调制到某个频段上,然后再耦合到同轴电缆上传输,在用户端通过类似于 Cable Modem 的设备终端对调制在同轴电缆上的信号进行解调处理,再恢复成基带信号并通过以太网接口向用户提供服务;同时,也将用户的回传信号进行调制加载到同轴电缆上传输到头端,即实现了通过同轴电缆传输以太网信号的过程。由于采用了先进高效的调制方式以及错误校验技术,物理层速率远远超出了无源 EoC 能够提供的带宽,对未来用户高带宽的接入需求提供了有力的支持。

调制 EoC 能克服基带 EoC 的缺点,具有传输距离远,能跨越放大器、分支分配器,较高带宽,支持 QOS,支持集中网管等优点。调制 EoC 又可细分出很多技术,如 MOCA、HomePNA、HomePlug、Wi-Fi 等。

EoC 系统作为光纤到小区(FTTC)或光纤到大楼(FTTB)的最后一段电缆传输,可将光纤收发器、PON 的终端 ONU 作为上联汇聚设备。调制 EoC 技术的价格比 CMTS 技术要低得多。

EoC 技术方案由三部分设备构成:局端设备(命名为 GW-2)、中继设备(命名为 GW-P)、终端设备(包括串口 EoC 终端即 CM-V 和网口 EoC 终端即 CM-I)。每个部分的功能如下:

(1)局端设备(GW-2)

局端设备一般部署于光节点(在 EPON 网络结构中,一般部署于 ONU 单元处),可单独支持数字电视交互业务或互联网宽带业务,也可同时支持两类业务。与光网络的双向通信采用 EPON 或光纤收/发器技术;在相应的网口 EoC 终端或串口 EoC 终端之间采用相应的调制、解调技术和链路层控制协议,实现点到多点的双向通信。

(2)中继设备(GW-P)

中继设备一般部署于线路上的各级放大器处,用于解决单向放大器对反向信号的隔离问题,并用于对数据信号进行放大中继。

(3)终端设备

终端设备部署于用户处,通过射频线缆和用户盒接入有线网,用于对局端设备(GW-2)传输的数据信息进行分离、解调并送至业务终端设备(计算机、机顶盒等),并对业务终端设备的数据进行调制后送至有线网。

具体系统组网如图 5-21 所示。

该方案的主要特点如下:

(1)串口 EoC 终端价格低廉,运营商能够以赠送的方式进行交互业务终端的普及,适合于全网双向平移。

(2)运营商可以根据实际情况,参照电信运营商经营数据业务的方式发展与宽带 EoC 终端相关的业务,从串口 EoC 技术到网口 EoC 技术可以平滑升级。

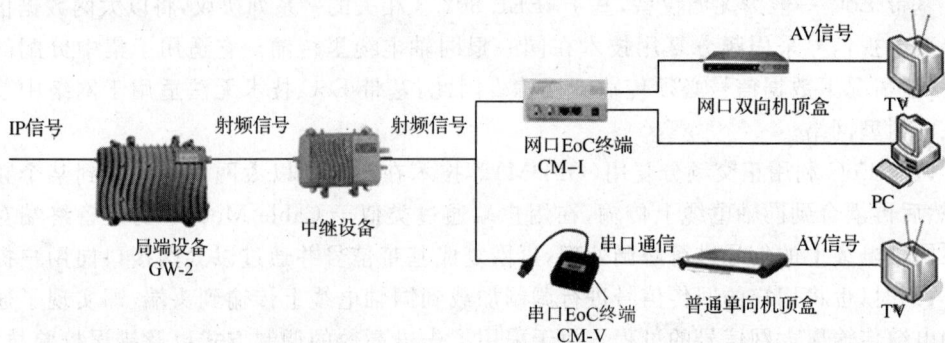

图 5-21　EoC 系统组网

（3）串口 EoC 终端与机顶盒通过串口进行通信，一般单向机顶盒的硬件配置都可以满足要求，节省了机顶盒的成本；与串口 EoC 终端配合的机顶盒互动中间件对机顶盒资源要求低，通常 4M Flash＋16M RAM 即可。

（4）串口 EoC 终端还可以应用于已发放的单向机顶盒（软件集成后，通过 Loader 升级软件），避免了已实施整体转换的运营商重复投资。

（5）不同的业务采用不同的 EoC 终端，便于安装，可以避免入户的走线问题。

EPON＋EoC 组网一般采用的网络结构为：光纤到楼、光机直带用户、EPON 传输、同轴电缆入户、EoC 接入等。HFC 网络传输系统采用 860 MHz 频带，拓扑结构采用一级 1550 nm 环型光链路、二级 1310 nm 或 1550 nm 星型光链路的结构，楼栋以下网络采用光接收机直接通过同轴电缆覆盖用户，同轴电缆网络采取集中接入的原则设计。双向网络光链路采用 EPON 传输技术，楼栋以下网络采用基于同轴电缆传输以太网信号的 EoC 传输技术。

接入网线路由分前端、分前端至小区接入线路、小区接入点、小区至楼栋接入线路、楼栋接入点、楼栋至用户终端接入线路、用户终端等组成。

EPON＋EoC 组网与 EPON＋LAN 组网在网络结构要求上总体一致，前者不同于后者之处如下：

（1）楼栋接入点放置楼栋设备箱，箱内配置楼栋光接收机、ONU、EoC 头端等设备，楼栋接入点覆盖用户数平均为 60 户。EoC 头端上联到 ONU，输出信号混入无源同轴电缆信号传送到用户。有源设备采用本地 220 VAC 供电方式。

（2）楼栋接入点至单元接入点布放同轴电缆。

（3）单元接入点对电信号进一步分配，实现 HFC 射频信号的分配，覆盖最终用户。单元接入点覆盖用户数为 8～16 户。

（4）单元接入点至用户布放同轴电缆。

（5）用户信息终端，用于为用户提供综合业务的线路接口。同轴电缆和五类线双线入户时，向用户提供射频和以太网接口；同轴电缆单线入户时，向用户提供射频接口，并通过 EoC 终端提供以太网接口。

可以以 1550 nm＋1310 nm 光链路结构的系统为例，参见图 5-18 所示的系统组网。

5.3 有线电视综合业务网络

5.3.1 基本业务

有线电视系统的基本业务主要包括以下六个部分：

(1)卫星电视节目；

(2)当地电视台节目；

(3)当地微波电视信号；

(4)其他有线电视网传输过来的电视节目；

(5)自办电视节目；

(6)自办或转播的音、视频节目。

接收或产生这些节目信号的设备共同组成了有线电视系统的信号源部分，各个系统功能如下：

(1)用于开路广播电视信号接收的高增益接收天线

为了接收中央、省、地、市台向空中发射的广播电视节目，有线电视台必须要有高质量的电视接收天线和调频广播接收天线(通常是多单元强方向性的八木天线)。

(2)用于卫星电视信号接收的卫星地面接收系统

为了接收中央电视台和部分省级电视台通过卫星转发的电视节目以及中央人民广播电台通过卫星转发的调频广播节目。

(3)用于自办电视节目的自动播出系统

自动播出系统包括多台摄像机、电影电视设备、播放设备、字幕机、切换矩阵、自动播出控制系统以及演播室、转播车等。

(4)用于其他有线网传送信号接收的相应设备

其具体组成取决于传送方式，如采用微波，则需要微波接收天线和下变频器；如采用光纤，则需要光纤接收机；而如果采用数字光纤传送，则除了光纤接收机外，还需要有将数字信号转化为模拟音、视频信号的专门设备。

(5)用于微波电视信号接收的微波接收天线和微波接收机

用于接收FM广播节目的天线、接收机和用于自办FM节目的立体声放音设备、播出控制设备。

5.3.2 增值业务

信息技术的飞速发展为有线电视运营商提供了前所未有的机遇。通过对传统电视网络的双向改造，"三网合一"系统增值业务主要有VOD视频点播系统、信息服务系统、证券服务系统和电子商务服务系统等，可实现接收模拟电视、数字电视及卫星电视节目，能实现快速浏览Internet、收发电子邮件、拨打IP电话等其他增值服务功能。"三网合一"系统基于双向HFC有线电视网络，实现了数据、视频、语音同网传输，向用户提供了一个统一的宽带多媒体接入平台，为有线电视运营商实现快速增值业务提供了强有力的支持。

系统可根据运营商的不同需要进行设计,适应各种规模的应用要求。具体的增值业务分为如下几个部分:

(1)高速 Internet 接入、E-mail

网内用户利用终端接入产品(机顶盒/电缆调制解调器),通过前端代理服务器可以高速访问 Internet 和收发电子邮件。从而充分发挥有线电视网的宽带优势,为用户提供优质优价的服务。

(2)IP 电话

该增值业务符合 MGCP 和 H.323 标准,可实现网内用户间的 IP 电话通信;在政策允许时,可与外部电话网关相连,实现广泛的 IP 电话业务。

(3)VOD 视频点播系统

该系统是一种新兴的传媒方式,集合了视频压缩、多媒体传输、计算机与网络通信等技术,是多领域交叉融合的技术产物,可以为用户提供高质量的视频节目、信息服务。用户可按照自己的需要,在电脑或电视上自由地点播远程节目库中的视频节目和信息。

(4)数字电视广播(包括数字音频广播)

数字电视广播提供高质量的标准清晰度数字电视节目,包括本地实时压缩编码节目和卫星数字转发节目、准视频点播(NVOD)、准音频点播(NAOD)、立体声音乐频道、加密付费数字电视业务(PAY-TV)等。

(5)准互动电视

数据信息广播技术用互动应用软件实现,以图文并茂的界面表现形式将信息推送到用户端机顶盒。

可提供的功能服务栏目有多媒体杂志、电视节目指南(EPG)、信息咨询、电视游戏等。其中多媒体杂志可提供内容丰富的新闻信息、娱乐快讯、彩票信息、图书天地等;电视节目菜单可提供一周内数字电视节目时间查询和内容简介;信息咨询提供实时股票行情信息、气象预报等;电视游戏可提供益智类、运动类和幼儿类游戏等。同时还可以根据具体内容,扩展为房产广场、生活服务、休闲娱乐、人才市场、音乐商店、热门音乐、音乐视听天地等栏目。

(6)双向互动电视

通过在技术平台上增加双向通信设备,利用内置 Cable Modem 的机顶盒来实现真正意义上的信息互动。实现诸如电视上网、电视邮件、按次付费数字电视(PPV 和 IPPV)等业务,同时可以扩展到电视商务、在线游戏、远程教育、在线竞猜、家庭银行、视频点播等,以及与 IP 电话功能融合,真正实现三网融合业务。

(7)电视彩信

电视彩信是非常重要的增值业务,它是把彩信内容(照片、文字)通过有线电视网、互联网或电信网发送,用户无论是使用电视机、计算机,还是手机,都可以接收到这些信息。它可以使任何人在任何时间、任何地点接收到第一时间的各种信息。

电视彩信,是手机彩信与数字电视结合的产物,是电信增值业务与数字电视增值业务的融合体。它改变了人们传统的生活方式,更加人性化地将有线电视网、互联网、电信网有机地结合在一起,开创了三网融合的先例,它必将引领一个新的时代潮流。

(8)时移电视

时移电视(TSoC)是指观众在观看 DVB 数字电视节目时,可以随时按暂停或后退/快进键,也可以选择几天前的电视节目。时移电视彻底颠覆了原有看电视的方式,给观众带来了全新的收视体验;也使得数字电视成为真正的"我的电视",摆脱了时间的束缚,顺应了现代人越来越快的生活节奏。该业务具有投入小、见效快、受众广、运营简单、长期有效提高用户 ARPU 值(平均每用户每月收入)等特点,是广电运营商改变业务模式,提高收入,并借以切入其他交互电视业务的首选。

时移电视的组网结构如图 5-23 所示。

时移电视组网的功能特点如下:

①支持无限制的时移节目数、无限长的时移时间、多码率并行的时移录制;

②标准配置:按 28 套时移节目设计,每套节目为 7×24 小时时长;

③高清时移:如开展高清时移电视业务,采用高清转码器,将 MPEG-2 的高清节目转换为 H. 264 码流。

(9)互动广告

互动广告作为一种广告活动,具备以下四个条件:内容主题、受众、时间、媒介或载体。离开其中任何一个条件都构成不了互动广告。互动广告作为一种广告手段是符合人类自然沟通行为的一种双向沟通理念,区别于传统的广告方式。

现今,互联网是互动广告最大且最为普遍的媒介或载体,所以我们通常又称之为"网络广告""网络营销"等。所以,互动广告往往是通过网站或网络广告条等终端展现在我们面前的。

互动广告采用了先进的互动传播新技术,采用了更加合理的互动传播模式,突破了时间和空间的限制,使信息传播无论在量上还是在速度上都远远超过了传统广告。同时,提升了消费者接收或传播广告信息的便利性、低成本性和时效性。互动广告的特点如下:

①广告表现更生动;

②时效性更强,效率更高;

③无限的接触时间或空间;

④信息内容与形式的个人化;

⑤精准地投放与效果测量;

⑥可实现广告效果直接转化为销售额。

(10)SP/CP

SP(Service Provider 服务提供商),通常是指在移动网内运营增值业务的社会合作单位。它们建立与移动网络相连的服务平台,为手机用户提供一系列信息服务,如娱乐、游戏、短信、彩信、WAP、彩铃、铃声下载、定位等。

CP(Content Provider 内容提供商),通常是指为电信运营商(包括固定网、移动网、互联网或其他数据网运营商)提供内容服务的社会合作单位。CP 的内容来源一般有两类:一类是本单位自行开发制作的;另一类是依法或依约定从某些版权拥有者处获得转授权或邻接权的,比如音乐、歌曲、影视作品等。

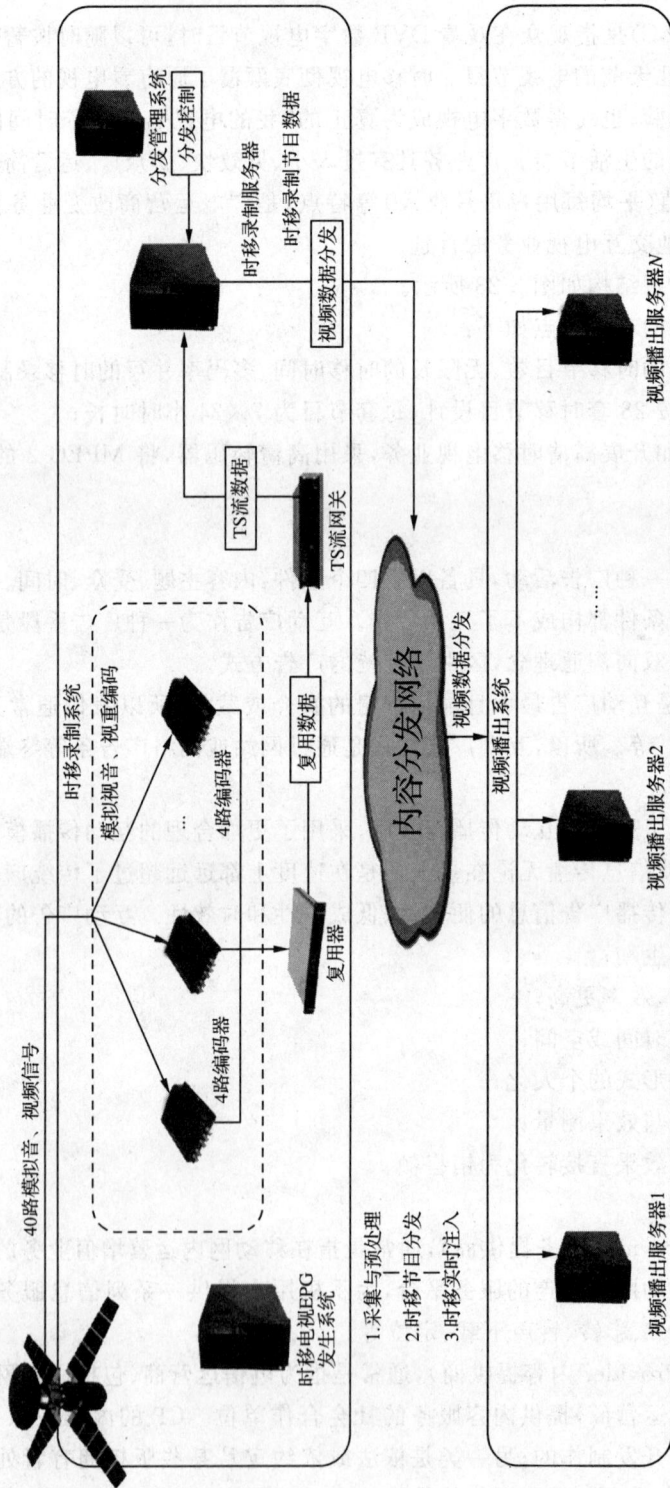

图5-23 时移电视组网结构

在运营商以及内容提供商的双重压力下,SP 如何找到出路是一个很重要的问题,而 SP 和 CP 融合就是其中的一种。因此,SP 向 CP 融合的核心思路就是 SP 要加强对内容资源的重视和把握。因为,只有有了丰富的内容资源,才能更好地与运营商合作,并在合作中取得更为有利的位置;而且自身拥有内容资源,将使 SP 日后有能力更快捷地为用户提供更丰富的内容,并在未来比较成熟的行业竞争环境中脱颖而出。拥有原创内容资源的 CP 和具有业务创新、资源整合能力的 SP 的融合发展,将是大势所趋。

知识梳理与总结

本章的主要内容是有线电视的现代网络技术及其应用,具体涉及 3 个方面,包括:有线电视新技术、双向有线电视传输系统、有线电视综合业务网络。

1.首先介绍了几种关键的有线电视技术,主要包括数字电视技术、加解扰技术、数字电视机顶盒技术、EPG 系统、付费电视、IPTV 等。

(1)数字电视技术:介绍了数字电视的含义、数字电视与模拟电视的对比、数字电视的弱点等;

(2)加解扰技术:介绍了有线电视加解扰系统的工作原理及特点、模拟信号的加扰方式、数字信号的加扰方式、加解扰系统的相关技术和加解扰技术性能评价因素等;

(3)数字电视机顶盒技术:着重介绍了数字电视机顶盒的工作原理、硬件组成结构、软件系统结构等;

(4)EPG 系统:介绍了其概念、原理、功能特点等;

(5)付费电视:介绍了其业务特点、收费方式等;

(6)IPTV:介绍了 IPTV 的技术原理、系统结构等。

2.在双向有线电视传输系统部分,首先介绍了双向有线电视网络的基本概念和基于 HFC 的双向传输系统,然后较详细地介绍了与双向有线电视传输相关的网络技术,如宽带 HFC、CMTS、EPON 等。

(1)宽带 HFC:介绍了 HFC 的结构、原理、系统组成、性能特点等;

(2)CMTS:介绍了 CMTS 的概念、工作原理、优缺点等;

(3)EPON:介绍了 EPON 的概念、网络结构、工作原理、系统组成,以及 EPON＋LAN、EPON＋EoC 的结构原理和特点等。

3.在有线电视综合业务网络部分,主要介绍了网络的基本业务和增值业务等。

(1)基本业务:介绍了基本业务及其系统中的信号源设备;

(2)增值业务:介绍了 VOD 视频点播、双向互动电视、时移电视、SP/CP 等特色增值业务的功能特点及系统原理等。

思考与练习题

5-1 填空题

1.广播电视安全播出责任事故主要是由_____、_____、_____造成的。

2.广播电视设施管理单位,应当在广播电视设施周围设立_____,标明_____要求。

3. 衡量系统线性失真的主要指标有_____和_____,如果系统回波指标不合格,在图像上表现出的主观效果是_____。

4. 完整的 CATV 网络由前端、光纤干线、电缆支干线和分配网组成,根据国标 GB 6510－96 的要求,其主要指标是:_____＞43 dB,_____＞55 dB,_____＞55 dB。

5. 国标 GY/T 106－1999 规定,有线电视系统上行频带范围是_____,下行频带范围是_____。

6. 我国国家标准 GB 7041 对图像质量的评价采用_____标准。

7. 我国 CATV 光纤同轴混合网 HFC 根据光纤延伸的位置可以分为如下三种结构:_____、_____和_____。

8. HFC 光网络设计中,光链路总损耗主要包括光连接器损耗、光纤损耗、光纤熔接损耗、_____、分光器附加损耗和系统设计余量。

9. 我国有线数字电视标准 GB/T 17975.1－2000 规定,PSI 节目特定信息能使机顶盒进行自动配置,PSI 信息由四类信息表组成,具体有:_____、_____、_____和_____。

10. 我国有线数字电视音视频编码格式采用_____格式,有线数字前端信号基本流程为:编码、_____、加扰、_____。

11. 数字电视信道编解码及调制解调的目的是通过纠错编码、网格编码、均衡等技术提高信号的抗干扰能力,通过调制把传输信号放在载波或脉冲串上,为发射做好准备,我国有线数字电视调制方式是_____,一个 PAL-D 制通道传输数据的速率为_____。

12. 数字电视节目传输流即 TS 流,其分组长度分为两种,分别是_____字节和 204 字节。

13. 光网络设计中,1310 nm 传输损耗为_____,1550 nm 传输损耗为_____。

14. 在 CATV 网中进行电视信号远距离传送和多节点分配的网络设计时,目前广泛应用 1550 nm 波段的光放大器是_____。

15. EDFA 在 CATV 系统中根据所处位置和作用不同常有三种工作模式,一是_____,二是_____,三是_____。

16. 有线电视数字化后,通过 SDH 数字同步序列技术实现远距离传输。SDH 中最基本的模块为 STM-1,传输速率是_____或_____。

17. ITU 规定的 OSI 七层模型,从下往上依次是:物理层、数据链路层、_____、传输层、_____、表示层和应用层。

18. 数据网根据覆盖距离分,可分为:局域网、_____和广域网三种。

19. 目前主流的有线电视 HFC 双向接入网络改造技术包括:_____、EPON＋EOC 和 EPON＋LAN 技术。

20. 数据通信中,通过 IP 地址来进行寻址,目前的 IPv4 体系中,IP 地址有 32 位二进制,一个 IP 地址包括_____和_____。

5-2 什么是数字电视?有什么特点?

5-3 画出 SDH(STM-N)帧结构图,简要说明 SDH 的四种基本设备类型。

5-4 阐述什么是数字电视机顶盒。

问题1:数字电视的优势和缺点有哪些?

答:

数字电视主要有以下优势:

(1)现有模拟电视频道带宽为8 MHz,只能传送一套普通的模拟电视节目。采用数字电视后一个频道内就传送1~8套数字电视节目(随着编码技术的改进,传送数量还会进一步提高),电视频道利用率大大提高。

(2)清晰度高、音频效果好、抗干扰能力强。在同样覆盖范围内,数字电视的发射功率要比模拟电视小一个数量级。

(3)可以实现移动接收、便携接收及各种数据增值业务,可以实现视频点播等各种互动电视业务,还实现加密/解密和加扰/解扰功能,保证通信的隐秘性及实现收费业务。

(4)系统采用了开放的中间件技术,能实现各种交互式应用,可实现与计算机网络及互联网等的互通互联。

(5)易于实现信号存储,且存储时间与信号的特性无关,易于开展多种增值业务。

(6)由于保留了现有模拟电视视频格式,用户端仅需加装数字电视机顶盒即可接收数字电视节目,利于系统的平稳过渡,减少消费者的经济负担。

但是数字电视并不是完美无缺的,它同样存在着一些弱点。例如在取样过程中,量化误差、压缩编码所带来的信号损伤,在节目制作及传输过程中的贯通延迟等。

问题2:什么是加解扰技术? 为什么要采用加解扰技术?

答:所谓的"加扰"是指在有线电视节目发送之前,从其某些特性出发对其进行处理,使在接收端没有得到授权的用户无法看到清晰的图像。所谓的解扰就是加扰的逆过程,它是将被加扰过的电视信号恢复到原来的状态。

采用加解扰技术是为了应对在有线电视系统的经营管理上存在的收费难、费用流失严重、网络安全性差、管理手段落后等问题,所以需要在有线电视网络中应用加解扰技术。

问题3:什么是双向传输技术?

答:有线电视系统一般是由中心通过电缆将电视信号传送到用户端,但也可以采用特殊的手段将信号从用户端传送到中心,这就是双向传输技术。由中心向用户端传输叫"下行",由用户端向中心传输叫"上行",上行信号的频率为5~30 MHz。干线放大器利用分隔滤波将上、下行信号分开,分别放大,向两个方向传输。有线电视实现双向传输并不困难,但如何使用还有待研究。

问题4:模拟信号的加扰方式有哪几种?

答:模拟加扰方式中通常有两种类型,一类是扰频方式,它是通过改变电视信号的结构来防止未授权用户收到清晰信号的,它主要包括基带视频信号处理方式及模拟信号的数字加扰方式等。而另一类是非扰频方式,相对于扰频方式来说,非扰频方式不对信号做任何处理,而是通过某一固定的处理装置让电视信号的信噪比变差甚至消失,使未授权用户无法接收到电视节目来防止非法视听,它主要包括陷波器方式和射频加扰方式等。

问题 5:与模拟信号的加扰方式相比,数字信号的加扰方式有哪些优缺点?

答:数字信号加扰方式是对数字电视信号实施加解扰的技术方案,它与模拟信号数字化处理的加扰方式不同,其加扰后的信号不再转换为模拟形式,而是直接通过数字信道传输,解扰也是对数字信号直接进行。此类加扰方式破译难度大,安全性高,加解扰过程不会引入图像的损伤,但成本较高。

第 5 章的中英文名词注释如下:

DAB(Digital Audio Broadcasting):数字信号广播,一种新型的音频广播技术。

ASIC(Application Specific Integrated Circuit):大规模集成芯片。

plain text:明文,指在数据传输或存储时未经任何处理的原始数据。

cipher text:密文,只在数据传输或储存时经过处理的不能直接表达原始意思的数据。例如某设备的登录密码为 123456,那么以明文方式存储的密码为 123456,以密文方式存储的密码可能为 234567,但不能为 123456。

ASCII(American Standard Code for Information Interchange):美国信息互换标准代码,基于拉丁字母的一套电脑编码系统。

MPEG(Moving Pictures Experts Group/Motion Pictures Experts Group):动态图像专家组,有时也常指多媒体文件的存储格式。该专家组建于 1988 年,制定的多媒体文件格式标准主要有 MPEG-1、MPEG-2、MPEG-4、MPEG-7 及 MPEG-21 等。

DCT(Discrete Cosine Transform):离散余弦变换,是一种数学运算方法。

Huffman:哈夫曼编码方式,该编码方式是 Huffman 于 1952 年提出的。

I-Pictures:帧内编码图像。

B-Pictures:双向预测编码图像。

Transport Layer:传输层,计算机通信国际标准七层模型的第四层,工作在网络层之上,用于计算机间的标准化通信。

HDTV(High Definition Television):高清电视,技术源于 DTV(Digital Television)数字电视技术,HDTV 技术和 DTV 技术都是采用数字信号,而 HDTV 技术属于 DTV 技术的最高标准,拥有最佳的视频、音频效果。

CATV(Community Antenna Television):有线电视网络,原指 75 Ω 的同轴电缆传输网络。

VOD(Video On Demand):视频点播技术。

VBI(Vertical Blanking Interval):场消隐期,也称场逆程,VBI 数据广播是将计算机中各种格式的数据插入电视节目的场逆程中,让这些数据随电视信号一同播出,从而形成的一种信息传送方式。

BPSK(Binary Phase Shift Keying):双相键控型相位调制,是模拟信号转换成数据值的转换方式之一。

PRBS(Pseudo-Random Binary Sequence):伪随机二进制数序列。

STB(Set Top Box):机顶盒,其中 DVB-S 为卫星数字电视机顶盒,DVB-T 为地面数字电视机顶盒,DVB-C 为有线数字电视机顶盒。

EPG(Electronic Program Guide):电子节目指南。

A/D:模数转换,即模拟信号转换为数字信号。

D/A：数模转换，即数字信号转换为模拟信号。

QAM(Quadrature Amplitude Modulation)：正交幅度调制，是一种数字调制方式。

QPSK(Quadrature Phase Shift Keying)：正交相移键控，是一种数字调制方式。

PES(Packetsed Elementary Streams)：数字电视基本码流。音、视频及数字信号经过MPEG-2 编码器进行数据压缩，形成基本码流，即 ES 流，ES 流再打包形成带有包头的码流，即 PES 码流。

PAL/NTSC：PAL 和 NTSC 都是电视广播的一种制式。

PCM：脉码调制，由里弗斯于 1937 年提出，是传输数据调制的一种方式。

RTOS(Real-time Operating System)：实时操作系统。

QoS(Quality of Service)：服务质量，是网络的一种安全机制，用来解决网络延迟和阻塞等问题的一种技术。

Unicast：单播，在客户端与媒体服务器之间建立一个单独的数据通道，从一台服务器送出的每个数据包只能传送给一个客户机，这种传送方式称为单播，指网络中从源向目的地转发单播流量的过程。单播流量地址唯一。

Multicast：组播，组播传输时，在发送者和每一接收者之间实现点对多点网络连接。如果一台发送者同时给多个接收者传输相同的数据，只需复制一份相同的数据包。

SIP(Session Initiation Protocol)：是一个应用层的信令控制协议，用于创建、修改和释放一个或多个参与者的会话。这些会话可以是 Internet 多媒体会议、IP 电话或多媒体分发，会话的参与者可以通过组播、网状单播或两者的混合体进行通信。

CDN(Content Delivery Network)：内容分发网络，其基本思路是尽可能避开互联网上有可能影响数据传输速度和稳定性的瓶颈和环节，使内容传输得更快、更稳定。

DRM(Digital Rights Management)：数字版权加密保护技术。

first mile：最初一公里。

last mile：最后一公里。

ATM(Asynchronous Transfer Mode)：异步传输模式，是以信元为基础的一种分组交换和复用的数据传输技术。

Diffserv(Differentiated Service)：区分服务体系结构，是一种保证 QoS 的网络技术。

MPLS(Multi-protocol Label Switching)：多协议标签交换，是一种用于快速数据包交换和路由的体系，为网络数据流量提供了目标、路由、转发和交换等功能。

SDH(Synchronous Digital Hierarchy)：同步数据体系，是指为不同速率、数位信号的传输提供相应等级的信息结构，包括复用方法、映射方法以及相关同步方法组成的一个技术体制。

DWDM(Dense Wavelength Division Multiplexing)：密集型光波复用。

DSL(Digital Subscribe Line)：数字用户线路。

xDSL：各种类型 DSL 的总称，包括 ADSL、RADSL、VDSL、SDSL、IDSL 和 HDSL 等。

LAN(Local Area Network)：局域网。

WLAN(Wireless LAN)：无线局域网。

HFC(Hybrid Fiber-Coaxial)：同轴光纤混合网。

Cable Modem：为 modem 设备的一种，使用在有线电视网络中。

DSL Modem：为 modem 设备的一种，使用在固定电话网络中。

HUB：多端口转发器，以 HUB 为中心设备时，当网络中某条线路产生了故障，并不会影响其他线路的工作。

AON(Active Optical Network)：有源光网络。

PON(Passive Optical Network)：无源光网络。

EPON(Ethernet Passive Optical Network)：以太无源光网络。

EOC(Ethernet Over Cable)：以太网信号在同轴电缆上的一种传输技术，原有以太网信号的帧格式没有改变。

BIOC(Broadcasting and Interactivity Over Cable)：广播交互同轴网络接入技术，一种基于有线电视同轴电缆分配网的广播交互信号传输技术，针对 HFC 网络光节点的最后一公里的双向接入解决方案，完全利用原有的分配网资源，承载广播电视信号(模拟/数字电视)与数据信号。

HiNOC(High performance Network Over Coax)：高性能同轴网络，该用户接入技术基于同轴电缆的射频调制技术。

HomePNA(Home Phoneline Network Alliance)：一种家庭网络的计算机互联标准，利用现有电话线路进行网络连接。利用 HomePNA，家庭中的多个计算机用户可以共享互联网连接、文件、打印机以及进行联网游戏等。

HomePlug(HomePlug Powerline Alliance)：家庭插电联盟，从 2000 年成立以来，陆续制定了一系列的技术规范，包括 HomePlug 1.0 等。

DDN(Digital Data Network)：数字数据网。

VPN(Virtual Private Network)：虚拟专用网络，指在公用网络上建立专用网络的技术。

FDDI(Fiber-Distributed Data Interface)：一种速率为 100 Mb/s，采用多模光纤作为传输媒介的高性能光纤令牌环(Token Ring)局域网。

WAN(Wide Area Network)：用来实现不同地区局域网或城域网的互联，可以提供不同地区、城市和国家之间计算机通信的远程计算机网。

OAM(Operation Administration and Maintenance)：操作维护管理功能。

CESoP：电路仿真方式。

TDM(Testing Data Management/Technical Data Management)：时分复用模式，一种通过不同信道或时隙中的交叉位脉冲，同时在同一个通信媒体上传输多个数字化数据、语音和视频信号等的技术。

SNMP(Simple Network Management Protocol)：简单网络管理协议。

GPON(Gigabit-Capable PON)：高带宽无源光网路。

OFDM(Orthogonal Frequency Division Multiplexing)：正交频分复用。

FTTC(Fiber-To-The-Curb)：光纤到小区。

FTTB(Fiber to The Building)：光纤到大楼。

TSoC：时移电视，指观众在观看 DVB 数字电视节目时，可以随时按暂停或后退/快进键，也可以选择几天前的电视节目。

第二篇

有线电视技术应用项目

我们在"第一篇 有线电视理论知识"中已经学习了电视信号的基本概念、有线电视系统的组成、有线电视信号的接收、有线电视前端系统及常用设备的使用、有线电视干线传输系统及用户分配系统的组成、有线电视现代网络技术及应用等方面所需的基础知识。本篇将以项目的形式学习如何组建一个有线电视系统,包括如何接收各种有线电视信号,使用什么设备,怎样调制各种电视信号,怎样制作各种传输线接头,怎样设计和安装一个有线电视系统终端分配网络等方面的内容。

本课程的教学目标如下:

1. 能够读懂天线安装图并熟练安装与调试 C 波段和 Ku 波段抛物面天线,能够使用寻星仪设备搜索卫星电视信号。

2. 能够设计小型有线电视前端系统,绘制前端系统框图、前端系统机柜设备配置图。

3. 能够使用和调试各个设备,如卫星电视接收机、电视调制器、干线放大器、多路混合器等,并能够测试它们的主要性能指标。

4. 能够制作各种规格的传输线接头,能够对有线电视终端盒进行接线。

5. 能够运用专用安装工具并按照设计要求进行有线电视终端分配网络的安装与调试。

本篇包含五个应用项目,分别为:

1. 有线电视系统天线的安装、调试与应用。

2. 小型有线电视前端系统的设计与组建。

3. 小型有线电视前端系统机柜设备配置与有线电视信号测试。

4. 有线电视信号的调制、混合及干线放大器测试。

5. 有线电视系统终端分配网络的设计、安装与测试。

五个项目相互之间有着密切关联,由浅入深,项目设计强调工程背景,紧密联系工程实际,具有较高的实用价值。学生通过这五个项目的训练,可以全面实现上述五项专项能力的培养目标。五个项目中,理论学习内容一般根据课时数可调节为 2～4、4～6 学时不等,项目实施内容根据项目的大小可调节为 8～10 学时不等,方案设计一般建议为 1 学时,项目验收与评价一般也建议为 1 学时。

有线电视系统天线的安装、调试与应用

一、项目说明

1.项目内容

天线是接收电视信号的重要部件。通过此项目的训练,学生能够熟悉各种卫星接收天线的组成、结构、功能,能够看懂和读懂 C 波段和 Ku 波段抛物面天线的安装图纸,具备熟练使用安装工具的能力和熟练安装各种天线的能力;掌握天线架设选址及散件组装的方法,熟悉安装步骤,能够正确调整抛物面天线仰角与方位角,能够自行从互联网上下载卫星参数表,并能根据卫星参数使用寻星仪等设备搜索本地区上空的电视卫星,熟练使用各种寻星设备,记录数据和搜索过程。

通过本项目的训练,使学生在识图、组装天线设备、工具使用、调试天线、根据参数利用寻星仪寻找卫星等方面的能力得到训练与加强。有线电视系统天线的安装、调试与应用项目内容具体如下:

(1)解读项目任务书,学习如何编写、制订工作计划,并进行学生分组讨论。

(2)学生分组编写项目工作计划书,填写项目方案设计表,上网下载相关的卫星参数表。

(3)学生分组讨论前馈式、后馈式抛物面天线的区别与特点。

(4)学生分组安装 C 波段和 Ku 波段抛物面天线。

(5)学生分组检查抛物面天线的安装情况。

(6)调节抛物面天线的仰角和方位角,根据参数利用寻星仪寻找本地区上空的电视卫星。

(7)测试电视频道参数,记录参数,分析测试数据表、图表,并判断接收的信号是否正确。

(8)能够判断项目实施过程中出现问题的原因并解决问题。

(9)填写项目验收报告单。

(10)能够对项目完成情况进行评价,提出改进建议,并根据项目完成过程撰写项目总结报告。

2.项目要求及技术指标

根据项目任务书及教师对项目的说明,分组讨论,明确项目要求,完成组内分工并编

写项目工作计划书,包括日程安排、天线安装步骤、卫星参数表的下载、搜索卫星的方法、技术资料、使用的教材、课程网站等内容,填写项目方案设计表。在教师或企业工程师的指导下,组内成员协作完成有线电视系统天线安装、调试与应用项目,对两种天线的安装要求准确到位,方位角、仰角调整方便。使用寻星仪寻找本地区上空的电视卫星,记录卫星参数,并以小组为单位对项目完成情况进行评议,教师验收通过后撰写项目总结报告。具体的技术指标如下:

(1)项目工作计划书编写合理可行,内容详细,项目组分工明确,任务时间分配具体。

(2)C 波段天线的所有部件、螺丝安装准确到位,方位角、仰角调整方便。

(3)Ku 波段天线的所有部件、螺丝安装准确到位,方位角、仰角调整方便。

(4)能接收多颗卫星的电视信号,且图像清晰、伴音正常。

3. 能力目标

(1)能读懂项目任务书,明确项目任务及要求。

(2)能读懂卫星天线安装图纸,能够按图组装天线。

(3)能够使用专用安装工具进行操作。

(3)能够正确安装 C 波段和 Ku 波段抛物面天线,正确调整方位角和仰角。

(4)能根据卫星参数表使用寻星仪搜索本地区上空的电视卫星,记录测试数据。

(5)能判断项目完成过程中出现问题的原因并解决问题。

(6)能够对项目完成情况进行总结、评价,并撰写项目总结报告。

(7)具有沟通交流能力和团队协作能力。

4. 学习环境

学习环境主要是学习场地,分为理论教学场地和项目实施场地。理论教学场地即教室或实验室,要求宽敞明亮,恒温,有计算机、投影机等教学设备;本项目实施场地最好是室外场地,要求宽敞明亮,空气流通,无电磁干扰,无高楼遮挡。

5. 成果验收要求

(1)项目实施方案:对方案设计表,安装、调试计划,卫星天线安装图纸的识读,安装步骤,零部件、专用安装工具的使用等方面进行检查。

(2)装配的天线实物:对抛物面天线的零部件安装,方位角、仰角调整,接收卫星电视信号效果三方面进行检查。

(3)项目验收:对项目实施过程、设备安装、设备调试、测试数据和项目总结报告撰写等方面进行检查。

二、知识链接

专业知识点 1:电磁波理论

电磁波理论在本教材第一篇第 1 章"有线电视的基础知识"的第 1 节"电视信号的基本概念"中有所描述。要求学生清楚什么是电磁波,电磁波在空中如何传播,如何划分电磁波的频段,如何描述电磁波的强度,什么是电磁波的极化,电磁波在同轴电缆和波导管中如何传播;什么是电视信号,电视信号怎样发送与接收,电视信号的构成,怎样用分贝表示信号电平;噪声、信噪比、载噪比与噪声系数的关系等方面的知识。

专业知识点 2:天线理论

天线理论在本教材第一篇第 2 章"有线电视信号的接收"的第 1 节"开路广播电视信号的接收"、第 2 节"卫星电视信号的接收"、第 3 节"卫星电视接收机"中有所描述。要求学生清楚天线的类型和作用有哪些,什么是引向天线,什么是抛物面天线,用于接收开路广播电视信号的天线及接收卫星电视信号的天线的结构和功能有什么区别,如何选择和安装天线,什么是同步卫星,什么是广播卫星,卫星接收系统由哪几部分组成,什么是前馈式抛物面天线,什么是后馈式抛物面天线,怎样选择卫星电视接收天线,怎样安装卫星电视接收天线,天线系统防雷与接地技术有哪些,怎样调整卫星电视接收天线,怎样利用寻星仪寻找电视卫星,高频头和馈源的作用与关系等方面的知识。

专业知识点 3:专业工具使用方法

有线电视系统常用专业安装工具主要有螺丝刀(一字、十字),尖嘴钳,克丝钳。下面对它们的使用方法作简单介绍:

螺丝刀——是一种用来拧转螺丝钉以迫使其就位的工具,通常有一个薄楔形头,可插入螺丝钉头的槽缝或凹口内,又称改锥。将拥有特化形状的端头对准螺丝的顶部凹口,固定,然后开始旋转手柄。一般根据规格标准,顺时针方向旋转为嵌紧,逆时针方向旋转则为松出。

一字螺丝刀可以应用于十字螺丝,反之则不可以。十字螺丝拥有较强的抗变形能力。

十字螺丝刀做工精细、质量好、刀头硬度足,刀型精度高的螺丝刀在使用过程中不容易变形和折断,可操作性强;用于锁住刀头的柄口采用了内六边的设计,有效地防止了工具在使用过程中的脱牙与滑动;所有刀头都有磁性,除了能牢牢吸住手柄外,还能有效地牵引螺丝;携带、使用方便,可用于拆解所有品牌型号的手机等电器,是安装、维修和日常生活的必备工具。使用时注意刃口不要对向自己,以免受到伤害。

尖嘴钳——也是电工常用的工具之一。主要用来剪切线径较细的单股与多股导线,给单股导线接头弯圈、剥塑料绝缘层以及夹取小零件等,一般钳柄上套有额定电压 500 V 的绝缘套管,是一种常用的钳形工具。能在较狭小的工作空间操作,不带刃口的尖嘴钳只能用于夹捏工作,带刃口的能剪切细小零件。尖嘴钳是一种运用杠杆原理的典型工具,一般用右手操作,使用时握住尖嘴钳的两个手柄,开始夹持或剪切工作;不用时,应在表面涂上润滑防锈油,以免生锈或支点发涩。使用时注意刃口不要对向自己,以免受到伤害。

克丝钳——是电工常用的一种手工工具,钳柄上包有绝缘保护套,主要用来剪断导线或金属丝。克丝钳的使用方法如下:

(1)一般情况下,克丝钳的硬度有限,所以不能用它进行手的力量所达不到的工作。特别是型号较小的克丝钳,用它弯折硬度大的棒料板材时可能将钳口损坏。

(2)一般的克丝钳有三个刃口,只能用来剪断铁丝而不能用来剪断钢丝。

(3)克丝钳的钳柄只能用手握,而不能用其他方法加力(如用锤子打、用台虎钳夹等)。

使用克丝钳时一般用右手操作。将钳口朝内侧,便于控制钳切部位,将小拇指伸在两钳柄中间来抵住钳柄,张开钳头,这样才能使钳柄灵活分开。钳子的齿口也可用来紧固或拧松螺母。克丝钳的绝缘塑料管耐压 500 V 以上,有了它可以带电剪切电线。

克丝钳使用中切忌乱扔,以免损坏绝缘塑料管。切勿把钳子当锤子使。不可用克丝钳剪切双股带电电线,会引起短路。

专业知识点 4:我国上空不同电视卫星的参数表

在使用寻星仪寻找本地区上空用于电视转播的卫星时,必须根据卫星参数表来进行搜索,不同的卫星有不同的参数,同一个卫星也会因为各种情况而修改参数,参数的变化会给卫星搜索工作带来很多不便,因此在实施项目之前一定要上网搜索最新的卫星参数表。目前我国通信和广播电视主要使用的卫星有亚洲 3S、亚太 1 号、亚洲 2 号、鑫诺 3 号、中星 6B、中星 9 号、鑫诺 5 号、中星 6A 等。

参数表见第一篇第 2 章第 2 节的内容。

三、项目设备资源

1.C 波段和 Ku 波段抛物面天线散件各一套。

2.寻星仪。

3.专用安装工具。

4.标准 75 Ω 同轴电缆、连接头、接线板。

5.计算机及多媒体电教设备。

四、注意事项

1.组装时不要用工具把紧固件都紧固到位,只要不晃动即可。

2.组装前要先清点各个天线零部件及紧固件的数量及种类,两套散件不能混淆。

3.动手组装前一定要多看几遍图纸,做到心中有数。

4.要求正确使用专用的安装工具。

5.注意寻星仪等设备的安全使用。

6.注意安全用电。

五、项目实施步骤

(一)有线电视系统与天线理论的基础学习

教师结合项目讲解 CATV 系统组成与天线理论基础知识。具体内容为:

1.电磁波传播的基础知识,掌握信号电平的分贝表示法。

2.有线电视系统的邻频传输技术。

3.开路广播电视接收天线的种类、结构、接收原理、功能、技术参数等。

4.卫星接收天线的种类、基本结构、接收原理及技术参数。

5.从互联网上下载本地区上空用于电视转播的卫星的参数。

6.介绍寻星仪的工作原理及使用方法。

（二）有线电视系统天线安装、调试与应用项目的方案设计

根据项目任务书和教师对项目的说明，分组讨论，明确项目要求，完成组内分工并阅读天线安装手册，填写方案设计表。具体步骤为：

1.阅读并领会项目任务书中的任务目标及要求。

2.制订工作计划，安排工作进度，分组安排具体任务，填写方案设计表。

3.阅读并理解小型抛物面天线安装手册。

（三）有线电视系统天线安装、调试与应用项目的实施

学生根据抛物面天线安装图纸及给定的天线散件进行组装，具体步骤为：

1.明确本次任务的目标，详细阅读并理解抛物面天线安装图纸。

2.按照 C 波段卫星天线安装图纸详细清点天线零部件及紧固件，将清点后的结果记录在表格中。

3.选择抛物面天线安装位置。

4.按照 C 波段卫星天线安装图纸（见图 X1-1"C 波段抛物面天线安装图"），根据所给的天线零部件、紧固件安装并调试 C 波段卫星天线。

（1）先把 6、7 升降杆，8 支撑杆，10 侧拉杆与 5 地盘和 4 反射面连接圈连接牢固。

（2）把六片反射面连接牢固成 1 反射面。

（3）再把 1 反射面与连接好的底座连接牢固。

（4）把三根 2 馈源支杆连接在 1 反射面上。

（5）安装高频头支架。

5.按照图 X1-2"Ku 波段卫星天线安装图"详细清点天线零部件及紧固件，将清点后的结果记录在表中。

6.根据所给出的天线零部件、紧固件对照图纸进行安装并调试 Ku 波段卫星天线。

（1）先把 22 LNB 杆、13 杆塞、25 40 mm LNB 夹具主座、26 40 mm LNB 夹具上盖，用 1、17、2、4 紧固件与 21 承座用 6 紧固件连接牢固。

（2）把 20 盘面用 3、14、5 紧固件与 21 承座连接牢固。

（3）再把 16 连接片、23 接头、24 后盖用 7、11、10、4、8、9 紧固件连接好。

（4）把 12 管塞、27 J 管焊接组件与 23 天线接头连接好。

（四）利用寻星仪搜索本地区上空的电视卫星

1.认真阅读已下载的本地区上空的电视卫星参数表，特别要注意本振频率、下行频率、符号率和极化方式等参数。

2.根据卫星参数表和已知的角度调节天线的仰角和方位角，在调试过程中不能急躁，动作要缓慢、稳定。

3.正确使用寻星仪搜索本地区上空的电视卫星，注意区分模拟频谱中的电视信号和其他干扰信号。

4.测试并记录卫星参数、频道名称等数据。

5.要求至少搜索到两颗以上的卫星电视信号。

WDT－C－$\frac{150}{180}$－Ⅱ装箱单

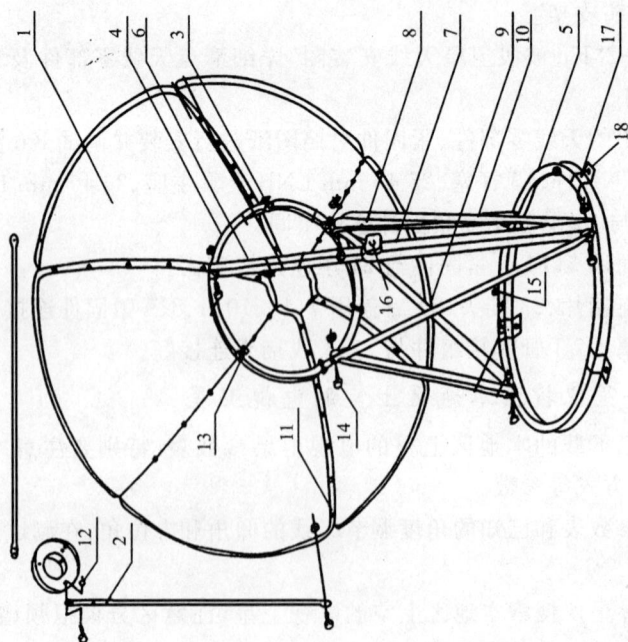

序号	名称	规格 (mm)
1	反射面	
2	馈源杆	
3	反射面连接角	
4	反射面连接圈	
5	地盘圈	
6	上调节杆	15×15
7	下调节杆	20×20
8	支撑杆	20×20
9	前拉杆	Φ14
10	侧拉杆	Φ14
11	螺杆	M6×15
12	螺母	M6
13	螺杆	M8×35
14	螺杆	M8×40
15	螺母	M8
16	塑料手柄	
17	地盘卡	
18	膨胀螺丝	8×50

图X1-1 C波段地物面天线安装图

MODEL NO:S0551 W21

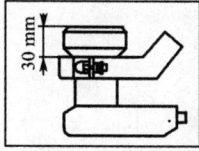

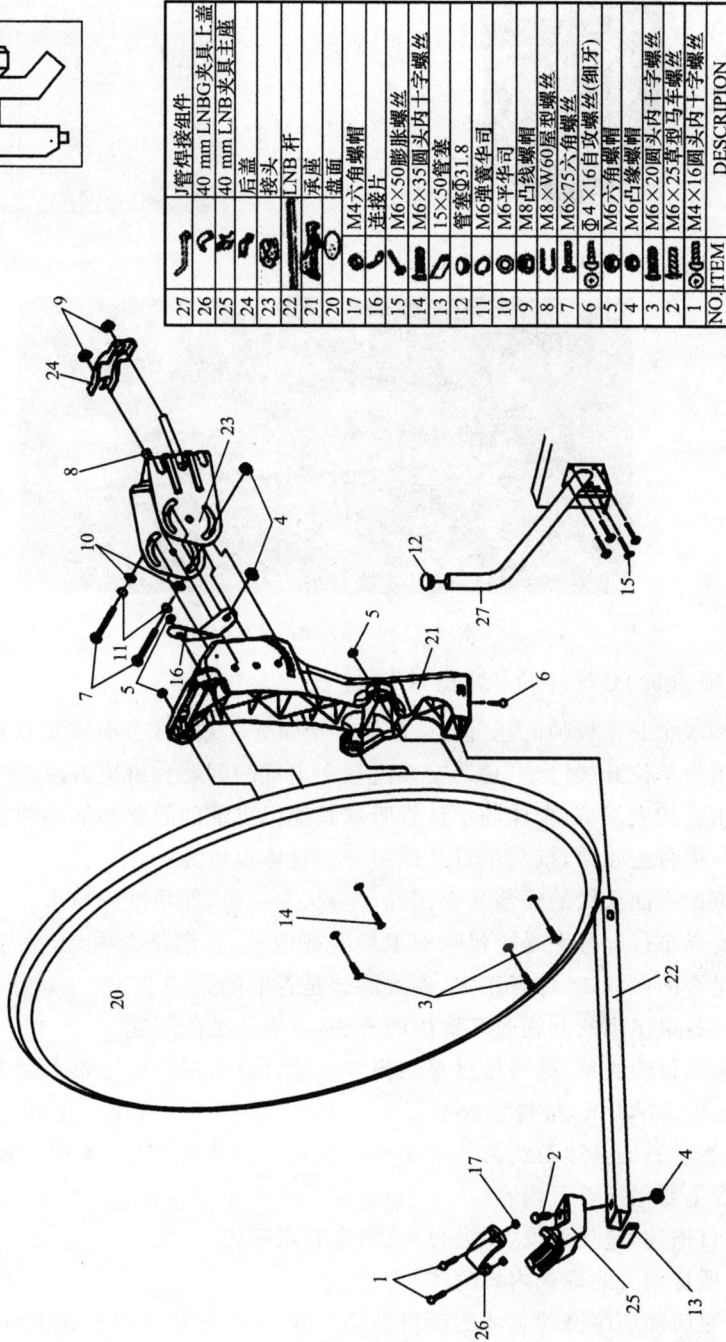

30 mm

NO.	ITEM	DESCRIPION
27		卫管焊接组件
26		40 mm LNBG夹具上盖
25		40 mm LNB夹具主座
24		后盖
23		接头
22		LNB 杆
21		承座
20		盘面
17		M4六角螺帽
16		连接片
15		M6×50膨胀螺丝
14		M6×35内六角十字螺丝
13		15×50管簧
12		管簧Φ31.8
11		M6弹簧华司
10		M6平华司
9		M8凸线螺帽
8		M8×W60垫型螺丝
7		M6×75六角螺丝
6		Φ4×16自攻螺丝(细牙)
5		M6六角螺帽
4		M6凸缘螺帽
3		M6×20圆头内六角十字螺丝
2		M6×25草利马车螺丝
1		M4×16圆头内六角十字螺丝

图X1-2　Ku波段抛物面天线安装图

图 X1-3　SV-4000 型寻星仪

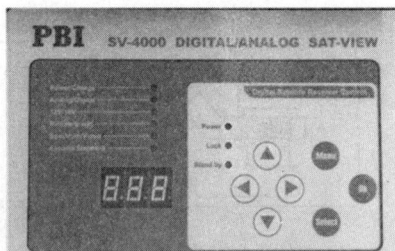

图 X1-4　SV-4000 型寻星仪面板

图 X1-5　SV-4000 型寻星仪侧面板

（五）项目验收与评价，提出改进建议

在教师或企业工程师的指导下，依据行业标准和规范，小组成员协同完成天线的安装。以小组为单位开展讨论，总结安装过程中出现的问题和解决方法，进行组内成员的互评。每小组派代表发言，全体同学认真听取其他组出现的问题和解决的方法，为自己增加经验。填写项目验收单，撰写项目总结报告。具体步骤为：

1.检查抛物面天线的安装是否正确、牢固，方位角、仰角准确与否。

2.检查寻星仪屏幕上是否接收到卫星电视信号，频谱是否明显，信号是否较强，卫星电视信号是否图像清晰、伴音正常，参数测试是否准确。

3.讨论各组出现的问题及其解决的方法，找出共性的问题。

4.填写项目验收单，撰写项目总结报告。项目总结报告撰写要求如下：

纸张要求为 A4 纸，报告字数不得少于 2000 字，手写，有统一格式封皮。A4 纸应留有边距，上下左右的页边距约为 2.5 厘米。报告要求字迹工整，条理清晰，内容完整。项目总结报告主要包括以下内容：

（1）项目描述，包括背景、能力目标、内容要点等。

（2）与项目相关的理论内容简述。

（3）按照活动顺序撰写具体的项目训练内容，要求有接线图及其说明、参数表、数据分析等。

（4）对在项目实施过程中遇到的问题进行原因分析，并说明最终解决问题的方法。

(5)收获体会。

注意:后面各个项目报告的要求同上。

六、考核评价标准

1.良好

(1)能正确识别天线安装图纸中各散件符号,能正确阅读天线安装图纸。

(2)能正确选址,注意防雷与接地。

(3)能正确组装 C 波段和 Ku 波段抛物面天线,天线安装牢固、准确。

(4)能正确调整天线的方位角及仰角,能使用寻星仪、利用天线找到卫星电视信号。

(5)能按时完成项目总结报告,报告内容充实。

2.优秀

在达到良好的基础上,同时又具备以下条件:

(1)安装准确到位,天线结实牢固,遇到问题能独立分析、解决。

(2)接收到的卫星电视信号图像清晰,伴音正常。

(3)能独立完成项目全部内容,能客观地进行自我评价、分析判断并论证各种信息。

3.合格

(1)能够识别天线安装图纸中各散件符号,能正确阅读天线安装图纸。

(2)能够完成天线安装及调试,在老师的帮助下能够搜索到卫星电视信号。

(3)能按时完成项目总结报告,报告内容基本完整。

4.不合格

有下列情况之一者为不合格:

(1)不能读懂天线安装图纸。

(2)不能正确安装天线,未能搜索到卫星电视信号。

(3)项目总结报告存在抄袭现象或未能按时递交项目总结报告。

不合格者须重做。

七、知识拓展

1.方位角和仰角调整方法

卫星电视接收天线的调整一般分为粗调和细调两个步骤。所谓粗调,就是根据已知的方位角和仰角将接收天线调整到要求的位置;所谓细调,就是在粗调的基础上,将所有设备连接好并仔细调整接收天线的仰角、方位角及极化角,以获得最佳图像、伴音接收效果。

卫星电视接收天线的粗调有多种方法。对于仰角调整来说,如果是前馈式天线,可用一根 3 cm×3 cm、长度略大于接收天线直径的直木条,在直木条的中心处做一个记号 O_1,用十字交叉法找出抛物面沿平面的中心位置 O_2,让木条紧贴在天线边沿上,并使中心 O_1 与 O_2 重合。在量角器的角度线中心 O 处打一个小孔,用小钉插入孔中,再将小线锤系在该小钉上,把量角器紧贴于直木条朝下的平面,使其角度线中心 O 与直木条中心 O_1 重合,如图 X1-6 所示。显然,量角器也可固定在直木条的上端或下端,如图 X1-7 所示。这样,线锤的垂线与直木条之间的夹角 α 即为天线的仰角值,可从量角器上读出,此后慢慢调整接收天线的仰角,直到其仰角值(即夹角 α 值)与实际的仰角数据一致即可。这里需要指出的是,对于偏馈式天线而言,还要将实际仰角值减去 20°左右才是真正的仰角值。

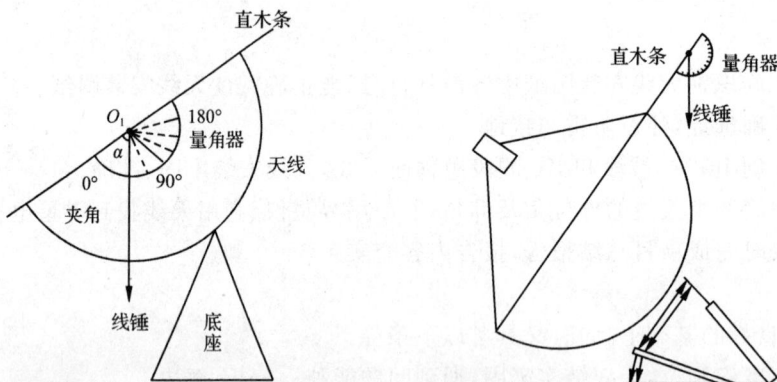

图 X1-6 卫星电视接收天线仰角调整示意图之一　　图 X1-7 卫星电视接收天线仰角调整示意图之二

对于方位角调整来说,应该首先确定以地理正南方为基准,偏西为正,偏东为负。当地地理正南方的获得方法是主要利用指南针确定地磁南极方向,再利用当地气象台、天文台、飞机导航台等部门提供的偏磁角,得到地理正南方(正南方为地磁南极方向加偏磁角)。如图 X1-8 所示,图中 φ 为偏磁角。

对接收天线进行细调的目的是使其仰角、方位角及馈源的极化角和位置均处于最佳状态,以便获得最佳的电视图像和最佳的接收位置。一般情况下应先细调仰

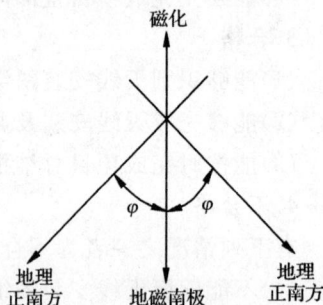

图 X1-8 地理正南方与磁南关系示意图

角、方位角,使信号达到最大值,然后再上下左右仔细调整馈源,使馈源的相位中心与反射面的焦点重合,最后再细调极化角。在调整过程中,若将数字卫星电视接收机的"信号强度"或"信号质量"指示值作为标准,应该注意两点:一是某些型号的数字卫星电视接收机的"信号强度"与"信号质量"指示值并不一致,应该以监视器上电视画面的"噪波点"最少为衡量标准;二是当"信号强度"超过数字卫星电视接收机的门限值时,理论上图像、声音质量一致,也就是说只要收到图像,就是最好的图像。另外,Ku 波段卫星电视接收天线增益高、波束窄,方向很尖锐,细调时一定要注意,稍有偏差就极易脱离卫星电视信号。

接收天线细调完成后,应将其所有的螺栓旋紧,并将此时的仰角和方位角在接收天线做上标记。其作用一是接收天线错位时便于恢复,二是在需要选择新的同步卫星电视信号时,只需知道两个同步卫星之间方位角差值和仰角差值,以差值来调节卫星电视接收天线会很容易找到新的同步卫星。

2. 常用的"寻星"方法

卫星电视接收天线经过粗调之后,只能说是有可能对准了想要接收的电视直播卫星。这是因为两者相距太远,约 36780 km,接收天线的接收方向哪怕存在极小的偏差,都会导

致对不准卫星。所谓"寻星",就是仔细地调整接收天线的仰角和方位角,在浩瀚的宇宙中寻找想要接收信号的电视直播卫星。目前,常用的"寻星"方法有以下几种:

(1)利用同一颗卫星上的模拟卫星电视信号引导接收数字卫星电视信号

这种方式是目前普遍采用的"寻星"方法。先用抛物面天线基本对准想要"寻星"的方向,即初步调整好仰角和方位角,接着将天线馈源与模拟卫星电视接收机的模拟信号接收端连接好,缓慢改变角度的同时认真观察模拟卫星电视接收机屏幕上的模拟频谱图,找出信号最强的卫星电视信号频谱,然后换上数字卫星电视接收机,输入同一颗卫星转发的数字卫星电视下行信号的相关参数,就能收到数字卫星电视节目。注意,空中会有很多谱线很强的干扰信号,但一般都是单个信号。而卫星电视信号是一族高低不同、排列紧密的谱线。所以一定要排除干扰信号,确定卫星电视信号,例如亚洲 3S、中星 6B 卫星上均有模拟卫星电视节目。采用这种方法的前提是同一颗卫星上既转播模拟卫星电视信号,又转播数字卫星电视信号。其突出的优点是接收模拟卫星电视信号时调试比较容易,使"寻星"变得简单,缺点是需要使用一台模拟卫星电视接收机。但随着模拟卫星电视信号的逐渐减少,这种方法的局限性也越来越明显。

(2)参照接收法

用模拟卫星电视接收机引导接收数字卫星电视信号,在欲接收的同步卫星上无模拟卫星电视信号的情况下,要想接收其转发的数字卫星电视信号,除了直接调整接收天线的仰角、方位角使其对准同步卫星外,还可采用参照接收法。即先找到一颗有模拟卫星电视信号的同步卫星,准确地调整好接收天线方位角和仰角的位置,然后根据两颗同步卫星电视信号接收天线间的方位角、仰角差值,确定要接收的数字卫星电视信号的接收天线位置。例如寻找中星 6B 卫星(115.5°E)CCTV-1 的数字卫星电视节目,可以先用模拟卫星电视接收机找到准确接收亚洲 3S 卫星(105.5°E)模拟卫星电视信号时接收天线的位置,按照两者接收天线的方位角、仰角差值调整好接收天线的位置。一般先根据方位角差值将天线方位角调整到位,再根据仰角差值改变接收天线的仰角,之后再换上数字卫星电视接收机(或数字信号接收端子),输入中星 6B 卫星的 CCTV-1 数字卫星电视节目的相关参数,这样就可以获得较为理想的数字卫星电视信号。

采用参照接收法寻找电视卫星时,首先应该注意根据当地的接收条件以及以往的经验来选定作为参照的同步卫星,通常选择曾经接收过或正在接收电视信号的同步卫星。而且作为参照的同步卫星距离想要接收电视信号的同步卫星越近,"寻星"时接收天线方向的调整就越快捷、越方便。作为参照卫星,在当地的接收天线的方位角、仰角数值应准确无误,这样才能保证两颗卫星的方位角、仰角差值准确。同时还要注意两颗卫星的极化方式是否一致,并进行适当调整。

(3)利用同一颗卫星上转发的 C 波段信号引导接收 Ku 波段信号

若要用 C 波段天线接收 Ku 波段信号,必须换上 Ku 波段的馈源高频头。另外,C 波段的信号对接收天线的指向要求不那么严格,所以换上 Ku 波段的馈源高频头后,还要对接收天线进行细微的调整。例如亚洲 3S 卫星上 Ku 波段的信号不好接收,而 C 波段的信号很好接收,所以换上 Ku 波段的馈源高频头后,还要进一步细调接收天线的仰角、方位角,才能很好地接收亚洲 3S 卫星上 Ku 波段的信号。所以,在利用同一颗卫星上转发的

C 波段信号引导接收 Ku 波段信号时,首先要选择信号较强的波段进行预调。一般来说,目前的同步卫星大多都有 C、Ku 两个波段的转发器,在同一颗卫星上,有的是 C 波段信号较强,有的是 Ku 波段信号较强。对于同一副接收天线来说,信号强的波段容易被接收,所以利用它"寻星"相对容易一些。另外,要选择有利的时间、天气进行调试,天气对 Ku 波段影响很大,如下雨、阴天等都会造成 Ku 波段信号在下行过程的能量损耗。另外,时间不同,Ku 波段信号衰减也不同,如白天收视比晚上收视效果差。

(4)利用数字万用表寻找卫星

利用数字万用表寻找卫星的方法只能用于接收 C 波段的模拟卫星电视信号。在模拟卫星电视接收机中,为了消除卫星电视信号强弱不同对卫星电视接收机的影响,保证信号电平的稳定,大多都设计有自动增益控制(AGC)功能。AGC 电压越高,说明卫星电视信号越强。通常 AGC 电压在无信号时只有 0.7 V 左右,一旦有信号输入,AGC 电压根据输入信号的强弱在1~3.5 V 波动。一般操作时,先用数字万用表测出模拟卫星电视接收机的 AGC 电压,起初较弱,约为零点几伏,之后随着调整天线仰角和方位角电压改变,当快找到卫星时,AGC 电压开始上升约为一点几伏,此时再对接收天线的仰角和方位角慢慢进行细调,使 AGC 电压上升至最大值。然后固定好接收天线,将高频头输出的中频信号接入模拟卫星电视接收机,再输入数字卫星电视节目的相关参数,就可以接收到相关的电视图像和伴音,同时也可以看到信号强度和信号质量数值。

3. 自然因素对卫星电视接收系统的影响

卫星电视接收系统往往会在某个特定时间段或特定的自然环境中,因为自然界各种因素的影响而导致信号接收效果变得很差,甚至收不到信号。

(1)雨雾天气对卫星电视信号接收的影响

一般来说卫星电视信号受雨、雾、云、雪、霜天气的影响比较大,这是由于电磁波在空间传播时部分能量被雨、雾、云、雪、霜吸收或散射而引起了损耗,损耗的大小与电波的频率、穿过的路程、雨雪的大小以及云雾的浓度等因素有关。在雨中传播的卫星电视信号受雨滴的吸收和散射的影响叫降雨衰减,简称雨衰。在 3 GHz 以上的频段,随着频率的升高,雨衰会增大。在 10 GHz 以下的频段,必须考虑中雨(雨量为 4 mm/h)以上天气的影响,在毫米波段,中雨以上的降雨引起的雨衰相当严重。这是因为在中雨的情况下,电波穿过降雨区路径长度约为 10 km,对于 C 波段下行信号的衰减量为 0.4 dB 左右;在暴雨(雨量为 100 mm/h)的情况下,虽然每公里损耗强度较大,但是雨区高度一般小于 2 km,对于 C 波段下行信号,每公里的衰减量为 0.2 dB,总的雨衰值为 0.4 dB 左右。但是对于 Ku 波段下行信号,在大雨或暴雨时,每公里的衰减量为1~10 dB,瞬时值可达 20 dB。

降雨也会产生噪声,这种降雨噪声折合到接收天线输入端就等效为天线热噪声,所以降雨噪声对接收信号的载噪比有很大的影响,影响的程度与衰减量的大小和天线的结构有关。根据测算,每衰减 0.1 dB,噪声温度增加约 6.7 K。一般情况下,天线的仰角越高降雨噪声的影响越小,这是因为电磁波穿过降雨区路径较短,衰减量较小。

(2)卫星蚀现象对卫星电视信号接收的影响

同步卫星除了围绕地球运转之外,还随地球一起绕太阳公转。每年在春分(3 月 21 日)及秋分(9 月 23 日)前后的 23 天中,每天当卫星的星下点(指卫星与地心连线同地球表面的交点)进入当地时间午夜前后,卫星、地球和太阳处在一条直线上,即卫星围绕地球和太阳运行到一条直线上,卫星和太阳分别在地球的对侧,此时,地球挡住了阳光,卫星进入地球的阴影区,天文学中称此现象为卫星蚀。如图 X1-9 所示。

卫星蚀每次连续出现 45 天,共计 90 天,且春分和秋分这两天,卫星蚀的时间最长,为 72 分钟。在此期间,地球的阻挡使卫星上太阳能电池接收不到太阳的光能,不能正常工作,整个卫星所需的能源由星载蓄电池来供给,由于蓄电池容量限制,卫星上的功率转发器不能长时间工作。例如亚洲 2 号卫星电源总功率为 5060 W,星载蓄电池为 12 V 45 Ah,在卫星蚀期间,只能工作约 5.7 分钟,如果卫星蚀超过 5.7 分钟则卫星上的功率转发器只能停止工作了。为了减轻星载蓄电池的负荷,可以通过卫星在轨道上顶点位置的设计,使卫星蚀发生在服务区通信业务量最低的时段里。

(3)日凌中断现象对卫星电视信号接收的影响

日凌中断现象是指卫星绕地球运行过程中,当太阳、地球和卫星运行到一条直线上,卫星处于太阳和卫星地面接收站中间,这种天文现象称为日凌,如图 X1-9 所示。这时,接收端的抛物面接收天线对准卫星,也正好对着太阳。阳光直接射入天线波束内,从而使大量的太阳光能射电噪声进入地面接收设备,此时的射电噪声温度最高将超过 25000 K,接收到的卫星电视信号受到严重干扰或中断,严重时甚至将设备损坏,所以称为日凌中断。日凌中断现象的主要影响是增加了下行传输线路的噪声温度,导致了地面接收设备参数品质因素(用接收天线增益 G 与系统噪声温度 T 的比值 G/T 表示,单位为 dB/K)的下降,甚至使信号中断。

日凌中断现象出现在春分和秋分日后的 23 天内,每年两次,每次 3～6 天,最长持续时间可达 10 分钟。各地受干扰的天数、发生的时间和持续期的长短还与接收站的地理经纬度、天线直径等因素有关。日凌中断现象一般是难以避免的,除非用两颗不同时间发生日凌中断的卫星,在日凌中断现象出现前将地面的接收天线转换到另一颗卫星上工作。

根据天线聚焦的原理,天线的口径越大,受日凌中断现象的影响越小(约几秒钟);反之,口径越小,中断时间越长。日凌中断期间,太阳光能的射电噪声会严重影响卫星传输信号的质量,故各地电视台应提前通知用户。

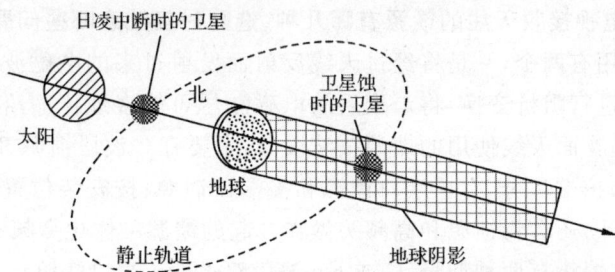

图 X1-9　卫星蚀及日凌示意图

(4)其他现象对卫星电视信号接收的影响

首先是 Ku 波段雨衰现象的影响,卫星电视 Ku 波段下行信号电磁波与 C 波段相比较频率高、波长短,其波束受雨、雪、冰雹等气候影响较大,特别是下雨时,天空噪声温度较大,因而大大衰弱了卫星电视接收天线的接收效果。雨衰严重时,图像画面会出现马赛克现象甚至信号中断,等雨衰减小时图像会自动恢复。

由于周围强电磁场干扰的影响,如果接收天线在高压电线和高压电器旁边,高压电产生的强电磁场会影响接收天线接收卫星电视信号电磁波的效果,因此,接收天线安装时一定要避开强电磁场区域。

由于微波和雷达波干扰的影响,如果微波和雷达波波束正好在卫星电视接收天线正上方通过,则接收天线接收卫星电视信号电磁波就会受到严重干扰,出现模拟卫星电视画面出现严重干扰条纹、数字卫星电视无法解出正常画面等现象。如果经常发生这种现象,就应该考虑将接收天线转移位置。

八、常见问题解答

问题 1:选购卫星电视接收天线时应该注意哪些问题?

答:(1)天线的口径和类型

天线的口径大小与增益的大小有直接关系。对于 C 波段天线来说,口径越大接收信号的效果越好;对于 Ku 波段天线来说,当接收信号强度达到数字卫星电视接收机门限值后,接收效果与天线口径大小没有直接关系。但当接收天线的口径增大后,对减小雨衰有好处,一般来说选择口径小于 1 m 的偏馈式 Ku 波段板状天线为宜。对于个人接收而言,由于安装条件的限制,应该尽可能选用精度高,安装、调试方便,可靠性高的天线。

(2)天线的机械性能

天线的机械性能主要考虑抗风能力。机械结构合理的天线,机械强度大、不易变形,一旦安装固定完毕,就牢固可靠,可以抵抗大风的袭击,保证信号接收质量。

若将天线安装在楼顶上,由于场地不受限制,其口径可以选择得适当大一些。

若楼房较高,且当地每年平均刮风次数较多,风力较大时,应该考虑采用网状天线。

(3)天线的电气性能

天线的电气性能主要考虑天线的效率。相同口径的天线,如果效率不同,则接收效果可能大不相同。选择效率高的天线,可以在保证增益的前提下减小口径,从而减小天线的体积。

问题 2:卫星电视接收天线的馈源有哪几种,选购时应注意哪些问题?

答:馈源的作用有两个,一是将经过天线反射面发射过来的电磁波进行汇聚,使其极化方向一致;二是进行阻抗变换,将汇聚后的电磁波尽可能多地传输给高频头,以提高接收天线的效率。抛物面天线使用的馈源按波段分,主要有 C 波段馈源、Ku 波段馈源和 C/Ku 波段馈源三种;按端口分,有单端口馈源和多端口馈源;按安装位置分,有前馈型馈源和后馈型馈源;此外,还有将馈源和高频头做在一起的馈源一体化高频头。

常用的多端口馈源有两种型号:C 或 Ku 波段双极性 4 端口馈源和 C 或 Ku 波段双极性 2 端口馈源。前者可接两个 C 波段和两个 Ku 波段共四个高频头,能同时输出 C 波段垂直极化波、C 波段水平极化波、Ku 波段垂直极化波、Ku 波段水平极化波四种卫星电视信号;后者可接两个 C 波段或两个 Ku 波段高频头。常用馈源型号及性能如表 X1-1 所示。

表 X1-1　　　　　　　　　　常用馈源型号及性能

馈源类型	型号	工作频率(GHz)	极化方式
C/Ku 波段双极性 4 端口馈源	查帕诺 3179-1	3.7～4.2	H/V 线极化
		11.7～12.75	左/右旋圆极化
	查帕诺 11-6047-1	3.7～4.2	左/右旋圆极化
		10.95～12.75	H/V 线极化
C 波段双极性 2 端口馈源	查帕诺 11-1329	3.7～4.2	H/V 线极化
	PBI CDF-210OMT	3.7～4.2	H/V 线极化
C/Ku 波段双极性电动馈源	查帕诺 5000-1	11.7～12.75	H/V 线极化
C 波段双极性电动馈源	查帕诺 11-4221-1		
	COMSTAR	3.7～4.2	H/V 线极化
	GARDINER		
C 波段馈源一体化电动高频头	查帕诺 11-6340-2	3.7～4.2	H/V 线极化

馈源的选购比较简单,一般情况下,应选择能方便工作于垂直极化和水平极化两种状态的馈源。目前新型馈源一体化高频头的应用已经非常普遍。

问题 3:安装卫星电视接收天线之前应该做好哪些准备工作?

答:为了使卫星电视接收天线安装、调试、接收卫星电视信号能顺利进行并获得更好的接收效果,安装之前应该做好以下准备工作:

(1)对所有设备、零部件、线缆、接线进行检查,确保其质量合格。具体首先应该进行直观检查,根据产品清单查看外壳是否有明显变形,损坏,零部件松动、脱落或不全等问题。

(2)仔细阅读各设备部件的安装说明书,深入了解并掌握安装中的注意事项,防止由于安装、使用不当造成的损坏。

(3)天线设备安装前应该进行周密的设计,例如,接收天线安装在什么位置,如何固定;哪一个部件应该先组装,哪一个应该后组装;高频头输出电缆的走向、敷设方法;寻星仪怎样与天线连接;设备怎样供电等问题都应该事先考虑周到。另外,还应注意,小组成员怎样分工合作,专用安装工具应该如何使用等,以免安装过程中造成人员和零部件的浪费。

(4)准备好专用安装工具、寻星仪,做好电缆接头,连接好电源线。天线部件安装之前,凡是用到的工具和仪器设备应尽量装备齐全,特别是一些专用安装工具、专用仪表,以免影响安装、调试的顺利进行。还要注意电缆不可过长,以免对信号的衰减过大。电缆接头的型号、制式一定要符合设备的要求,芯线与屏蔽层之间的绝缘一定要好,避免接插不上或虚接的情况发生。

(5)搜索卫星之前一定要收集好卫星直播电视下行信号的参数,如中心频率、极化方式、下行频率、传输方式、数字标准、符号率、频道名称、卫星名称等。这些参数不仅在调试卫星接收系统时需要,在其他项目实施过程中也经常会用到,所以这些参数掌握得越多越方便。

177

问题 4：怎样选择卫星电视接收天线的安装地点？

答：卫星电视接收天线，特别是大口径天线的安装地点最好选在地面，要有牢固的地基。如果天线需要安装在楼顶上，要计算风荷载及天线的重量，应该选择预制水泥件或采用焊接钢架，基座牢固是最重要的，避免天线遭受破坏。

卫星电视接收天线的架设位置应避开风口以减小天线的风荷载。风力太大会导致天线变形，影响卫星电视信号的接收效果。在多雷雨地区，卫星电视接收天线的架设位置应避开雷击多发地区，同时一定要采取多种避雷措施。卫星电视接收天线的架设位置还应注意不能距离机房太远，传输线过长会造成信号电平的损失，所以一般要求长度小于 30 m。

问题 5：怎样维护卫星电视接收天线？

答：当卫星电视接收天线安装、调试完毕，正常使用之后，就应该进行卫星电视接收天线的定期维护工作。维护工作主要有以下几项内容：

（1）做好标记

标记是指卫星电视接收天线角度调整好并正常接收信号之后，一定要锁紧仰角和方位角的调节旋钮，并用彩色胶带等做好标记以备日后进行检查。

（2）定期检查

要定期检查天线的方位角、仰角位置是否正确，天线配套设备中接插件是否牢固可靠，调节机构和各部位螺钉是否松动、偏离，天线接地、避雷针接地是否良好，高频头输出接头是否松动、有无渗水现象，电缆线接口处要注意防水。每年雷雨季节来临之前一定要认真对避雷装置进行检查，发现问题及时排除解决。对于后馈式抛物面天线，雨雪天气特别要注意检查馈源口和反射面上是否有积雪、冰或积水，一旦发现应立即清除。馈源口必须配有密封罩，防雪防雨。

（3）定期校正

每隔半年对天线进行一次校正，调整天线的方位角和仰角位置。

（4）定期喷漆维护

卫星电视接收天线每两年必须进行一次喷漆维护，以防锈蚀损坏。要定期对天线调节部位加油，防止锈蚀卡死。天线的金属构件若有脱漆生锈现象，要及时清锈补漆。

（5）在强台风到来之前，应将天线口面调到仰天位置，以减小天线承受的风力负荷，防止天线损坏。在雷雨来临之前，为防止雷电通过电缆损坏室内设备，最好把高频头与室内设备连接部分断开，暂停使用。

一、项目说明

1.项目内容

对小型有线电视前端系统进行设计与组建,是一个全面锻炼学生对有线电视系统整体概念把握的项目,要求学生具备设计小型有线电视系统的总体规划及工程方案的能力。通过参观某单位(学院)实际的小型有线电视前端系统机房,熟悉小型有线电视前端系统组建的基本条件与要求。设计内容包括系统规模和功能、节目数量、频道配置、网络结构、设备配置、机房设备摆放布置、连接布线、接地防雷等方面内容,要求学生画出前端系统机柜设备配置位置图和前端系统框图。

通过该项目的训练,使学生对有线电视前端系统的整体构成、机房设备配置等方面的认识得到加强。小型有线电视前端系统的设计与组建项目具体内容如下:

(1)解读项目任务书,完成小组分工,制订实施计划,安排进度,填写方案设计表。

(2)参观某单位(学院)小型有线电视前端系统机房,讨论有线电视前端系统机房结构和设备配置。

(3)画出某单位(学院)前端系统框图,画出前端系统机柜设备配置位置图。

(4)根据项目要求进行小型有线电视前端系统的设计与组建,画出自行设计的小型有线电视前端系统机柜设备配置位置图和前端系统框图。

(5)完成设计的前端系统设备清单,检查该清单是否符合项目核算要求。

(6)检查前端系统机柜设备配置位置图是否符合设计要求,掌握系统设备安装和连接布线要求。

(7)能够判断项目实施过程出现的问题并予以解决。

(8)填写项目验收报告单。

(9)能够对项目完成情况进行评价,提出改进建议,并根据项目完成过程撰写项目总结报告。

2.项目要求及技术指标

根据项目任务书及教师对项目的说明,分组讨论,明确项目要求,完成组内分工并编写项目工作计划书,包括日程安排、系统规模、设备配置、技术资料、使用教材、课程网站等方面内容,制订设计方案。在教师或企业工程师的指导下,组内成员协作完成小型有线电视前端系统的设计与组建项目,绘制小型有线电视前端系统框图、前端系统机柜设备配置

位置图;撰写项目实施报告,并以小组为单位对项目完成情况进行评议,教师验收通过后撰写项目总结报告。具体的技术指标如下:

(1)项目工作计划书编写合理可行,内容详细,项目组分工明确,任务时间分配具体。

(2)设计题目:某校园(小区)有线电视前端系统

设计要求:将有线电视前端系统机房提供的有线电视信号传输到教学楼。系统采用邻频传输和单向传输,绘制有线电视前端系统框图。

(3)有线电视信号来源:

①数字卫星电视节目 8 套,来自亚太 6 号、鑫诺 3 号、中星 6B 三颗卫星;

②本地区光缆有线电视节目;

③本地区开路广播电视节目 5 套,用室外电视天线接收;

④FM 调频节目信号 1 套,用室外电视天线接收;

⑤彩色电视信号发生器,作为标准测试信号;

⑥自办教学节目 4 套:a. 现场直播节目(两台摄像机);b. DVD 机节目;c. 数字录像机节目;d. 模拟录像机节目。

(4)以上所有信号都进入混合器,输出送到教学楼、实验楼、礼堂和食堂等地方。

3. 能力目标

(1)读懂项目任务书,明确项目任务及要求。编制工作计划,安排项目进度,填写方案设计表。

(2)能够绘制某单位(学院)小型有线电视前端系统框图和前端系统机柜设备配置位置图。

(3)能根据项目要求进行小型有线电视前端系统的设计与组建并绘制前端系统框图。

(4)熟悉各种前端设备的面板功能,掌握系统设备安装连接的布线要求。

(5)能解决项目完成过程中出现的问题。

(6)能够对项目完成情况进行总结、评价并撰写项目总结报告。

(7)具有沟通交流能力,团队协作能力。

4. 学习环境

学习环境主要是学习场地,分为理论教学场地和项目实施场地。理论教学场地即教室或实验室,要求宽敞明亮,恒温,有计算机、投影机等教学设备;本项目实施场地即参观场地,是某单位(学院)有线电视前端系统机房和教室,要求宽敞明亮,空气流通,无电磁干扰。

5. 成果验收要求

(1)项目实施方案:对小型有线电视前端系统框图、机柜设备配置位置图等方面进行检查。

(2)项目实施实物:对机房机柜设备配置、接线布线、防雷接地等方面进行检查。

(3)项目验收:对项目设计过程、设备清单编制、前端系统框图绘图质量、项目总结报告撰写情况等方面进行检查。

二、知识链接

专业知识点 1:有线电视系统的组成

有线电视系统的组成在本教材第一篇第 1 章"有线电视的基础知识"的第 1 节"电视信号的基本概念"、第 2 节"有线电视系统基础知识"中有所描述。要求学生清楚什么是电视信号、电视信号是怎样发送与接收的、电视信号的构成是什么,怎样用分贝表示信号电平,噪声、信噪比、载噪比与噪声系数的关系等方面的知识。要求学生掌握什么是有线电视,有线电视系统的组成有哪些部分以及各部分的作用。一般来说,有线电视系统的组成有五个部分,分别是信号源、前端、传输网络、分配网络和用户终端机。在有线电视系统中,既能传输模拟卫星电视信号,又能传输数字卫星电视信号,还能传输各种数据信息。要求学生知道有线电视系统的频道是如何配置的,模拟频道和增补频道具体在什么位置,某一个频道的频率范围、中心频率、图像载波和伴音载波的具体值是多少,有线电视系统有哪些优点。

专业知识点 2:邻频传输技术

邻频传输技术在本教材第一篇第 1 章"有线电视的基础知识"的第 2 节"有线电视系统的基础知识"中有所描述。要求学生清楚邻频传输的意义,知道邻频传输与隔频传输的区别。了解邻频传输的主要功能有提高载噪比、频道转换、邻频处理、调制与解调、抑制非线性失真、电平调整与控制、混合、产生导频信号、分配等,掌握邻频传输的主要技术指标。

专业知识点 3:有线电视系统前端设备

有线电视系统前端设备在本教材第一篇第 3 章"有线电视前端系统及常用设备"的第 2 节"常用前端设备"中有所描述。前端系统是有线电视系统的核心,前端设备质量与调试效果会直接影响整个有线电视系统的图像和伴音的传输质量和收视效果。要求学生清楚构成一个有线电视前端系统应该配置哪些设备,比如卫星电视接收机、电视调制器、频道处理器、电视解调器、多路混合器、前端放大器、导频信号发生器等。要求学生明白这些设备的功能是什么,怎样使用这些设备,怎样对卫星电视信号进行调制,怎样在开路广播电视信号进入前端系统时对其进行调制,特别要注意一台前端设备输入什么信号,输出什么信号。

卫星电视接收机:将来自高频头或功分器的第一中频信号进行放大、变频和解调处理,输出视频、音频信号送至前端或电视调制器变为射频信号,直接供给电视机。

电视调制器:将视频信号和音频信号转换成射频信号。

频道处理器:将天线接收到的 VHF 段和 UHF 段空间开路广播电视信号,经过各种处理变换到 VHF 段、UHF 段或增补频段的任意频道上。

电视解调器:将输入的电视射频信号解调为视频信号和音频信号。

多路混合器:将前端设备输出的多路电视射频信号混合成一路信号。

前端放大器:对前端设备输出的多路电视射频信号进行放大。

导频信号发生器:为干线传输系统提供自动增益控制和自动斜率控制的基准信号。

三、项目设备资源

1.前端机房(包括前端设备——卫星电视接收机、电视调制器、多路混合器等)。

2.绘图板、绘图纸、绘图工具等。

3.计算机及多媒体电教设备。

四、注意事项

1.掌握前端设计技术要求,框图布局合理、实用,图纸干净。

2.遵守有线电视各种电子设备操作规程,机柜设备安装位置要准确,要符合电气要求。

3.遵守有线电视前端机房设备安装规程及连接布线规程。

4.遵守专业安装工具的安全使用规程。

五、项目实施步骤

(一)前端系统设计与组建的理论知识学习

教师结合项目讲解 CATV 系统组成与邻频传输知识。具体内容为:

1.有线电视系统概述(系统的组成、各部分功能、设备配置等)。

2.有线电视前端系统的作用、特点与类型。

3.有线电视网络设计基本要求及步骤。

4.有线电视系统设计工程技术方案。

(二)前端系统设计与组建的项目方案设计

根据项目任务书和教师对项目的说明,分组讨论,明确项目要求,完成组内分工,填写方案设计表。具体步骤为:

1.阅读并理解项目任务书中的任务目标及要求。

2.制订工作计划,安排工作进度,分组安排具体任务,填写方案设计表。

3.明确有线电视前端系统的设计原则与要求。

(三)参观某单位(学院)有线电视前端系统机房并绘制系统框图

组织学生参观某单位(学院)有线电视前端系统机房,认识机房设备配置,画出机房设备配置位置图及有线电视前端系统框图。具体步骤为:

1.教师带领学生参观学习某单位(学院)有线电视前端系统机房。

2.根据机房结构分组讨论有线电视前端系统结构。

3.画出有线电视前端系统机柜设备配置位置图。

4.画出该单位(学院)有线电视前端系统框图。

5.熟悉各个设备的面板功能。

(四)小型前端系统设计

1.在前面学习的基础上,正确理解教师给定的设计任务及技术指标。

2.根据任务要求进行小型有线电视前端系统设计,优选最佳方案,绘制系统框图。

3.完成小型有线电视前端系统设备配置清单,检查该清单是否符合项目核算要求。

(五)项目验收与评价,提出改进建议

在教师或企业工程师的指导下,依据行业标准和规范,小组成员协同完成有线电视前端系统的设计与组建项目。以小组为单位展开讨论,总结设计过程中出现的问题和解决

方法,进行组内成员的互评,撰写项目总结报告。具体步骤为:

1. 检查前端系统框图是否符合设计要求。

2. 检查前端系统机柜设备配置位置图是否符合设计要求。

3. 分组讨论设计方案是否优化,设备配置是否符合要求。

4. 检查系统设备清单是否符合项目核算要求。

5. 完成前端系统设备配置。

6. 熟悉各个设备的功能。

7. 填写项目验收单,撰写项目总结报告。

六、考核评价标准

1. 良好

(1)能掌握小型有线电视前端系统的设计要求。

(2)能绘制小型有线电视前端系统框图。

(3)能绘制小型前端系统机柜设备配置位置图。

(4)能够完成前端系统各个设备的线路连接,并能完成各设备的菜单调试。

(5)能按时完成各种测试表格及项目总结报告,报告内容充实。

2. 优秀

在达到良好的基础上,同时又具备以下条件:

(1)系统设计合理、造价低、性能高,遇到问题能独立分析、解决。

(2)前端系统框图及前端系统机柜设备配置位置图设计合理、美观实用,便于操作、维护和管理。

(3)能独立完成项目全部内容,能客观地进行自我评价、分析判断并论证各种信息。

3. 合格

(1)能够自行设计小型有线电视前端系统,画出简易系统框图。

(2)在教师指导下能够完成系统设备配置。

(3)能按时完成项目总结报告,且报告内容基本完整。

4. 不合格

有下列情况之一者为不合格:

(1)不能对小型有线电视前端系统进行设计。

(2)前端系统框图及前端系统机柜设备配置位置图中有多处明显错误。

(3)项目报告存在抄袭现象或未能按时递交项目报告。

不合格者须重做。

可参考如图 X2-1 所示的卫星接收系统简易框图和如图 X2-2 所示的有线电视邻频前端系统框图。

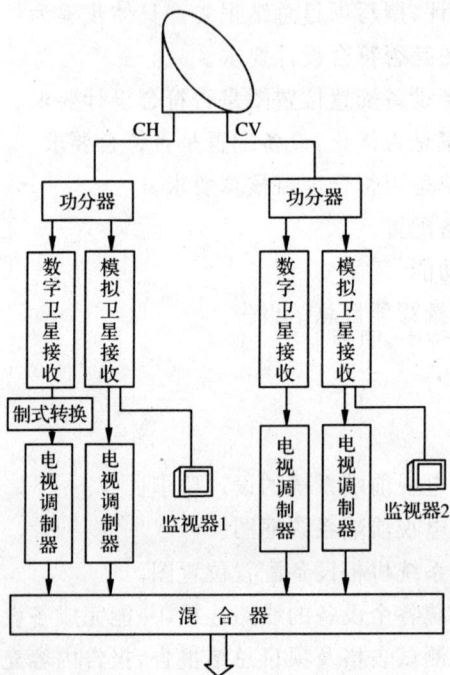

图 X2-1 卫星接收系统简易框图

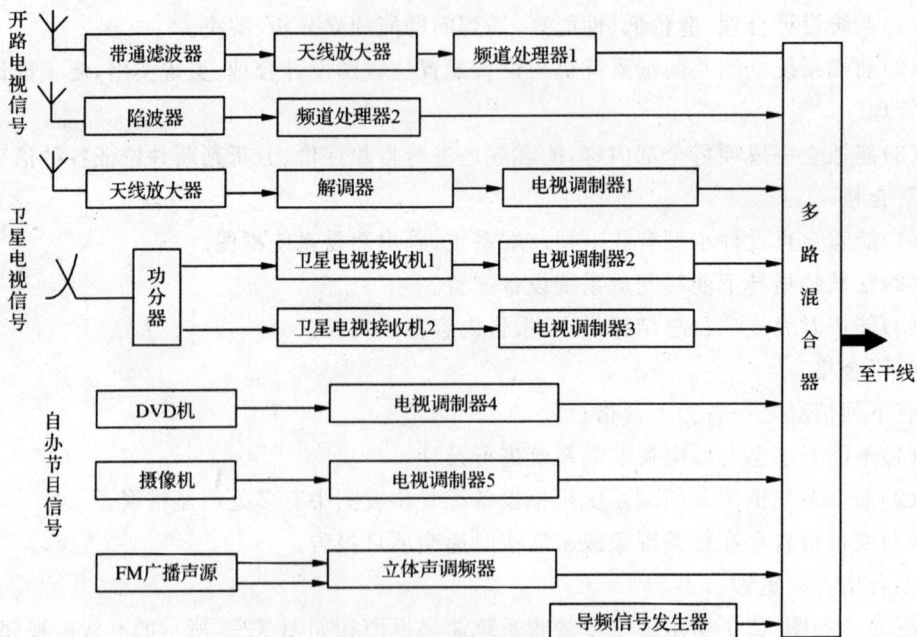

图 X2-2 有线电视邻频前端系统框图

七、知识拓展

1. 单向和双向有线电视系统频道配置

在单向有线电视系统中,频道配置如下:

450 MHz 的邻频单向系统拥有 47 个频道资源,其中 12 个标准频道、35 个增补频道。

550 MHz 的邻频单向系统拥有 59 个频道资源,其中 22 个标准频道、37 个增补频道。

750 MHz 的邻频单向系统拥有 84 个频道资源,其中 42 个标准频道、42 个增补频道。

862 MHz 的邻频单向系统拥有 98 个频道资源,其中 56 个标准频道、42 个增补频道。

在双向有线电视系统中,同轴电缆分配网实现双向传输时只能采用频分复用的方式,所以系统必须考虑上、下行频率的分割问题。为了确保下行频率资源得到充分利用,通常采用"低分割"方案,即 5～30 MHz 为上行带,30～48.5 MHz 为过渡带,48.5 MHz 以上全部用于下行传输。但随着有线电视综合业务的逐年开展,"低分割"方案的上行带宽已经不够用了,容易出现信道堵塞的情况且上行信道在频率低端严重的噪声积累现象使这个频段的利用受到了限制。所以,双向有线电视系统一定要考虑采用上、下行频率的"中分割"方案才可能开展业务。一般来说上行带为 5～65 MHz,过渡带为 65～87 MHz,下行传输从 87 MHz 开始,原来的 DS1～DS5 频道只好不用了。因此,750 MHz 邻频双向系统拥有的下行频道资源应该为 79 个频道,其中 37 个标准频道、42 个增补频道。862 MHz 邻频双向系统拥有的下行频道资源应该为 93 个频道,其中 51 个标准频道、42 个增补频道。

2. 前端部分设计

前端部分设计的主要内容是频道配置、信号源选择和前端设备选型三个部分。

一般在前端部分设计时应该留有扩容的余地,便于今后的发展和用户需求的变化。对于 750 MHz 的邻频单向系统,考虑数字业务的开展,上行带为 5～65 MHz,过渡带为 65～87 MHz,且标准 1～5 频道不使用。具体频率选择应遵循以下原则:首先为了避免前重影,不应选用当地过强信号电视台的频道;为了避免调频广播的干扰,应尽量不使用 5 频道;同时,为了避开无线电通信的干扰,如 137～167 MHz 寻呼台频率,优先考虑标准频道和多数电调谐电视机能够收到的增补频道 3、8、35、37 等;最后为了减轻交流互调失真,应尽量选用频率较低的频道。

对于信号源的选择,高质量的信号源是建设高质量有线电视系统的基础。中央、省、地、县各级电视台的开路广播电视信号是有线电视台的重要信号来源,通过卫星发射的电视信号质量一般都高于开路广播电视信号,所以应该尽量选择卫星接收方式。同时,本地光缆电视信号也是重要的信源之一。

接收天线要根据所在地区场强进行选择,场强可以用场强仪进行测量。根据测得的场强和系统前端对输入电平的要求就可计算出天线增益,选用合适的接收天线。架设天线时不但要考虑天线的输出电平,还要考虑避开反射波的干扰,防止在系统中产生重影干扰。电视接收天线通过馈线传输至前端机房的输出电平应控制在 70 dBμV 左右,在保证得到足够信号输出电平的情况下,还应尽量减小反射信号电平。卫星天线应调整好仰角和方位角,保证信号接收良好。

前端设备的选型非常重要,设备的质量会直接影响前端系统的质量。一般来说,中小型系统采用信号处理器就可以满足指标了,也可以采用性能更加优异的解调-调制方式。信号处理器可分成固定频道和捷变频两种,捷变频调整输出频率比较方便。信号处理设备的种类相当多,常用的有电视调制器、电视解调器、变频器、多路混合器、制式转换器、字幕叠加机、前端加扰设备等。数字电视前端系统设备主要有 MPEG-2 音视频数字压缩编码器、数字电视 CI 解调解码器、MPEG-2 TS 码流复用器、捷变频数字 QAM 调制器等。

3. 我国电视频道的利用

我国的广播电视业务在 VHF 波段和 UHF 波段内,在频道划分和利用上要考虑到各个方面的要求,频道的利用可以分为上行业务和下行业务。

(1)上行业务

上行业务是指由用户向电视中心回传信息,主要包括传送用户点播信息、临时业务需要上传的信息和宽带网通信等。

(2)下行业务

下行业务是指由电视中心向各用户传送电视节目,利用电视频道开展的各项广播电视业务包括以下几种:

①开路电视:利用开路 DS 频道向用户传送开路广播电视节目,用户需要用电视天线接收信号。国家广电总局统一规划全国各地的开路电视频道,任何单位或个人都不能任意开设开路电视频道。

②开路逆程图文电视:开路电视共 68 个频道,频道资源很有限,所以将视频全电视信号的垂直逆程也开发利用来传送图文信息,例如股票行情、气象预报、时政要闻、商业信息等。但是,如果要在接收机上显示出来,需要加装一些特殊装置才能在屏幕上显示逆程的内容,否则是看不到逆程信息的。

③有线广播电视:电视频道的增补频道通常用来传送有线电视节目,而且有线电视所需要的频道只需本地广播电视管理部门规划确定,原因是有线电视信号是在封闭的光缆或同轴电缆中传输的,不会对开路电视信号造成干扰。所以,有线电视频道资源比较丰富,可以利用的频道比较多,且增补频道一般都是在开路电视频道的空闲段产生的,避开了开路电视频道。

④加密电视:有些电视频道的节目信息可以采用特殊的方式进行加密,加密的方法有很多,用户收看时必须采取相应的解密方法才能使频道中的电视信号正确地还原为图像。这样的加密可以实现电视收费,达到管理的目的。加密电视频道一般都是在有线电视中进行的。

⑤数字高清电视广播:随着电视数字化和数字技术在电视广播中的不断深化,数字高清电视已经成为有线电视广播的一种形式,目前 550 MHz 以上的频道可以开展数字高清电视广播业务。

八、常见问题解答

问题 1:有线电视前端系统的任务是什么?

答:有线电视前端系统的任务包括两大类,其一是将来自各种信号源的电视信号经接收、处理、变换、调制和混合,转换成射频信号或光信号,送给传输和分配系统;其二是接收来自上行通道的回传信号,并进行相应的处理。

问题 2:建立有线电视频道主要解决什么传输技术问题?

答:建立有线电视频道主要解决两大传输技术问题,一是单个电视节目内容的全电视信号与伴音信号在单根同轴电缆中用同一频道同时传送给每个用户的技术问题;二是多个电视节目内容占据多个电视频道,仍能在单根同轴电缆中同时传送给每个用户的技术问题。

问题 3:完整的有线电视前端系统由几部分组成?

答:完整的有线电视前端系统由三部分组成。

(1)模拟前端:如本教材第一篇第 1 章、第 3 章中的介绍,主要完成模拟广播电视各类信号源的接收和下行模拟卫星电视信号以及调频广播信号的加工处理,并将各路信号混合成的复合射频信号送给传输干线。

(2)数字前端:主要完成数字广播电视各类信号源的接收和下行数字卫星电视信号以及数字声音广播信号的加工处理,并将各路信号混合成复合射频信号送给传输干线。

(3)数据前端:主要完成交互业务数据的变换和传送。

问题 4:有线电视系统有什么优越性?

答:有线电视系统在全封闭环境内传输高频电视信号,避免了外界各种工业干扰,同时也避免了自身干扰其他信号。其接收图像清晰,没有空间电磁波传播的开路过程,可以充分利用国家规定的频道资源,且利用增补频道来传输节目,频道总数达上百个(近 200 套电视节目,16 套广播节目),但线路布置、传输必须到位。有线电视系统的优越性主要有以下几点:

(1)不存在接收阴影区。(2)不存在多径接收现象。

(3)各用户均匀公用接收。(4)提高接收信号的质量。

(5)扩大节目来源,丰富内容。(6)双向宽带有线电视系统的潜在功能。

问题 5:小型有线电视前端系统在接收当地开路广播电视节目时,应该做哪些处理后才能送入混合器?

答:小型有线电视前端系统在接收当地开路广播电视节目时,在天线接收信号后应该做如下处理:

(1)每个接收天线都应安装雷击保护器。

(2)选用合适的天线放大器。

(3)根据前端设计要求进行频道处理,使之满足邻频传输要求,转换到合适的频道。

问题 6:小型有线电视前端系统为了保证用户收看,在频道设置时应考虑哪几个问题?

答:

小型有线电视前端系统为了保证用户收看,在频道设置时应考虑如下问题:

(1)避开当地能收到的开路电视频道。

(2)频道设置应尽量使用标准频道 DS。

(3)增补频道的选用应尽量靠近 DS 频段。

(4)避开其他网络节目的电视频道。

小型有线电视前端系统机柜设备配置与有线电视信号测试

一、项目说明

1. 项目内容

小型有线电视前端系统机柜设备配置与有线电视信号测试项目要求学生能够根据实验室设备组建小型有线电视前端系统,将各种前端设备如卫星电视接收机、电视调制器、前端放大器、多路混合器、电视接收机及各种自办节目所需设备等按设计要求组装到机柜中。同时要求学生熟悉各个设备的技术指标,熟悉其前、后面板功能;能准确将信号接入各个设备,并开机测试各前端设备的主要性能指标;能接收、测试开路广播电视信号并进行频道转换,接收并调制卫星电视信号和自办节目信号。

通过该项目的训练,使学生在有线电视前端系统安装、设备位置选择、连线布线、接地防雷、信号接收与测试等方面的能力得到训练与加强,要求学生通过该项目的训练能够熟悉各个设备的前、后面板功能、技术指标,能够调试各前端设备并测试设备输出信号的主要性能指标,使学生在有线电视前端系统各设备的使用、性能测试、频道转换、信号调制等方面的能力得到训练与加强。小型有线电视前端系统机柜设备配置与有线电视信号测试项目具体内容如下:

(1)明确项目任务要求,完成小组分工,制订实施计划,安排进度,填写方案设计表。

(2)掌握有线电视前端系统设备的安装方法与要求,掌握前端机房设备布线原则与要求。

(3)根据项目要求完成机房建设,包括机架位置选择、设备排列顺序、布线等工作,并进行小型有线电视前端系统机柜设备组装。

(4)熟练使用专用安装工具。

(5)熟悉各个设备的技术指标,熟悉其前、后面板功能,并能准确将信号接入各个设备。

(6)完成开路广播电视信号的接收与调制,记录数据。

(7)完成卫星电视信号的接收与调制,记录数据。

(8)完成自办节目信号的接收与调制,记录数据。

(9)使用场强仪对以上三种电视信号的性能指标进行测试。

(10)能够判断测试过程中出现问题的原因并解决问题。

(11)填写项目验收报告单。

(12)能够对项目完成情况进行评价,并提出改进建议,能够根据项目完成过程撰写项目总结报告。

2.项目要求及技术指标

根据项目任务书及教师对项目的说明,分组讨论,明确项目要求,完成组内分工并编写项目计划,包括日程安排、系统规模、设备配置、使用教材、课程网站等,填写方案设计表;在教师或企业工程师的指导下,组内成员协作完成小型有线电视前端系统机柜设备配置与有线电视信号测试项目,包括开路广播电视信号的接收与频道转换、卫星电视信号的接收与调制等,自办节目信号的接收与调制等;以小组为单位对项目完成情况进行评议,教师验收通过后撰写项目总结报告。具体的技术指标如下:

(1)项目工作计划书编写合理可行,内容详细,项目组分工明确,任务时间分配具体。

(2)小型有线电视前端系统机柜内各设备位置安排合理,接线、布线不交叉、不缠绕,符合电气要求。

(3)机房设备具有防潮、防电磁干扰、防雷电、接地良好等特性。

(4)各前端设备(包括电视监视器、卫星电视接收机、电视调制器、多路混合器等)的主要技术指标满足要求,开机运行正常,精度高,误差小。

(5)电视调制器工作正常,频率调制、频道转换正常。

(6)接收到的开路广播电视信号图像基本清晰、伴音正常。

(7)接收到的卫星电视信号图像清晰、伴音正常,信号强度和信号质量满足要求。

(8)接收到的自办节目信号图像清晰、伴音正常,信号强度和信号质量满足要求。

3.能力目标

(1)掌握有线电视前端系统设备配置与安装的方法。

(2)能熟练使用引向天线接收开路广播电视信号并能进行频道转换。

(3)能够熟练使用卫星电视接收机、电视调制器等前端设备接收并调制数字卫星电视信号。

(4)能够熟练使用自办节目设备、电视调制器等前端设备接收并调制自办节目电视信号。

(5)掌握有线电视信号及其接收调试原理。

(6)能够熟练使用场强仪测试卫星电视接收机、电视调制器等前端设备的性能指标。

(7)能够判断测试过程中出现问题的原因并解决问题。

(8)能够对项目完成情况进行总结、评价并撰写项目总结报告。

(9)具有沟通交流能力和团队协作能力。

4.学习环境

学习环境主要是学习场地,分为理论教学场地和项目实施场地。理论教学场地即教室或实验室,要求宽敞明亮,恒温,有计算机、投影机等教学设备;项目实施场地为有线电视实验室,要求宽敞明亮,恒温,空气流通,无电磁干扰。

5.成果验收要求

(1)项目实施方案:对各个设备的性能测试顺序、三种信号测试方案、实施计划等方面进行检查。

（2）项目实施实物：对机架设备位置摆放、设备排列顺序、连接布线、各个设备性能指标、三种有线电视信号测试的指标和接收效果等方面进行检查。

（3）项目验收：对项目实施过程、设备性能测试过程、报告撰写情况等方面进行检查。

二、知识链接

专业知识点 1：开路广播电视接收天线与开路广播电视信号的接收

开路广播电视接收天线与开路广播电视信号的接收内容在本教材第一篇第 2 章"有线电视信号的接收"的第 1 节"开路广播电视信号的接收"中有所描述。要求学生清楚开路广播电视接收天线的作用及主要特性指标，包括方向性、增益、输入阻抗、频带宽度、驻波比等，了解开路广播电视接收天线系统的常用器件设备，包括雷击保护器、滤波器、天线放大器等；学生应该掌握阵子、半波折合阵子的基本概念，掌握引向天线及其组成和原理；要求学生知道引向天线反射器的种类，了解引向天线和同轴电缆馈线连接时要注意的问题。

专业知识点 2：卫星电视信号和自办节目信号的接收与调制

卫星电视信号和自办节目信号的接收与调制内容在本教材第一篇第 2 章"有线电视信号的接收"的第 2 节"卫星电视信号的接收"、第 3 节"卫星电视接收机"中有所描述。要求学生清楚卫星的种类、频段和频道。了解为什么要利用同步卫星转播电视信号及如何接收卫星信号，并且掌握卫星电视接收的技术指标是什么。学生还要掌握卫星电视接收天线的种类，什么是抛物面天线，它的结构组成和工作特性如何，什么是前馈式、后馈式、偏馈式抛物面天线，C 波段和 Ku 波段接收天线的区别是什么等。同时要求学生知道高频头和功分器的重要作用。

专业知识点 3：常用前端设备

常用前端设备在本教材第一篇第 3 章"有线电视前端系统及常用设备"的第 2 节"常用前端设备"中有所描述。要求学生清楚哪些设备是常用前端设备，熟悉卫星电视接收机的前、后面板功能以及菜单功能，熟悉电视调制器的作用和中频调制原理，熟悉电视调制器的菜单功能，熟练操作电视调制器对卫星电视信号和自办节目电视信号进行频率调制和频道转换。同时要求学生对多路混合器的作用、工作原理及其技术参数非常清楚，且要求学生知道前端放大器是前端不可缺少的设备，并对前端放大器的分类、功能、作用十分了解。

对于导频信号发生器，要求学生知道什么是导频信号，它的作用是什么，前端系统中为何要采用导频信号，如何将导频信号加入前端系统等基础知识。

三、项目设备资源

1．设备机架、引向天线、卫星电视接收机、电视调制器、多路混合器、电视监视器、摄像机、DVD 机等。

2．专用安装工具、万用表、场强仪、各种线缆、连接头、接线板等。

3．计算机及多媒体电教设备。

四、注意事项

1. 自觉维护环境整洁，注意人身安全及用电安全。
2. 遵守有线电视前端机房设备的安全操作使用规程。
3. 遵守有线电视前端机房设备的安装规程及连接布线规程。
4. 注意连接抛物面天线的高频头、分支器、分配器接头接触良好，信号传输正常。
5. 遵守开路广播电视接收天线的使用操作规程。
6. 遵守场强仪设备的使用操作规程。
7. 遵守专业工具的安全使用规程。

五、项目实施步骤

（一）前端系统设备功能与信号接收调试知识学习

教师结合项目要求讲解有线电视前端系统组成，前端系统各个设备的功能、组成及工作原理，设备输入/输出信号特点，不同电视信号接收方法、调制方法，安装设备注意事项等。具体内容为：

1. 开路广播电视信号的接收，引向天线的原理及构成。
2. 有线电视前端系统各个设备的功能、组成及工作原理，包括设备面板操作功能、设备调试功能、设备机架排列要求、机房环境要求等。
3. 设备的连线、布线要求，防雷与接地的要求。
4. 设备信号接入、调试基本要求及操作步骤。
5. 学生讨论如何进行开路广播电视信号的接收与调制。
6. 学生讨论如何进行卫星电视信号的接收与调制。
7. 学生讨论如何进行自办节目信号的接收与调制。

（二）小型有线电视前端系统机柜设备配置与有线电视信号测试项目的方案设计

根据项目任务书和教师对项目的说明，分组讨论，明确项目要求，完成组内分工。具体内容为：

1. 理解项目任务书中所描述的任务目标及要求。
2. 制订工作计划，安排工作进度，填写方案设计表。
3. 教师讲解项目要求。
4. 进行安装施工前的准备工作，设计机柜设备安装顺序，掌握安装注意事项及专用安装工具使用注意事项。
5. 分组进行前端所有设备检查（外观、部件、旋钮是否松动或短路），根据项目要求进行有线电视前端系统机柜位置选择和设备间距选择。
6. 学生分组讨论设备调试方法和接插件配接方法。
7. 学生分组讨论信号的接收、调制及测试方法。

（三）前端系统设备主要性能指标测试

学生分组将有线电视前端设备按顺序安装到机柜上，检查设备的各个输入/输出端信

号是否正常,安装工作完成后进行设备开机调试。具体步骤为:

1.有线电视前端系统机柜设备组装。

2.根据机房设备配置要求进行小型有线电视前端系统机柜设备组装。

3.按要求进行设备的连线、布线,防雷与接地。

4.熟悉各个设备的技术指标,熟悉其前、后面板功能,能准确将电视信号接入各个设备。

5.进行单个设备开机调试。

(四)开路广播电视信号的接收与调制

学生分组使用小型引向天线将开路广播电视信号接入各自的前端系统机柜电视调制器和电视监视器,熟练使用场强仪进行指标测试。具体步骤为:

1.熟悉电视调制器、场强仪的面板和功能,熟练使用和操作各个前端设备。

2.利用小型引向天线进行开路广播电视信号的接收,要求至少接收5～8个频道并利用场强仪进行频道名称(台标)、调制频道号、图像载频、伴音载频、信号场强、信号载噪比等指标的测试,要求电视信号图像清晰、伴音正常,并记录测试数据。

3.能够正确判断测试过程中出现问题的原因并解决问题。

(五)卫星电视信号的接收与调制

学生分组进行卫星电视信号的接收与调制,熟练使用场强仪进行指标测试。具体步骤为:

1.熟练使用各个前端设备。

2.将卫星电视接收天线高频头传输下来的卫星电视信号与系统进行连接。

3.利用卫星电视接收机接收某卫星垂直(水平)极化波至少三个频道的电视信号,用电视监视器视频端口观看,并记录卫星电视接收机菜单参数(本振频率、下行频率、符号率、极化方式、频道设置、系统设置、节目设置、音量设置等)。

4.用电视调制器将卫星电视信号调制到某个电视射频频道或增补频道上,用电视监视器观看,并利用场强仪进行频道名称(台标)、调制频道号、图像载频、伴音载频、信号场强、信号载噪比等指标的测试,要求电视信号图像清晰、伴音正常,并记录测试数据。

5.用场强仪测试电视调制器输出信号电平、监测口输出电平、载频差、载噪比等性能指标,并记录测试数据。

6.能够判断测试过程中出现问题的原因并解决问题。

(六)自办节目信号的接收与调制

学生分组进行自办节目信号的接收与调制,熟练使用场强仪进行指标测试。具体步骤为:

1.按照要求将机柜自办节目设备与监视器连接起来,接收自办节目信号。

2.用电视调制器将自办节目信号调制到某个电视射频频道或增补频道上,用电视监视器观看,并利用场强仪进行包括频道名称(台标)、调制频道号、图像载频、伴音载频、信号场强、信号载噪比等指标的测试,要求电视信号图像清晰、伴音正常,并记录测试数据。

3.用场强仪测试电视调制器输出信号电平、监测口输出电平、载频差、载噪比等性能指标,并记录测试数据。

4.能够判断测试过程中出现问题的原因并解决问题。

(七)项目验收与评价,提出改进建议

在教师或企业工程师的指导下,依据行业标准和规范,小组成员协同完成小型有线电视前端系统机柜设备配置与有线电视信号测试项目。以小组为单位开展讨论,总结项目实施过程中出现的问题和解决方法,并进行组内成员的互评,填写项目验收报告单,撰写项目总结报告。具体步骤为:

1.检查前端系统机柜中各个设备安装是否牢固、平稳,要符合电气要求。

2.检查各个前端设备,包括电视监视器、卫星电视接收机、电视调制器、多路混合器、自办节目设备等的运行和输入/输出信号性能是否符合要求。

3.检查开路广播电视信号接收性能是否符合要求,并分析测试数据是否准确。

4.检查卫星电视信号接收性能是否符合要求,并分析测试数据是否准确。

5.检查自办节目信号接收性能是否符合要求,并分析测试数据是否准确。

6.填写项目验收单,撰写项目总结报告。

六、考核评价标准

1.良好

(1)机柜设备位置选择合适,机房设计有防潮、防电磁干扰、良好接地等措施。

(2)熟练使用前端系统设备,如卫星电视接收机、电视调制器、多路混合器、电视监视器、自办节目设备等,正确进行信号的线路连接。

(3)能对卫星电视接收机、电视调制器、电视监视器、自办节目设备等设备正确接线,熟悉各设备的开机菜单测试。

(4)能正确连接信号与设备,并完成开路广播电视信号、卫星电视信号以及自办节目信号的接收、调制与测试。

(5)能按时完成各种测试表格及项目总结报告,且报告内容充实。

2.优秀

在达到良好的基础上,同时又具备以下条件:

(1)遇到问题能独立分析、解决。

(2)前端系统具有工作效果良好、图像清晰、伴音正常、频道多、节目多等优点。

(3)能独立完成项目全部内容,能客观地进行自我评价、分析判断并论证各种信息。

3.合格

(1)能够识别前端系统各设备。

(2)在教师指导下能够完成系统设备信号接收、调制与测试。

(3)能按时完成项目总结报告,且报告内容基本完整。

4.不合格

有下列情况之一者为不合格:

(1)不能对小型有线电视前端系统设备进行调试。

(2)严重违反设备操作规程。

(3)不能正确连接信号与相关设备,并进行信号测试。

(4)项目报告存在抄袭现象或未能按时递交项目报告。

不合格者须重做。

七、知识拓展

1.开路广播电视接收天线的安装与调试

(1)适当选择天线的安装位置

开路广播电视接收天线的安装位置是否合适是至关重要的,因为天线输出电平的高低直接决定了系统载噪比的高低。一般来说,信号场强随接收地点的不同有显著的变化,不同地点的接收合成场强是不一样的。所以应该选择强场强区和中场强区来架设天线;应该在空旷的高处架设天线,而且要尽量架高,一般设在建筑物的最高处,要避开周围建筑物的反射波,多个反射波的合成会造成重影;要尽量避开干扰源,远离公路、电力线,避开大型金属物,避开高频无线电台(AM)、调频广播(FM)、雷达设施等。

(2)天线竖杆的安装

安装开路广播电视接收天线一般先要架设竖杆,竖杆有很多种形式,如多杆式、单杆式、铁塔式等。竖杆一般都由基座、竖杆、横杆、拉线组成。多杆式竖杆的高度通常为 6～12 m,顶端需焊一段不短于 0.2 m 的铜棒,而且必须与建筑物的避雷接地装置连接。各天线之间的水平距离要在 5 m 以上,一般用直径 40～80 mm 的圆形钢管以分段连接的方式组成。分段钢管的直径既可以相等也可以不等,等径的钢管采用法兰盘式连接,不等径的钢管采用直接焊接方式连接。天线的竖杆和横杆通常采用 U 形螺栓连接。单杆式竖杆上可架设多副天线,需要用防风钢缆加固,但如果天线数量超过 5 副,可以考虑安装两个天线竖杆。如图 X3-1、图 X3-2、图 X3-3 所示。

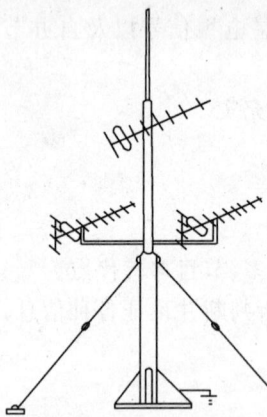

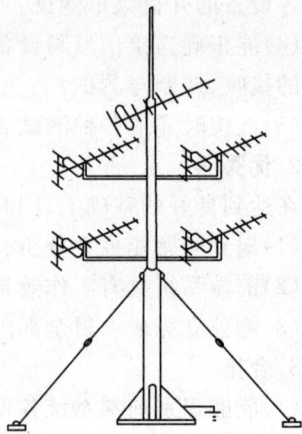

图 X3-1 3 副天线架设图   图 X3-2 4 副天线架设图   图 X3-3 5 副天线架设图

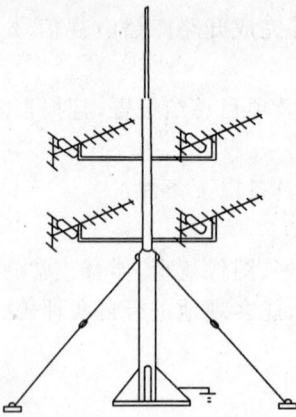

(3)天线竖杆的架设要求

天线竖杆上的开路广播电视接收天线和各种器材不能随便架设,必须按照一定的规程,否则容易出现危险且影响接收到的电视信号的质量。安装时高频段天线应架设在竖杆的上部,低频段天线应架设在竖杆的下部。

最高的天线要低于天线竖杆顶端 2.5 m 以上,顶端的铜棒是引雷用的,避开顶端一定距离主要是为了保护天线不直接遭受雷击。最低的天线应该高于或等于 3 m,这样可以大大减少地面反射波对开路广播电视接收天线接收电视信号的影响。

还要注意,位于同一根竖杆上的任何两副开路广播电视接收天线之间的距离应该大于想要接收频道的电视信号的波长,垂直距离不得小于想要接收频道的电视信号的波长,这样做主要是为了减少两副天线之间的相互干扰。一般来说,应将天线的最大接收方向对准高频段的反射天线方向,但最终还要根据实际收看效果来确定天线的指向。

天线竖杆上开路广播电视天线和各种器材的架设应该保证左右转动灵活,上下移动方便,便于进行调整。天线至前端的馈线一般要小于 20 m,且不要靠近前端输出口和干线输出电缆,避免产生相互干扰。

2. 避雷针的工作原理

常规防雷电分为防直击雷电、防感应雷电和综合性防雷电三类。防直击雷电的避雷装置一般由三部分组成,即接闪器、引下线和接地体。接闪器又分为避雷针、避雷线、避雷带、避雷网等。

以避雷针作为接闪器的防雷电原理为:避雷针通过导线接入地下,与地面形成等电位差,利用自身的高度,使电场强度增加到极限值的雷电云电场发生畸变,开始电离并下行先导放电;避雷针在强电场作用下产生尖端放电,形成上行先导放电;两者会合形成雷电通路,随之流入大地,达到避雷效果。实际上,避雷针就是引雷针,可将周围的雷电引来并提前放电,将雷电电流通过自身的接地导线传向地面,避免保护对象直接遭雷击。通俗的解释就是:避雷针的作用像雨伞为人们遮雨一样,覆盖着一定范围内的建筑设施,一旦有雷电进入这个伞状的范围,雷电就会被避雷针吸引过来,再通过本体流入大地,从而使"伞下"的建筑不被雷击。除避雷针之外还有避雷线,它是从保护对象的制高点向另外的制高点或地面接引金属线的防雷电方法,它的防护作用等同于在弧垂上每一点都有一根等高的避雷针。后来发展了避雷带,就是在屋顶四周的女儿墙或屋脊、屋檐上安装金属带作接闪器来防雷电。避雷带的防雷电原理与避雷线一样,由于它的接闪面积大,接闪设备附近空间电场强度相对比较强,所以更容易吸引雷电先导,使附近尤其是比它低的物体受雷击的几率大大降低。再后来又发展了避雷网,避雷网又分明网和暗网。明网是指在避雷带的中间加敷金属线制成的网,通过截面积足够大的金属物与大地连接,用以保护建筑物的中间部位。暗网则是利用建筑物钢筋混凝土结构中的钢筋网进行雷电防护,只要每层楼楼板内的钢筋与梁、柱、墙内的钢筋有可靠的电气连接,并与层台和地桩有良好的电气连接,就可以形成可靠的暗网,这种方法要比其他防护方法更有效。

3. 开路广播电视接收系统的防雷与接地

开路广播电视接收天线一般处于建筑物的最高处,而且天线的振子是由金属制造的,很容易受到雷电袭击。所以开路广播电视接收系统的防雷与接地,是直接影响到安全的大事,且直接影响到电视信号的接收质量。

天线竖杆往往是竖立在建筑物的最高处,根据雷电尖端放电现象,天线竖杆也可能成为一个引雷电装置。虽然大多数高层建筑物都装有避雷针,但是多数只有避雷带而无避雷针,若天线竖杆高于避雷带,遭受雷击的可能性就不可避免。天线竖杆一旦遭到雷击,在接收天线上就会产生比较大的感应电流,该电流一旦进入前端设备,会严重损害设备。

所以天线竖杆一定要安装避雷接地装置。

由于接收天线、竖杆、横杆是通过螺栓、托槽等紧固件压接合成一体的,所以只要直径为 8～12 mm 的镀锌钢筋将天线竖杆和建筑物的避雷线或避雷带焊接成一体,使天线竖杆和建筑物的避雷网相连,就能够起到良好的避雷作用。每一副天线都要连接一个雷击保护器,用以保护前端不受损坏,这个装置同样要保证接地。

倘若建筑物没有专门的避雷网,就需要单独安装接地装置,又称为接地棒。单独安装的接地装置必须做到接地电阻小于 4 Ω,接地导线的线径要符合建筑规范要求。

4.卫星电视接收天线的防雷及接地

卫星电视接收天线的防雷主要采用避雷针作为接入器,原理是把雷电引入自身,然后通过下引线(接地线)、接地体迅速而安全地把雷电电流泄放到大地,将雷击的概率和强度大大降低。避雷针的保护范围是避雷针下面 45°～60°的伞形区,如图 X3-4(a)所示。

如果卫星电视接收天线独立安装在一个空旷地区或安装在较高的楼顶上,周围再没有比它更高的建筑物,此时必须设置避雷器;如果卫星电视接收天线安装在楼房的阳台内,或者虽然安装在楼顶,但在其他高大建筑物避雷针的保护范围内,可不设置避雷器。

卫星电视接收天线必须安装在避雷针的保护范围内,当它处于此伞形保护区域内,就会受到保护,如图 X3-4(b)所示。避雷针架设越高,保护区的范围就越大。在卫星电视接收天线上安装避雷针应该注意避雷针与受保护天线的距离应大于 5 m,因为避雷针及其下引线受雷击的感应能击穿 2～3 m 的空气。一般要保证接地体的接地电阻小于 4 Ω,下引线可以就近直接接在卫星电视接收天线所在楼顶的避雷带的下引线上,两者的接触应该很牢固。

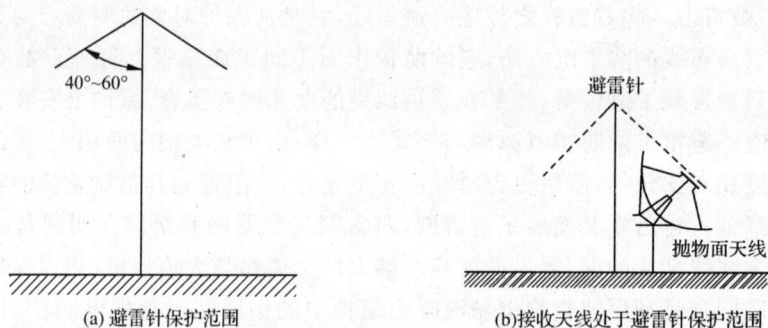

(a) 避雷针保护范围　　　　(b)接收天线处于避雷针保护范围

图 X3-4　抛物面天线避雷示意图

八、常见问题解答

问题 1:怎样选择开路广播电视接收天线?

答:天线是接收电视信号的关键部件,它的好坏直接影响用户的收看质量好坏,所以应该根据实际情况来进行选择。选择主要注意三方面的问题:

(1)根据接收地区场强的不同来选择天线。一般接收电视信号的地区场强是不同的,可划分为强信号(场强)区、中信号(场强)区、弱信号(场强)区和微信号(场强)区。当某接收地区的场强值在 94 dB 以上时为强信号区,此时对天线的要求不高,三单元天线、阵子天线或全频道天线均可接收到较好的信号;当某接收地区的场强值在 74～94 dB 时为中信号区,此时一般可采用五单元天线;当某接收地区的场强值在 54～74 dB 时为弱信号区,此时一般要采用七单元天线或组合天线;当某接收地区的场强值在 54 dB 以下时为微弱信号区,此时信号过弱,应该选用七单元天线加单频道天线放大器。天线放大器应该安装在天线竖杆上,离天线的距离应尽可能近一些,可以提高系统的载噪比。

(2)根据接收频道选择相应的单频道天线。一般来说,单频道天线的特点是方向性强,增益比较高。各地区可根据转播的需要选择不同的引向天线,对准电视发射台的方向,就可以收到所需的电视信号,还可以抑制其他频道的干扰。

(3)根据接收地区不同方向的干扰来选择天线。对于从引向天线主瓣进入的干扰,一般采用窄主瓣天线或天线阵;对于干扰源在主瓣的一侧,一般采用稍微偏转天线,使天线方向性图的凹陷对准干扰源;对于从旁瓣进入的干扰,一般采用超低副瓣天线或偏转天线,使天线方向性图的零点对准干扰源;对于从后瓣进入的干扰,一般采用前后比较大的天线(20～23 dB),还可以在天线后面加屏蔽网。

问题 2:数字卫星电视接收机使用中应该注意哪些问题?

答:数字卫星电视接收机是接收数字卫星信号的关键设备,使用前一定要认真阅读使用说明书,严格按照说明书的要求操作,不同型号的数字卫星电视接收机有些功能是不同的。

使用时,首先应该注意要水平、平稳放置数字卫星电视接收机,应该放置在保持通风、干燥、温度适中、无阳光直射的地方,上面切忌置放重物。设备接线要牢靠,接线排列要尽量整齐。电缆线接头有英制和公制两种,不可用错,否则会导致接触不好,AV 线一定要接插牢固。

使用时按键操作不要太快。对数字卫星电视接收机进行如"系统恢复""系统设置""频道设置""设置 PID 码""电视节目设置""自动搜索频率""频道删除"等菜单操作时,动作不要太快,两次操作之间要适当停顿,给设备内部 CPU 留有处理指令的时间。此时,如果频繁按动遥控器给设备新的指令,会出现"死机"现象,画面会静止在一个频道上。

应该及时更换遥控器电池,以免引起误码操作。遥控器电池电压低时,输出信号的幅度也会变低,接收机收到信号解码后,容易产生错误,相当于收到一个错误的指令,从而引起接收机的误动作,甚至会造成"死机"现象,此时,遥控器也会失去作用。

例如 PBIDVR-1000 数字卫星电视接收机出现"死机"现象后,当按动遥控器上的"节目上下选择键"时,画面的右上角出现一行英文,英文中间有"确定"两个汉字,这时,千万不能直接按"是"键。正确的做法是,先按"MENU"菜单键,打开菜单后顺序选择"系统设置"—"系统恢复"后,再按"是"键恢复系统,这样设备就可以正常工作了。菜单如图 X3-5 所示。

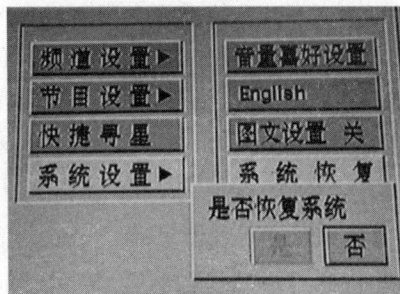

图 X3-5　PBIDVR-1000 数字卫星电视接收机"MENU"菜单

问题3：使用电视调制器应注意哪些事项？

答：电视调制器的作用是把所要传输的视频电视信号、音频电视信号按照电视广播的标准调制成能够在系统中传输的高频信号，采用的调制方式与地面开路广播相同，即对视频信号进行残留边带调幅，对伴音信号进行调频。因此，电视调制器就是一个小小的电视发射机，其主要指标为输出电平、频响特征、信噪比、载波频率偏差、带外抑制、总谐波失真、邻频抑制比等，都应该符合广播电视标准。

在大中型有线电视系统中，应该使用专业级的邻频电视调制器。电视调制器按输出方式分有固定频道和捷变频两种，从隔离度上分有隔频和邻频两种，从频率上分有 550 MHz 和 860 MHz 两种。

使用电视调制器时，首先应该注意图像的质量与调制度的大小有密切关系。电视调制器的输入视频信号电平规定为 1 V（峰-峰值），但现在很多场合信号源给出的信号电平常常会大于 1 V，当超出电视调制器许可的电平范围后，就会出现过调制现象——彩色过浓且不自然，出现爆裂声。此时可以分别微调音频调制度和视频调制度两个旋钮，直至声像俱佳。其次，一般的电视调制器都有外部调整机构，通常在 10～20 dB 连续可调，可保证伴音图像功率比 A/V 为 −17 dB。A/V 过大会造成电视节目有伴音时在画面上出现干扰条纹，同时也会对相邻频道形成干扰；A/V 过小，电视伴音轻，音质变差。电视调制器通常备有的音量旋钮用来调节输入的音频信号的大小，以防止电平过高造成声音失真。电视调制器外形结构如图 X3-6 所示。

图中：A1——红外接收端，A2——射频输出端，A3——T.P.端，A4——显示窗，A5——调谐，A6——设置，A7——增大，A8——减小，A9——视频端，A10——音频端，A11——V/A 端。

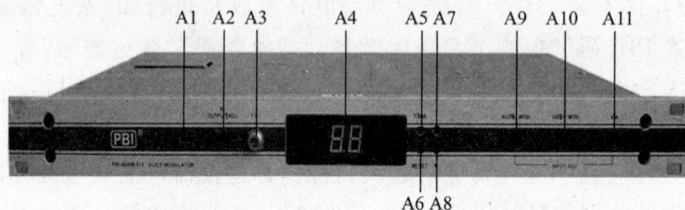

图 X3-6　PBI-4000M-870 捷变式邻频电视调制器外形结构

问题4：自办节目设备主要有哪些？

答：目前，大多数有线电视台都有自办节目频道，自办节目一般都要经过摄像、录像、编辑制作、播出四个阶段。自办节目设备有很多，包括 DVD 机、录像机、摄像机、特技机、编辑控制器、字幕机及动画制作系统、三维动画系统、时钟和台标发生器等。

（1）摄像机、录像机：一般用来进行现场或外景目标的素材录像、录音等前期节目拍摄。摄像机、录像机一般分为模拟和数字两大类，按用户使用要求分为广播级、业务级和家用级三种，一般有线电视台使用业务级设备即可，大中型有线电视台使用广播级的设备。

（2）特技机：也称为视频特技切换台，有模拟和数字两类，国产和进口的设备都有。特技机的主要作用是对来自摄像机、录像机、字幕机、电影电视设备的多路视频信号进行特技切换、特技处理,完成花样繁多的画面过渡。可进行多分画面、淡入淡出、局部马赛克、多画面混合、局部放大、字幕叠加、画面翻转、多种画面效果(如油画效果、三维立体效果、镜像效果等)等操作。各种特技机的细节功能很多,价格也差别很大,应该根据有线电视台的规模进行选择。

(3)编辑机:主要功能是编辑节目,通过放、录两台编辑机,就可以对节目进行剪辑。编辑机一般是跟摄像机成套配置的。编辑就是把不同磁带上的图像信号和伴音信号按照要求组合到一条磁带上。常用的编辑方式有两种,即组合编辑和插入编辑。组合编辑是将音、视频信号和控制磁迹信号同时录在一条磁带上,用于在原有节目后面再加上一个新节目,使其成为不间断的新节目。插入编辑是将音、视频信号同时或分别录在一条磁带上,而这条磁带上已经预先录有磁迹控制信号,可在原有的内容上插入新的内容,变更原磁带上的图像和声音信号,或给图像配声音、给声音配图像。

(4)字幕机及动画制作系统:字幕机用来进行字幕叠加,是早期的产品,目前将字幕、图文、特技及动画等功能合为一体,又称为图文、特技、动画制作系统。

字幕功能主要是将计算机生成的图形字幕与电视画面叠加,叠加方式有很多,如从左(右)到右(左)、从上(下)到下(上)、四角飞入飞出等。

动画特技系统就是计算机与专用软件结合,先在计算机上用专用软件完成动画制作,将制作好的动画通过视频叠加卡与原电视画面叠加,形成所需的合成画面。

问题 5:前端设备安装规范有哪些?

答:前端系统是有线电视的核心,其设备的安装规范主要有安装条件、安装步骤两项,前端设备的安装同时也是为通过验收和今后系统的正常运行打好基础的过程。

(1)安装条件:前端的主要设备和器件都应该采用符合国家标准和行业技术标准的定型产品,设备必须拥有生产许可证、厂家的商标和铭牌、检验合格证、产品说明书等。安装之前,一定要认真阅读产品说明书,安装人员应该具备相应的职业资格,熟悉系统的整体工程情况。安装前要仔细检查前端所需设备、器材、辅料、仪器、工具等是否完备,能否满足安装的要求,设备、部件、辅材的规格、型号、数量是否与清单一致,机房的预埋管线、预留孔洞、沟槽等是否符合设计要求,供电系统、接地设施是否正常可靠。

(2)安装步骤:前端设备安装应该按照设定的频道一组一组地进行。某一频道的相关设备应安装在一个机架上,上下安置,相邻设备之间要留有大于 45 mm 的空间以利散热。设备上架时,应将机架上所有的螺钉加装垫片和弹簧垫圈后拧紧。在断电情况下按照设备要求正确连接信号线,其中信号射频线、视频线都不要过长。所有的信号线、电源线都应该排列整齐,无互相交叉、缠绕。所有的连接器和接插件都应该保证接触良好,空闲不用的端子应用端帽盖好,同时电源插座应采取防雷电措施。

全部设备安装完毕、连线检查无误之后,可以接通天线信号,查看天线、馈线输出电平是否与设备要求的输入电平相符,不能过高或过低,可以通过调节天线放大器的增益或衰减器来达到设备要求值。此后,可以将设备通电试运行,视频输入信号的电平在 75 Ω 终端时应为 1 V(峰-峰值),音频信号的电平在 600 Ω 负载阻抗上应为 0.775 V,A/V 比应符合相关要求。

问题 6：如何进行前端系统的统调？

答：前端系统的统调是很重要的工作，当一个频道的设备全部安装到位并调试正常，电平值也达到设计要求后，可以按照同样的方法安装下一个频道的设备。所有频道的设备都分别安装、调试后，接入混合器进行综合调试。调试有四个关键参数，分别为载噪比、载波互调比、交扰调制比、载波组合三次差拍比。某一参数指标不合格就会出现雪花状干扰、网状干扰、雨刷状干扰以及随机噪声等干扰现象，安装时可根据实际收视效果来进行调整。各频道性能应该一致，主要是 A/V 为 -17 dB 左右，图像的调制度要一致，伴音的频率要一致，前端输出电平与干线放大器输入电平要一致，导频信号电平调整应满足干线放大器的电平要求。另外，前端输出电平值和倾斜方式应与干线放大器一致，若采用平坦输出型干线放大器，则前端的输出电平也应是平坦型的；若采用倾斜输出型干线放大器，则前端的输出电平也应是倾斜型的，即高端频道电平略高，低端频道电平略低。一般来说，前端输出电平宜在 100 dBμV 以上，输出电平高一些可以弥补电缆传输的损失，又可以提高后面分配网络的载噪比。当然，输出电平也不能太高，一般应比放大器标称的最大输出电平或调制器的最大输出电平低 $3\sim5$ dB，采用邻频传输时相邻频道的电平差一般应控制在 1 dB 以内，前端输出电平一般通过调节放大器增益或加衰减器来进行调节。

问题 7：怎样维护保养前端设备？

答：前端设备是有线电视系统的核心，它的运行情况直接关系到整个系统的运行质量。为了保证前端系统的正常运行，对前端设备一定要进行预防性的定期维护和保养，确保设备始终处于良好的工作状态，技术部门应该有可靠的设备、健全的制度和严格的管理。维护和保养工作是预防性的，要求周期性进行，很多问题要与上一次检查结果进行对比才能发现，所以维护工作要认真作好记录。对前端设备的维护保养分为周、月、季、年维护四个等级：

（1）周维护：以设备的功能检测为主，首先关断机房供电，进行设备外部清尘，包括机架内外、设备面板和监视器、显示屏幕等。之后进行以下各项检查：

①检查各切换开关功能键、监测报警系统及各设备指示状态。

②检查各部位的连线是否有松动、脱焊、接触不良等情况。

③检查电源开关、熔丝盒是否有氧化等现象。

④检查各信号源的音、视频电平幅度，各频道输出电平，卫星电视接收机输出场强，视频调制度，音频频偏等指标。

⑤检查备用的调制器、卫星电视接收机是否工作正常。

⑥检查机房供配电系统、空调系统、照明系统是否工作正常。

（2）月维护：一般安排在本月最后一周进行，结合周维护对各频道播出信号进行校验和调整。主要内容有：

①继续做周维护所有的内容，处理周维护记录中的问题。

②对自办节目设备进行内部除尘，清洗磁头。

③整理各个设备连接线。

④测试前端设备的载噪比、载波互调比、交扰调制比、载波交流声比等。

⑤检查天线的接收方向和加固情况。

⑥调整各信号源和音、视频设备射出的信号幅度。

⑦调整各频道射频电平、A/V、视频调制度和伴音频偏。

⑧检查各光发射机、接收设备的工作状态。

(3)季维护：一般安排在本季度最后一周进行，主要内容有：

①检查周、月维护所有的内容，处理月维护记录中的问题。

②根据本季度的温度变化及下一个季度的温度变化趋势对前端输出口各频道电平做一次较细致的检测和调整。

③清洁机房空调过滤网，检查空调运行情况。

④按操作规程对蓄电池进行完全的充放电维护。

⑤在雷雨季节来临之前对前端系统避雷装置进行一次全面检查及测试，确保防雷安全。

⑥紧固供电系统接线端子，对继电器触点进行清洁，对交流稳压器内部除尘，测试稳压性能。

⑦对卫星电视接收天线、开路广播电视接收天线进行全面性的检查和维护。

(4)年维护：对全年的月维护、季维护作全面的分析和总结，针对容易重复出现的故障或有故障隐患的器件、部位进行认真的检查、保养，对重复出现的故障要认真分析产生的原因，采取相应的措施，保证设备在最佳的工作状态。全面清洁各设备的电路板和接插件，检查并调整信号源和设备测试口的电平及性能指标，检查并调整各监测、报警系统的门限阈值。

有线电视信号的调制、混合及干线放大器测试　项目 4

一、项目说明

1.项目内容

有线电视信号的调制、混合及干线放大器测试项目要求学生能够进一步熟练使用各个前端设备,掌握其主要性能参数。有线电视系统前端设备主要包括电视监视器、卫星电视接收机、电视调制器、各种自办节目设备、多路混合器、干线放大器等。通过该项目的训练,使学生进一步了解有线电视邻频前端的组成与功能,熟练使用卫星电视接收机及前端其他设备接收数字卫星电视信号和自办节目信号,并能进行频道转换和信号调制,将两种信号调制到不同的射频频道或增补频道上。同时,使学生能够熟练使用多路混合器混合两种信号,利用场强仪测试多路混合器的各种参数。

采用同轴电缆传输电视信号时存在损耗,损耗随信号的频率不同而不同。通过该项目的训练,使学生能够测试信号传输过程中的衰减和损耗。干线放大器是前端系统不可缺少的器件之一,可对前端输出的信号进行放大,提高其信噪比。通过该项目的训练,使学生能够掌握干线放大器的整机结构、各接插件作用,分析测试数据,对干线放大器的作用、性能有明确的认识,并能够使用场强仪对干线放大器输入/输出信号等性能参数进行测试。有线电视信号的调制、混合及干线放大器测试项目具体内容如下:

(1)明确项目任务要求,完成小组分工,制订实施计划,安排进度,填写方案设计表。

(2)根据项目要求进一步熟练使用各个前端系统设备,包括电视监视器、卫星电视接收机、电视调制器、各种自办节目设备、多路混合器、干线放大器等。

(3)正确接收卫星电视信号、自办节目信号并与调制器、混合器连接起来,组成有线电视前端测试系统。

(4)使用多路混合器对调制后的卫星电视信号和自办节目信号进行混合输出,利用场强仪测试多路混合器输入/输出信号及特性参数。

(5)使用 200 m 同轴电缆接入系统进行传输线损耗测试,熟练使用场强仪进行测试。

(6)使用干线放大器对混合后的有线电视信号进行放大并测试干线放大器的性能指标,验证传输线损耗特性。

(7)能够判断项目实施过程中出现问题的原因并解决问题。

(8)能够对项目完成情况进行评价,提出改进建议,并且能够根据项目完成过程撰写项目总结报告。

2.项目要求及技术指标

根据项目任务书及教师对项目的说明,分组讨论,明确项目要求,完成组内分工并填写项目方案设计表,包括日程安排、任务分工、设备信号接入要求、调试要求等;在教师或企业工程师的指导下,组内成员协作完成有线电视信号和自办节目信号的接收与调制,并利用多路混合器进行信号混合,完成测试数据表。对传输系统中的干线放大器进行测试,验证同轴电缆传输的损耗特性,填写测试数据表并对数据进行分析,以小组为单位对项目完成情况进行评议,教师验收通过后撰写项目总结报告。具体的技术指标如下:

(1)项目工作计划书编写合理可行,内容详细,项目组分工明确,任务时间分配具体。

(2)接收到的卫星电视信号图像清晰、伴音正常,信号强度和信号质量满足要求。

(3)接收到的自办节目信号图像清晰、伴音正常,信号强度和信号质量满足要求。

(4)电视调制器工作正常,频率调制、频道转换正常。

(5)多路混合器输入/输出信号正常、插入损耗小,性能参数符合要求。

(6)传输线损耗测试数据准确。

(7)干线放大器工作正常,参数测试准确。

3.能力目标

(1)掌握有线电视信号传输的理论知识,熟悉同轴电缆传输的损耗特性及损耗的测量方法。

(2)熟练使用前端设备,包括电视监视器、卫星电视接收机、电视调制器、各种自办节目设备、多路混合器、干线放大器等。

(3)了解多路混合器的特点与技术指标,熟悉多路混合器后面板输入/输出端子布局图,并能正确连线。

(4)掌握多路混合器接入损耗与隔离度的测试方法,并能熟练使用场强仪测试多路混合器的特性参数。

(5)掌握同轴电缆传输线损耗的测试方法,并能熟练使用场强仪进行测试。

(6)掌握干线放大器的重要特性、各端口连接信号方法,能用场强仪熟练测试干线放大器的性能指标。

(7)能够判断测试过程中遇到问题的原因并解决问题。

(8)能够对项目完成情况进行总结、评价并撰写项目总结报告。

(9)具有沟通交流能力和团队协作能力。

4.学习环境

学习环境主要是学习场地,分为理论教学场地和项目实施场地。理论教学场地即教室或实验室,要求宽敞明亮,恒温,有计算机、投影机等教学设备;项目实施场地为有线电视实验室,要求宽敞明亮,恒温,空气流通,无电磁干扰。

5.成果验收要求

(1)项目实施方案:对卫星电视信号和自办节目信号接收、调试、频道转换等工作的顺序、测试方案、实施计划等方面进行检查;对多路混合器输入/输出信号、特性参数测量方法、实施计划等方面进行检查;对干线放大器性能测试方法、实施计划等方面进行检查。

(2)项目实施实物:对前端设备,如传输线损耗、干线放大器的接线、信号输入/输出质

项目 4 有线电视信号的调制、混合及干线放大器测试

203

量和效果、性能参数等方面进行检查。

（3）项目验收：对项目实施过程、报告撰写情况等方面进行检查。

二、知识链接

专业知识点 1：常用前端设备之多路混合器

多路混合器知识在本教材第一篇第 3 章"有线电视系统及常用设备"的第 2 节"常用前端设备"中有所描述。多路混合器的作用是将前端设备输出的多路电视射频信号混合成一路，并使各路信号相互隔离，然后送至同一根电缆进行传输，以达到频率复用的目的。要求学生了解多路混合器的基本作用，不同结构多路混合器的特点；混合器的主要技术参数，包括插入损耗、相互隔离度、带内平坦度、反射损耗、频率范围、输入路数等。还要求学生清楚多路混合器的技术参数有哪些以及可以利用什么设备、如何测试这些参数，同时学生应该熟悉多路混合器后面板上各个输入/输出接线端口的功能。

专业知识点 2：干线放大器

干线放大器知识在本教材第一篇第 4 章"有线电视干线传输系统及用户分配系统"的第 1 节"同轴电缆传输系统"中有所描述。对于干线放大器要求学生了解干线放大器是有线电视系统不可缺少的设备，知道Ⅰ、Ⅱ、Ⅲ类干线放大器的基本工作原理，了解干线放大器的分类、功能、作用；还要对干线放大器的主要技术参数和测量方法有所了解，技术参数主要包括增益、带宽、带内平坦度、输入电平、输出电平、信号交流声比、AGC 和 ASC 特性、载波组合交扰调制比(C/CM)、载波组合二次差拍比(C/CSO)、载波组合三次差拍比(C/CTB)、反射损耗、噪声系数、集中供电和稳压电源性能等。

专业知识点 3：同轴电缆传输系统

同轴电缆传输系统在本教材第一篇第 4 章"有线电视干线传输系统及用户分配系统"的第 1 节"同轴电缆传输系统"中有所描述，其作用是将前端输出的各种信号稳定且不失真地传输至用户分配系统。要求学生了解同轴电缆的结构、型号及其性能参数，其性能参数主要包括特性阻抗、衰减常数、温度系数、屏蔽性能、回路电阻、最小弯曲半径、防水和防潮性能、老化等。

特别是要清楚同轴电缆的衰减特性及其测量方法。同轴电缆的衰减特性与信号的频率高低、传输距离的远近有密切关系，本项目中要使用场强仪对同轴电缆的衰减特性进行测量和分析。

三、项目设备资源

1.卫星电视接收天线、卫星电视接收机、电视调制器、多路混合器、电视监视器、干线放大器、自办节目设备。

2.场强仪、200 m 同轴电缆、万用表、各种线缆（视频线、射频线）、连接头（F 头、竹节头）、接线板等。

3.计算机及多媒体电教设备。

四、注意事项

1. 自觉维护环境整洁，注意人身安全及用电安全。
2. 遵守有线电视前端系统各种设备的安全操作规程。
3. 注意连接抛物面天线的高频头、分支器、分配器接头接触良好，信号传输正常。
4. 遵守场强仪的安全操作规程。
5. 遵守专用工具的安全使用规程。

五、项目实施步骤

（一）有线电视信号的调制、混合及干线放大器测试的知识学习

教师结合项目讲解多路混合器的工作原理、干线放大器的功能与测试方法、传输线损耗等知识，学生分组进行讨论，并熟悉多路混合器、干线放大器这两个设备。具体步骤为：

1. 教师讲解多路混合器的电路构成和特点及其主要技术参数。
2. 教师讲解干线放大器的电路工作原理及其性能参数。
3. 学生分组讨论多路混合器的性能、使用方法，以及主要技术参数测试方法，并绘制多路混合器后面板图。
4. 学生分组讨论如何利用传输线传输电视信号及如何利用已有的设备和仪器测试同轴电缆的损耗特性。
5. 学生分组讨论如何进行干线放大器的性能参数测试。

（二）有线电视信号的调制、混合及干线放大器测试的方案设计

根据项目任务书和教师对项目的说明，分组讨论，明确项目要求，完成组内分工。具体步骤为：

1. 理解项目任务书中所描述的任务目标及要求。
2. 教师讲解项目要求。
3. 制订工作计划，安排工作进度，并填写项目方案设计表。
4. 熟悉前端系统设备多路混合器、干线放大器的作用与功能。
5. 检查多路混合器后面板各输入/输出端子、干线放大器各输入/输出端子是否接触良好。

（三）前端系统设备多路混合器性能测试

学生分组进行卫星电视信号、自办节目信号的接收与调制，将调制到的不同射频频道或增补频道的两路信号送入多路混合器混合、输出并进行测试。具体步骤为：

1. 利用卫星电视接收机接收卫星电视信号和来自某自办节目设备输出的信号。
2. 用两台电视调制器分别将接收到的卫星电视信号和自办节目信号调制到不同的射频频道或增补频道上。
3. 将两台电视调制器的输出分别接入多路混合器的输入端，两个信号混合输出，再送入电视监视器进行观测。
4. 用场强仪分别测试多路混合器输出电平、接入损耗、相互隔离度等参数，并记录数据。

5.能够判断测试过程中出现问题的原因并解决问题。

6.学生分组讨论并对测试数据进行检查,回答教师提出的问题。

多路混合器测试接线图如图 X4-1 所示。

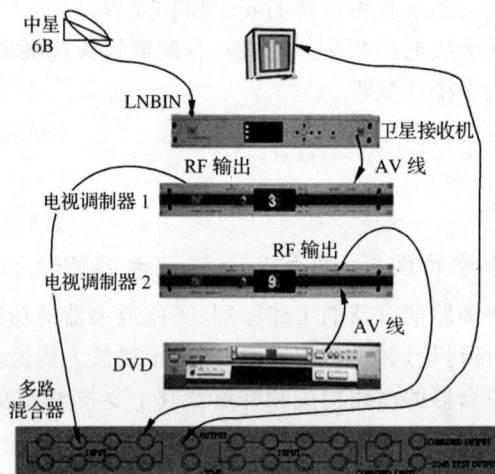

图 X4-1　多路混合器测试接线图

(四)传输线损耗和干线放大器性能测试

学生分组进行传输线损耗测试、干线放大器性能测试,要求熟练使用场强仪进行参数测试。具体步骤为:

1.熟悉干线放大器机箱的内部结构,观察各个输入/输出端口。

2.识别干线放大器中常用无源器件,如分配器、分支器、均衡器、短路线等的位置。

3.熟悉各种接插件功能、各个输入/输出端口及检测端口的接线方法。

4.根据要求用场强仪进行有线电视信号(来自多路混合器)放大前后的性能参数测试,并记录数据。

5.根据要求用场强仪对传输了 200 m 后的有线电视信号进行衰减量、放大量的测量,并记录数据。

6.根据测试数据进行传输线损耗分析。

7.分析测试数据并以此来验证分配器、分支器之间的功率分配关系。

8.判断测试过程中出现问题的原因并解决问题。

9.学生分组讨论并对测试数据进行检查,回答教师提出的问题。

干线放大器外形与接线端子如图 X4-2 所示。

图 X4-2　干线放大器外形与接线端子

干线放大器性能测试如图 X4-3 所示。

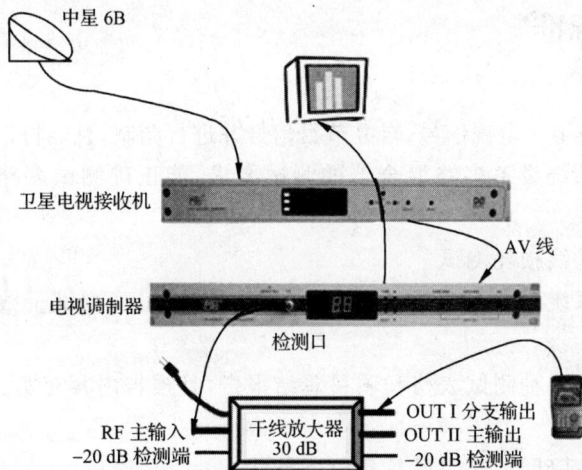

图 X4-3　干线放大器性能测试

加 200 m 同轴电缆后信号衰减及干线放大器性能测试如图 X4-4 所示。

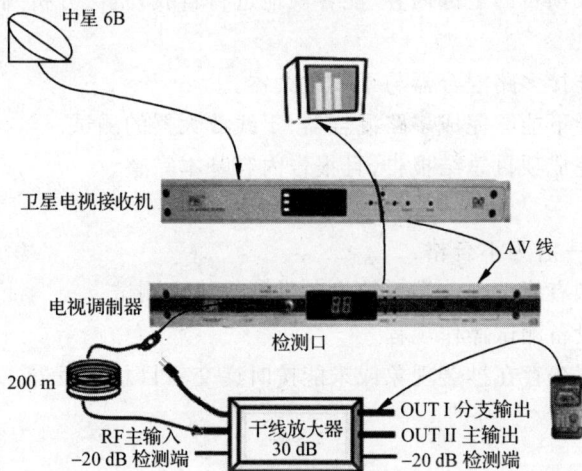

图 X4-4　加 200 m 同轴电缆后信号衰减及干线放大器性能测试

（五）项目验收与评价，提出改进建议

在教师或企业工程师的指导下，依据行业标准和规范，小组成员协同完成有线电视信号的调制、混合及干线放大器测试项目。以小组为单位开展讨论，总结项目实施过程中出现的问题和解决方法，进行组内成员的互评，并撰写项目总结报告。具体步骤为：

1. 检查多路混合器各个输入/输出端口信号接触是否良好，测量数据是否符合技术指标要求。

2. 检查干线放大器各个输入/输出端口电平值是否正常，测试数据表填写是否准确。

3. 分析测试数据。

4. 学生分组讨论测试中出现的问题，分析出错原因并讨论解决的方法。

5.填写项目验收报告单。

六、考核评价标准

1.良好

(1)能正确接收卫星电视信号、自办节目信号并进行调制,且能将信号输入多路混合器。

(2)掌握前端系统设备多路混合器的测试要求,能正确测试多路混合器的各个性能参数。

(3)能进行传输线损耗测试。

(4)掌握前端系统设备干线放大器的测试要求,能正确测试干线放大器的各个性能参数。

(5)能按时完成各种测试表格和项目总结报告,且报告内容充实。

2.优秀

在达到良好的基础上,同时又具备以下条件:

(1)熟悉前端系统设备的使用方法,遇到问题能独立分析、解决。

(2)测试数据准确,测试方法合理、简便,对测试数据能准确判断其是否合理。

(3)能独立完成项目的全部内容,能客观地进行自我评价、分析判断并论证各种信息。

3.合格

(1)能够准确连接多路混合器与干线放大器。

(2)在教师指导下能够完成多路混合器、干线放大器的测试。

(3)能够按时完成项目总结报告,且报告内容基本完整。

4.不合格

有下列情况之一者为不合格:

(1)不能对小型有线电视前端系统设备进行接线和测试。

(2)严重违反设备测试操作规程。

(3)项目总结报告存在抄袭现象或未能按时递交项目总结报告。

不合格者须重做。

七、知识拓展

1.电缆放大器供电形式及馈电调整

同轴电缆在传输信号时对信号是有损耗的,而且信号的频率越高损耗就越大。由于同轴电缆对信号具有衰减作用,所以每隔一段距离要加电缆放大器,以补偿信号的损耗。这种放大器是有源器件,需要供电才能工作。一般电缆放大器的供电形式有两种,分散供电和集中供电。

(1)分散供电

分散供电是指将 220 V 市电直接输入支线放大器和干线放大器的电源电路,经放大器内部的整流、滤波及稳压电路后向放大器提供工作电压。这种供电方式不通过干线电缆供电,所以不会出现"电蚀"现象,电缆的工作寿命较长。但是,给电缆进行供电的电源设备会提高工程造价,且距离越长,放大器越多,供电电源越多,不方便维护和维修,所以分散供电方式一般只用于中小型系统。

（2）集中供电

集中供电是指电缆在传输电视信号的同时,也为电缆放大器供电。通过同轴电缆芯线与外导线形成回路传输安全供电电压,这种方式要求线路中的无源器件必须是馈电式的,放大器应该备有与之相符的电源供电线路,供电系统由电源供给器、电源插入器等组成。

集中供电方式又分为低压交流集中供电和低压直流集中供电两种。其中,最常用的低压交流集中供电方式是将市电降压为 40～60 V、频率为 50 Hz 的交流电,通过电源插入器将该电压送到干线电缆中,传给放大器再经整流滤波后进行供电。

馈电的调整,在电源供给器、电源插入器与电缆接通之前,应把电源供给器与 220 V 交流电源接通,并用交流电压表测量各点的输出交流电压是否在规定的范围之内,符合要求后才能与电缆连接。调整时首先将各级放大器的馈电熔丝取下,从前级往后级通电,并用万用表测量放大器输入端交流电压是否在 40～60 V。全部通电之后还要测量集中供电电源的电流是否超过了它的额定值,一般应该在额定电流的 70% 左右。如果电流太大且放大器数量不多,应该逐级检查是否有短路现象。另外还应进行电源的通断实验,防止停电后重新供电时过大的冲击电流损坏放大器。

2.多路混合器的分类

多路混合器的种类很多,主要有滤波式混合器和分配器式混合器(又称为宽带传输线变压器式混合器)两类。滤波式混合器按其频率范围可划分为频段混合器和频道混合器,按混合器内有无放大器可分为无源混合器和有源混合器。频段混合器将某一频段的信号与另一频段的信号混合成一路信号输出,如 VHF 频段和 UHF 频段电视信号混合器。频道混合器将两个或几个频道的电视信号混合成一路信号输出,通常由多级带通滤波器组成。分配器式混合器即将分配器的输入端和输出端互换,作为混合器使用。宽带传输线变压器式混合器的每一路输入都是宽带的,因此不需要区别哪一个频道必须接入哪一个端子,可以进行任意频道的混合。它具有较大的隔离度和反射损耗,其缺点是插入损耗大,在输入路数很多时采用,多用于邻频前端的信号混合。

在无源混合器基础上增加宽带放大器就成为有源混合器,主要用于需要高输出电平的前端系统中,其技术参数有插入损耗、相互隔离度、带内平坦度、反射损耗、输入路数等。特别是应用于前端系统的多路混合器,对相互隔离度有较高的要求(≥30 dB)。目前有线电视节目源越来越丰富,节目数大多在 10 套以上,因此使用大于 10 路的多路混合器的情况越来越多。

3.干线放大器的分类与选型

干线放大器的作用是补偿射频信号在电缆干线的传输损耗,保证传输信号在满足性能参数要求的前提下,在一定程度上延长同轴电缆干线传输系统的传输距离。在选择干线放大器时,如果经费允许,应尽可能选择噪声低、增益中等、非线性失真指标好、温度系数小、工作稳定、性能可靠、功能满足系统要求、制作质量好、信誉好的干线放大器。干线放大器种类繁多,按照不同的用途和功能大致有以下几种分类:

（1）按控制功能可分为三类:①具有自动电平控制（ALC）即同时具有 AGC、ASC 功能的双导频信号控制的Ⅰ类干线放大器,一般用于要求较高的大型有线电视系统。②具有自动增益控制(AGC)(或带 ASC 补偿)功能的单导频信号控制的Ⅱ类干线放大器,一般用于要求不是很高、电缆敷设条件不复杂的中型系统。③只有手动增益控制(MGC)和手动斜率控制(MSC)功能的Ⅲ类干线放大器,一般只能用于要求较低的小型系统。

(2)按改善非线性失真指标可分为三类:①推挽型(PP),该干线放大器应用最广泛。②功率倍增型(PHD),该干线放大器在指标上比 PP 型有较大的提高,通常用于大型系统中。③前馈型(FT),该干线放大器性能最好,但价格也最高,一般用于同轴电缆的超干线或 HFC 传输系统。

(3)按在传输线路中的应用可分为三类:①干线延长放大器,它只有一路输出,只用作干线的延长放大,其应用最广泛。②干线分配放大器,它除了有一路主干线输出端口外,还有几个分配输出端口,各分配输出端口电平低于主干线的输出端口电平,一般用于几路传输干线。③干线分支放大器,它除了有一路主干线输出端口外,还有几个分支输出端口,并设有分支放大器,使各分支输出端口的输出电平高于主干线的输出电平,可供直接分配用,又称为干线桥接放大器。

(4)按系统的传输带宽可分为 330 MHz 干线放大器、450 MHz 干线放大器、550 MHz 干线放大器、750 MHz 干线放大器、862 MHz 干线放大器等。

(5)用户分配放大器:用于用户分配系统的放大器处于干线传输的最末端,其作用是将干线传输来的信号同时提供给若干条分配支路。它与干线分配放大器的区别在于,其输出电平较高,且各个输出端口的电平均相等,没有主输出端口,也不具有 ALC 功能。

(6)双向放大器:这种放大器能同时对上、下行信号进行放大,一般用于现代有线电视双向系统中。

选择干线放大器时应注意以下几点:

(1)在功能上满足系统要求。主要指带宽是否满足要求,是否具有 AGC 和 ASC 功能,是否具有监控接口以实现网管功能,能否提供共缆供电所需的连接通路,是否具有分配和桥接输出端口,是否具有双向传输功能等。

(2)低噪声、中等增益和较高的非线性失真指标。干线放大器的增益不宜过高,一般在20~28 dB;噪声系数最好不要大于 10 dB,且系统越大,噪声系数应该越小;非线性失真指标限制了系统中串接的干线放大器台数。

(3)良好的通带特性和反射损耗指标。

(4)具有较宽范围的工作电压和较低的功耗。

(5)一条线路上应尽可能选择同样型号的干线放大器,对设计、安装、调试、维护都有好处。

4. 多路数字电视调制混合器

由于一台电视机必须配一个机顶盒才能正常收看到数字卫星电视节目,对于拥有上百台电视机的酒店而言,由于每年都要支付昂贵的收视费,增加了经营成本,而且机顶盒分散在每个房间损坏率高,不易于管理。如图 X4-5 所示,CYUAN-T4860 为一款全新数字电视改造工程专用的调制混合一体机,集成了 14 路输入信号调制器。该产品适用于各大中型酒店、宾馆等需要进行数字电视改造的场所,适用于拥有 30 台至上百台电视机的企业或业主。不管是 50 台还是 100 台电视机都只需用 14～28 个机顶盒,就能保留原有的模拟卫星电视节目,连同多路数字电视节目混合后输出,每个房间可以同时收看不同频道的节目。还可接卫星机顶盒、广电机顶盒、DVD 机等节目源,不用重新布线或改变原来的线路,安装方便快捷,产品集成度高,安装时无需其他配置和专业工具。其特点为:

1.可配接 14 台数字电视机顶盒,高清输出 14 套数字电视节目,也可配接 DVD 机等自办节目源。

2.如果需要多于 14 套数字电视节目,可以搭配 4 台设备增加节目至 56 套。

3.减少安装时间,降低安装难度,并减少其他部件安装,整合设计规范,减少维护保养。

4.可充分利用卫星电视接收机、DVD 机、录像机等自办节目设备免费传送节目资源。

5.不需要重新布线,安装方便快捷,产品集成度高,调试简单,整合设计规范。

6.机顶盒和收视卡不放在房间内,防止丢失和损坏,便于管理。只用原电视机遥控器就可进行操作,避免分别使用电视机和机顶盒配备的两个遥控器带来的不便。

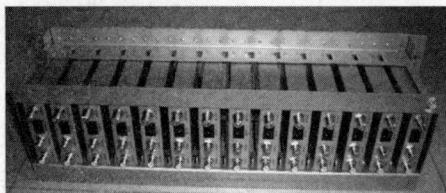

图 X4-5 CYUAN-T4860 多路数字电视调制混合一体机

八、常见问题解答

问题 1:怎样选择射频同轴电缆?

答:有线电视系统中射频同轴电缆的选择非常重要,电缆性能的优劣将直接影响系统的寿命和传输信号的质量。选择时应该注意以下几个问题:

(1)电缆型号的选择

同轴电缆的种类很多,一般来说价格越高,性能越好。

金属管状电缆性能最好,但成本也最高,早期应用于大型有线电视系统的超干线传输。由于光缆传输成本的降低,而且光缆传输的质量远远优于电缆传输,所以目前金属管状电缆在超干线、干线传输中的应用逐渐被光缆所取代,应用越来越少了。

藕芯(纵孔)聚乙烯绝缘同轴电缆,价格低,但防潮性能较差,一旦进水受潮,传输性能会变得很差,目前这种电缆已经很少使用了。

高发泡聚乙烯绝缘同轴电缆是比较新型的电缆,具有很多优点,应用非常广泛。这种电缆传输速度快,衰减量小,生产制造比较容易,价格比较低,使用寿命长,可以使同样长度的传输线中使用的放大器级数减少。高发泡聚乙烯绝缘同轴电缆的生产工艺比较先进,气密性能非常好,水和湿气不会侵入,结构稳定,特性阻抗均匀,驻波系数小,反射损耗大,能长期保持电缆网络的传输质量。它还有一个特点就是柔软性好,便于弯曲,重量轻,适合室外使用。

（2）电缆规格的选择

电缆的规格一般按其粗细不同分为 SYXX-75-5/-7/-9/-12/-15 等几种不同的规格。在进行干线和分配系统设计时，正确选用电缆可以保证传输信号的质量，使放大器的数量适当，控制传输系统的成本。一般来说，超干线、干线宜选用-12 以上的电缆，支干线宜选用-7/-9 的电缆，进户线宜选用-5 的电缆。

（3）电缆技术指标的选择

①电缆的频率特性要平坦，可以减小传输过程中由于频率变化引起的电平倾斜。

②电缆损耗要小，可以在相同条件下减少干线放大器的级数，或在相同放大器级数的条件下提高传输距离。

③传输稳定性能要好，室外环境要求电缆的传输性能稳定，不随或少随时间和气候的变化而变化。

③屏蔽特性要好，可以提高系统的抗干扰能力以及可以避免信号干扰其他设备。

④回路电阻要小，对于集中供电的干线放大器来说，回路电阻小意味着可以多供几级放大器。

⑤防水性能要好，气密性能要好，可防水、防湿气侵入。

⑦良好的机械性能，如抗拉、耐压、耐弯曲、不变形等。

问题 2：怎样安装干线放大器？

答：安装干线放大器之前，必须对其进行通电试验，特别是第一次使用的干线放大器。检查干线放大器的输出是否正常，AGC、ASC 电路工作是否正常，干线放大器一般选用野外型的。安装干线放大器时必须符合下列要求：

（1）采用架空式电缆时，干线放大器应该装在电杆周围 1 m 以内的地方，并固定在具有足够承受力的吊线上。放大器外壳上有两个压板，松开紧固螺钉，把钢缆卡在压板的 V 型槽中，上紧螺钉即可。

（2）采用墙壁型电缆时，如果是野外型干线放大器，也应固定在吊线上；如果是非野外型干线放大器，应装在密封的金属箱内，并固定在墙壁上。

（3）采用直立式电缆或地下管道电缆时，应在距离地面适当高度处安装放大器箱，保证其不被水浸泡。

（4）干线放大器的输入/输出电缆都应留有余量，防止电缆收缩、插头脱落等情况发生。

（5）干线放大器连接处应该采取防水措施。

干线放大器安装如图 X4-6 所示。

安装干线放大器的注意事项如下：

（1）安装位置一定要便于维修，且不能妨碍其他缆线工作，便于车辆行驶。

（2）安装时要避风，若风力过大容易造成干线放大器晃动，会导致信号不稳。

（3）安装时要避雨防水，放大器应加装防水箱。

（4）安装位置要尽量避免太阳暴晒和高温环境，防止电子器件加速老化。

（5）安装高度要适中，太高不便于维修，太低容易被损坏。

（6）安装时接头和插座要做防水和保护处理，电源线路要固定好，防止电缆线接触不

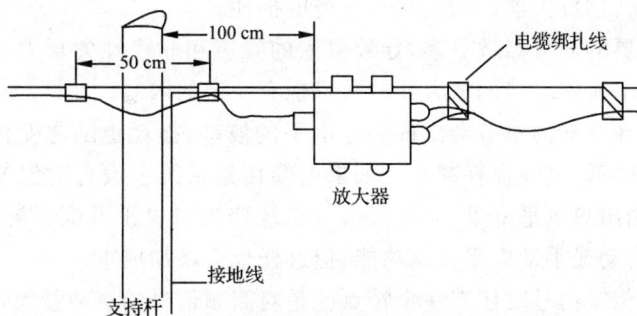

图 X4-6　干线放大器安装图

良造成供电不稳。

（7）应有良好的接地，避免雷击，还应防止干扰，做好屏蔽措施。

（8）一条线路上应尽可能选择同样信号的干线放大器，这样对安装、测试、维护均有好处。

问题 3：双向电缆传输与单向电缆传输有什么区别？

答：双向电缆传输是指在有线电视分配系统的单根馈线上传输两个方向相反的信号。其中，主通道又称正向通道或下行通道，即从前端通过电缆将信号传输至用户输出端口；辅助通道又称反向通道或上行通道，即从系统的某个位置向上传输至前端。

随着有线光缆传输和数字电视技术的实用化，双向传输将逐步包含更多的功能，如天气预报、文化教育、电子购物、股票市场、自动检测、紧急报警、即时交通路况、政要新闻、市场打折信息、影院票务等，有线电视双向传输是未来的发展方向。

双向电缆传输系统与下行单向电缆传输系统所用的设备是不同的，双向设备在单向设备的基础上增加了上行调制器、上行放大器、双向滤波器、上行解调器、切换电路等模块。但是，上行传输频率有一部分与短波电台的广播频率重合，容易对上行信号造成干扰，严重时甚至影响收看，是双向电缆传输系统中反向通道噪声的主要来源。所以，双向电缆传输系统应该具有良好的屏蔽特性，一般除了各器件和干线放大器都要屏蔽接地之外，还要在反向通道端口上安装滤波器以滤除干扰，避免因屏蔽不良而造成干扰。

问题 4：同轴电缆干线传输的优缺点有哪些？

答：光缆传输到户在相当长的时间内国内还无法全部实施，主要原因是目前光缆传输的成本太高。因此，有线电视电缆传输还将会存在很长时间，更多的电视电缆网络都热衷于使用 HFC 网络，即干线部分采用光缆传输，分配网络采用电缆传输。射频同轴电缆一般用于中小型有线电视系统，同轴电缆干线传输的优缺点如下：

（1）当有线电视系统较小时，比如学院、酒店等场所，采用同轴电缆干线传输的建设成本较低，技术成熟，传输频带宽，双向传输连接比较简单，维护方便。

（2）安装分配网络时若采用同轴电缆，在制作电缆线接头、拨线、连接分配器、分支器、终端盒等器件时可采用简单工具，方便、快捷。

（3）同轴电缆传输信号时损耗较大，且信号的频率越高，损耗越大。例如 12C-FT/A 电缆在传输 550 MHz 的信号时，每公里衰减量为 58 dB。对于这样大的衰减量，必须在干线中加接放大器,用放大器的增益弥补电缆的损耗。

（3）干线中需要的放大器数量多,导致引入的噪声和非线性失真大,限制了干线的传输距离,所以干线上所能串接的放大器的数目也有一定的限制。

（4）同轴电缆在不同的季节会出现信号电平的波动,损耗也随之变化。温度增加,电缆损耗增加;温度降低,电缆损耗减小。如果电缆传输系统中没有对温度变化进行补偿,则夏天会使系统输出口电平降低,而冬天会使系统输出口电平升高。解决的方法是要求干线放大器具有自动或手动电平控制功能,但这样也会增加成本。

（5）同轴电缆传输信号时还有一个特点就是对高频信号的衰减量大,对低频信号的衰减量小。这样经过一段距离的传输之后信号电平会出现明显的变化,改善的方法是在干线系统中设置衰减频率特性与电缆相反的均衡器器件。

有线电视系统终端分配网络的设计、安装与测试　项目 5

一、项目说明

1. 项目内容

有线电视系统终端分配网络的设计、安装与测试项目要求学生掌握有线电视系统终端分配网络的设计原则，并能够按照要求进行小型有线电视系统终端分配网络的设计。学习有线电视系统终端分配网络所用无源器件的性能与特点，画出有线电视系统终端分配网络系统结构图、安装工程图，分析计算网络各个端口输入/输出电平值，列出小型有线电视系统终端分配网络的元器件、设备清单，优选设计方案。

该项目可以训练学生实际安装与制作的能力，要求制作电视机天线插头（竹节头）、有线电视系统测试用缆线接头（F头），掌握常用无源器件如分配器、分支器的信号分配性能，掌握同轴电缆、光缆和微波的结构特点和用途，掌握有线电视用户终端盒接线方法，观察分配器、分支器内部结构并掌握接线方法。还要求熟练使用各种专用安装工具，在大木板上安装所设计的小型有线电视系统终端分配网络，将混合后的有线电视信号接入网络，并测试每个终端盒的信号质量。

同时，该项目要求学生按照自己设计的图纸将小型有线电视系统终端分配网络安装在一块长×宽为 1.5 m×1.2 m 的大型安装板（木板）上。将混合后的有线电视信号接入所安装的终端分配网络，调试有线电视前端设备，使安装的网络系统可以接收到卫星电视信号及自办节目信号。并且掌握有线电视系统终端分配网络的电视信号接收性能指标要求及测试方法，掌握专用安装工具的使用方法，熟悉前端设备及场强仪的使用方法。

有线电视系统终端分配网络的设计、安装与测试项目具体内容如下：

(1)明确项目任务要求，完成小组分工，制订实施计划，安排进度，填写项目设计方案表。

(2)掌握小型有线电视系统终端分配网络的设计与分析计算原则。

(3)能够画出小型有线电视系统终端分配网络系统结构图及安装工程图。

(4)能够分析计算网络各个端口输入/输出电平值。

(5)能够列出小型有线电视系统终端分配网络的元器件、设备清单。

(6)熟记不同阻值射频同轴电缆的结构、型号及性能指标，熟悉同轴电缆内部结构。能够识别不同形状的光缆，能够掌握各种无源器件的性能与特点，准确识别常用无源器件。

(7)能够独立制作 F 头电缆、电视机天线插头(竹节头)电缆。

(8)能够制作相应的电缆连接头并完成有线电视用户终端盒线路连接。

(9)小型有线电视系统终端分配网络安装结实,质量可靠,信号传输正常。

2.项目要求及技术指标

根据项目任务书及教师对项目的说明,分组讨论,明确项目要求,完成组内分工并编写项目方案设计表,包括日程安排、系统规模、设备配置、任务分工、设备信号接入要求、调试要求、技术资料、使用教材、课程网站等;在教师或企业工程师的指导下,组内成员协作完成有线电视系统终端分配网络的设计、安装与测试项目。以小组为单位设计一个小型有线电视系统终端分配网络,按要求画出小型有线电视系统终端分配网络系统结构图、安装工程图。要求每个学生独立制作 5 根不同接头的同轴电缆传输线,完成终端分配网络的板上模拟安装;要求布线平直、设计合理,并调试前端设备和网络器件;要求每个终端的电视信号图像清晰,伴音正常;撰写项目实施报告,并以小组为单位对项目完成情况进行评议;教师验收通过后撰写项目总结报告。具体的设计要求和技术指标如下:

设计要求:

(1)有线电视系统用户分配网络的设计要求:

按照项目要求自行设计有线电视系统用户分配网络方案,选择系统设备和无源器件,自行制作缆线。

某宿舍楼设计要求:

1 号楼:3 层 3 个单元,每个单元每层有 3 个用户。

2 号楼:5 层 2 个单元,每个单元每层有 2 个用户。

自行设计有线电视系统用户分配网络方案,要求设计美观大方,使用器件最少,缆线最短,但各端口电视信号图像清晰,伴音正常,各端口指标正常。

电视节目数量要求:中星 6B 卫星数字电视节目 1 套(任选)、自办节目 VCD 节目 1 套。

(2)绘图要求

绘制有线电视系统用户分配网络设计框图、有线电视系统用户分配网络布线安装图(工程图)。

①图纸清晰,干净整洁,无涂改、无擦除痕迹。

②楼房结构设计合理,布线以传输效果最佳、电缆用线最短、无源器件最少、最经济为宜。

(3)元器件、设备清单要求

列出元器件、设备清单,要求以表格形式,精确到设备个数、器件个数、电缆线米数。

技术指标:

(1)项目工作计划书编写合理可行,内容详细,项目组分工明确,任务时间分配具体。

(2)绘制小型有线电视系统终端用户分配网络设计框图、安装工程图,要求设计合理可行,绘图干净,无涂改、擦除痕迹。

(3)网络各个端口输入/输出电平值计算准确,误差小于 0.1%。

(4)小型有线电视系统终端分配网络的元器件、设备清单数目准确,条目细致,无差错。

（5）各种传输线连接头制作结实，接触良好，无短路；用户终端盒连接可靠，无短路，符合工程和测试要求。

（6）安装的小型有线电视系统终端分配网络的各个用户端位置均衡，走线平直、美观，电气性能符合规范。

（7）测试数据准确，图像清晰，伴音正常。

3. 能力目标

（1）能进行小型有线电视系统终端分配网络的设计、安装与测试。

（2）能正确选择所需的器件，检查设计方案中分配器、分支器、终端盒、同轴电缆、各种连接头的选择是否符合要求。

（3）能按设计要求计算终端分配网络用户电平值。

（4）能够完成小型有线电视系统终端分配网络系统结构图及安装工程图的绘制。

（5）能够完成小型有线电视系统终端分配网络的元器件、设备清单。

（6）能够独立制作 F 头电缆、电视机天线插头（竹节头）电缆，以及能够制作相应的电缆并与有线电视用户终端盒连接。

（7）能够按照要求在大型安装板上安装自行设计的有线电视系统终端分配网络，能够熟练使用专用安装工具。

（8）能够熟练调试有线电视前端设备，使安装好的终端分配网络可以接收到卫星电视信号及自办节目信号，要求电视信号图像清楚、伴音清晰。能使用场强仪对终端分配网络中各器件及用户端口电平进行测试，并按要求填写数据表。

（9）遇到问题或故障能够自行分析、处理，排除故障。

（10）认真填写项目验收报告表。

（11）能够对项目完成情况进行总结、评价并撰写项目总结报告。

（12）具有沟通交流能力和团队协作能力。

4. 学习环境

学习环境主要是学习场地，分为理论教学场地和项目实施场地。理论教学场地即教室或实验室，要求宽敞明亮，恒温，有计算机、投影机等教学设备；项目实施场地为有线电视实验室，要求宽敞明亮，恒温，空气流通，无电磁干扰。

5. 成果验收要求

（1）项目实施方案：对小型有线电视系统终端分配网络的设计是否符合技术要求进行检查，对终端分配网络的结构图、安装工程图的绘制质量是否满足要求进行检查。

（2）项目实施实物：对有线电视系统终端分配网络各种接头的同轴电缆、用户终端盒接线质量进行检查，对小型有线电视系统终端分配网络的安装质量、信号接收效果、各用户终端信号参数等方面进行检查。

（3）项目验收：对项目设计过程、安装过程、测试过程、报告撰写情况等进行检查。

二、知识链接

专业知识点 1：常用无源器件

　　无源器件是指不需要供电的各类器件,包括分配器、分支器、衰减器和均衡器等。它的相关知识在本教材第一篇第 4 章"有线电视干线传输系统及用户分配系统"的第 4 节"用户分配系统"中有所描述。

　　分配器是用来分配信号能量的无源器件,它能将一路输入信号电平平均地分成几路输出,如分成二、三、四、六路等。分配器的主要技术参数有分配损耗、相互隔离度、反射损耗、输入/输出阻抗等。分支器也用来将主输入端的信号分成几路输出,但与分配器不同的是分支器有一个主输出端和一个或多个分支输出端。其中,分支输出端只得到主输入端信号中的一小部分,大部分信号仍沿着主输出端输出。分支器的主要技术参数有插入损耗和分支损耗、相互隔离度和反向隔离度等,而反射损耗、输入/输出阻抗这两个参数与分配器是相同的。

　　专业知识点 2:用户分配网络结构

　　用户分配网络结构的相关知识在本教材第一篇第 4 章"有线电视干线传输系统及用户分配系统"的第 4 节"用户分配系统"中有所描述。用户分配网络通常是由少量的用户分配放大器、支线延长放大器和一定数量的分支器、分配器等组成的。用户分配网络一般可由两部分组成:

　　一是有源分配网络,即从干线传输的信号分配点到各用户分配点之间,通常是由干线桥接放大器或分配放大器、支线延长放大器、分支器、分配器、同轴电缆等组成的;

　　二是无源分配网络,即从用户分配点到各用户终端之间,通常由分支器、分配器、同轴电缆等组成。

　　有源分配网络的基本形式有用户零星分布的有源分配结构和用户集中分布的有源分配结构,无源分配网络的基本形式有分配-分配形式、分支-分支形式、分配-分支形式、分支-分配形式四种。

　　专业知识点 3:用户电平的计算与测量

　　用户电平的计算与测量的相关知识在本教材第一篇第 4 章"有线电视干线传输系统及用户分配系统"的第 4 节"用户分配系统"中有所描述。无源分配网络的主要指标是各端点的电平,用户电平的计算大多采用两种方法:一种是由前向后的计算方法,称为正推法,即在已知进入无源分配网络的信号电平值的前提下,沿着电缆的走向由前向后地进行逐点计算,算出所用的分配器、分支器、电缆的规格和数量;另一种是由后向前的计算方法,称为倒推法,即由用户终端所需要的信号电平值开始,倒推计算出进入无源分配网络所需要的信号电平值,并确定所用的分配器、分支器、电缆的规格和数量。

　　专业知识点 4:网络设计时涉及的参数

　　1.系统输出口电平

　　当某个系统正常工作时,该系统输出口上的载波电平即系统输出口电平。若系统输出口电平过低,在电视机屏幕上将呈现雪花噪波干扰;若系统输出口电平过高,电视机本身的非线性失真会产生干扰、窜台、网纹现象。系统输出口电平一般用场强仪进行测量。

　　2.载噪比

　　载噪比(C/N)定义为系统某点图像或声音载波电平与噪声电平之比,通常用分贝表示。国标规定系统的图像载噪比不得低于 43 dB,图像信噪比 S/N 与载噪比 C/N 之间的关系：$C/N=S/N+6.4$ dB。

3. 载波互调比

载波互调比(C/IM)为载波电平和互调产物电平之比，用分贝表示。有线电视系统的载波互调比不应小于 75 dB，而频道内载波互调比应大于 54 dB，载波互调比不满足时表现为网纹干扰。

4. 交扰调制比

交扰调制比(C/CM)为需要的载波调制信号电平与其他频道上转移过来的交扰调制信号电平之比，用分贝表示。有线电视系统的交扰调制比为：$[46+10\lg(N-1)]$dB。其中，N 为频道数。交扰调制比不合格时表现为串像、雨刷状干扰或滚动的白道。

三、项目设备资源

1. 常用无源器件：分支器、分配器、同轴电缆线、各种连接头、用户终端盒等。

2. 专用安装工具、大型安装板、绘图板、绘图工具。

3. 电视监视器、卫星电视接收机、调制器、混合器、DVD 机、万用表、场强仪。

4. 计算机及多媒体电教设备，用于教师辅导和学生讨论。

四、注意事项

1. 自觉维护环境整洁，注意人身安全及用电安全，遵守有线电视各种电子设备安全使用操作规程。

2. 注意同轴电缆和用户终端盒各个输入/输出端接触良好，信号传输正常。

3. 注意小型有线电视系统终端分配网络系统结构图及安装工程图绘制得位置准确、图纸干净，要求使用专用绘图工具。

4. 遵守专业安装工具安全使用规程。

五、项目实施步骤

（一）有线电视系统终端分配网络设计、安装与测试项目方案设计

根据项目任务书和教师对项目的说明，分组讨论，明确项目要求，完成组内分工。具体步骤为：

1. 理解项目任务书中所描述的任务目标及要求。

2. 制订工作计划，安排工作进度。

3. 教师讲解项目要求及小型有线电视系统终端分配网络系统布局、安装要求，以及安全要求。

4. 教师讲解终端分配网络的参数性能与测试要求。

5. 分组观测常用无源器件分配、分支器，缆线的各种连接头和用户终端盒，讨论各自的特点。

6. 分组讨论常用无源器件如分配器、分支器的信号分配性能。

（二）设计终端分配网络系统结构图与安装工程图并进行优选

学生分组进行小型有线电视系统终端分配网络的设计，讨论设计方案并进行优选，要

求每个学生画出小型有线电视系统终端分配网络系统结构图及安装工程图。具体步骤为：

1. 教师讲解小型有线电视系统终端分配网络的设计原则。

2. 学生按照项目要求进行小型有线电视系统终端分配网络的设计。

3. 按照项目要求画出小型有线电视系统终端分配网络系统结构图、安装工程图，并进行优选。

4. 学生讨论设计方案并回答教师提出的问题。

5. 分析计算网络各个端口的输入/输出电平值。

6. 根据所设计的终端分配网络，列出元器件、设备清单。

(三)各种传输线连接头制作

学生分组进行传输线各种连接头制作，要求每个学生独立制作 5 根不同连接头的同轴电缆传输线，完成一个有线电视用户终端盒的线路连接。

1. 分组讨论同轴电缆的结构特点和用途，取不同规格的同轴电缆认真观察，熟记不同阻值射频同轴电缆的结构、型号和性能参数，熟悉同轴电缆的内部结构。

2. 有线电视同轴电缆与 F 头的连接方法：

截取 75 Ω 同轴电缆一段，并在其一端离端口约 2 cm 处用斜口钳剥线，剥去塑料外皮、屏蔽网线和铝塑带，并留 1 cm 左右的聚乙烯物理高发泡绝缘层，保留中心的全部铜内导线。然后把准备好的同轴电缆一端插入 F 头里去，注意 F 头的外圈在最外边，外圈和内围之间是屏蔽网线和铝塑带，中心的孔内是聚乙烯物理高发泡绝缘层。从 F 头的端面观察，聚乙烯物理高发泡绝缘层的端面要与 F 头内的小孔端面对齐，中心的铜内导线要多出 F 头外 3 mm 左右，多余部分剪去，最后用压力钳把 F 头的外圈压成六面柱型。

3. 有线电视同轴电缆与电视机天线插头(竹节头)的连接方法：

在 75 Ω 同轴电缆的一端用斜口钳在离端口约 2 cm 处剥去塑料外皮，保留屏蔽网线，注意要把屏蔽网线平分为两股，剪去铝塑带，并留 1 mm 左右的聚乙烯物理高发泡绝缘层，其余也剪去，保留中心的全部铜内导线。旋开电视机天线插头并分离各部分，把天线插头的外塑料头的上半部分套到同轴电缆上(注意方向)，然后再套入金属花篮部分，另外还要把屏蔽网线的一股穿过金属花篮并与另外一股绞合在一起紧固好。把天线插头中心接线端子上的小螺丝松开，然后把同轴电缆的铜内导线插入中心接线端子中心的小孔内(注意长短要合适，过长要剪短)，用小十字改锥拧紧。最后把金属外护套、塑料头外下半部分分别装好并旋紧。

4. 独立制作一根电视机天线插头(竹节头)。

5. 独立制作两根有线电视系统测试用缆线接头(F头)。

6. 制作相应的电缆并与有线电视用户终端盒连接。

7. 分析判断测试过程中出现问题的原因并解决问题。

(四)有线电视系统终端分配网络安装

按照项目要求在安装板上安装自行设计的小型有线电视系统终端分配网络，将 115.5°E 中星 6B 卫星数字电视节目 1 套、自办节目 DVD 信号 1 套送到网络系统某楼层中。调试前端设备和网络器件,要求在安装过程中各个用户终端分配要均衡,走线要平直、系统安装要美观,电气性能符合规范。根据项目要求具体步骤为:

1.根据项目要求分组制订安装方案并进行优选。

2.根据安装方案进行分配器、分支器、用户终端盒的选择。

3.制作所需要的传输线接头。

4.按照方案在安装板上进行系统安装。

5.进行用户终端与电视机天线端口系统检查,要求信号接通良好。

6.各组相互检查安装情况。

7.判断安装过程中出现问题的原因并解决问题。

8.学生汇报检查结果并回答教师提出的问题,教师逐一检查。

（五）有线电视系统终端分配网络性能测试

学生分组进行小型有线电视终端分配网络安装检查,将项目要求的信号接入系统,用场强仪测试各个端口的性能指标,要求所有用户终端盒输出端口的电视信号图像清晰、明亮、无干扰,伴音清楚、响亮、无杂音,输出口电平幅度稳定。

1.有线电视系统的参数测试要求

（1）卫星电视信号测试项目:包括卫星名称、轨位、节目、本振频率、极化方向、信号质量、信号强度、下行频率、符号率、伴音设置参数等多项测试。

（2）前端设备参数测试项目:包括调制器频道号、图像载频、输出口电平、监测口电平、混合器输出电平、混合器接入损耗、混合器隔离度等参数的测试。

（3）各用户终端盒信号场强的测试。

2.有线电视信号传输与分配网络测试要求

（1）将某个数字卫星电视信号及 VCD 机自办节目信号调制后经混合器输出,将混合后的电视射频信号传输至各个分配网络。

（2）接收终端系统调试:用场强仪分别测试各用户终端盒的信号场强,要求各个用户终端盒能够接收多路混合器输出的两套电视射频信号,且各电视信号图像清晰、明亮、无干扰,伴音清楚、响亮、无杂音,并将信号场强数据记录在表中。

（3）若某用户终端盒接收信号较差,应分别检查各个传输线接口、分支分配器、用户终端盒接线是否符合要求。

具体步骤为:

①调试有线电视前端各设备,使之可以接收到卫星电视信号及自办节目信号。

②进行用户终端与电视信号输入端口系统的检查。

③将调制好的两路信号接入安装好的终端分配网络。

④测试各用户终端盒的信号场强,观察图像是否清晰,伴音是否正常,并记录数据。

⑤检测系统中各器件及用户端口输入/输出电平,并记录数据。

⑥判断测试过程中出现问题的原因并解决问题。

⑦分析测试数据。

（六）项目验收与评价,提出改进建议

在教师或企业工程师的指导下,依据行业标准和规范,小组成员协同完成有线电视系统终端分配网络的设计、安装与测试项目。以小组为单位开展讨论,总结项目设计实施过程中出现的问题和解决方法,进行组内成员的互评,并撰写项目总结报告。具体步骤为:

1.检查小型有线电视系统终端分配网络系统结构图的绘制是否符合项目要求。

2.检查小型有线电视系统终端分配网络安装工程图的绘制是否符合项目要求。

3.检查学生制作的两根 F 头电缆、一根电视机天线插头(竹节头)电缆是否符合要求。

4.检查终端分配网络的安装(分支器、分配器、用户终端盒、走线、接线等的安装或连接)是否符合设计要求。

5.检查小型有线电视系统终端分配网络各个端口电平和其他信号参数是否符合设计要求。

6.学生分组讨论测试中出现的问题,分析出错原因并商讨解决的办法。

7.填写项目验收报告。

六、考核评价标准

1.良好

(1)能够根据要求设计并安装有线电视系统终端分配网络。

(2)能够画出终端分配网络系统结构图、安装工程图。

(3)能够正确、安全地使用专用安装工具,完成同轴电缆各种连接头的制作、终端盒的接线。

(4)能正确选择分支、分配器,能正确接线,能对终端分配网络进行调试与指标测试,且数据表完整。

(5)能按时完成项目总结报告,且报告内容充实。

2.优秀

在达到良好的基础上,同时又具备以下条件:

(1)能够独立设计小型有线电视系统终端分配网络并进行方案优选,遇到问题能独立分析、解决。

(2)终端分配网络系统结构图、安装工程图设计合理,参数计算准确,符合要求,图纸干净整洁,无涂改痕迹。

(3)已安装的终端分配网络各用户端位置均衡,走线平直、美观,电气性能符合规范。

(4)熟练使用场强仪测量各用户端口指标,图像清晰,伴音正常,量值准确,符合要求。

(5)能独立完成项目的全部内容,能客观地进行自我评价、分析判断并论证各种信息。

3.合格

(1)能够对有线电视系统终端分配网络进行简易设计,在教师指导下能够完成安装。

(2)能够完成终端分配网络系统结构图。

(3)按时完成项目总结报告,且报告内容基本完整。

4.不合格

有下列情况之一者为不合格:

(1)不能设计小型有线电视系统终端分配网络,不会进行参数计算。

（2）未能完成终端分配网络系统结构图或未能在规定时间内完成安装及测试。

（3）项目总结报告存在抄袭现象或未能按时递交项目总结报告。

不合格者须重做。

七、知识拓展

1.如何进行用户端的调试

用户分配系统的调试主要是使用户端的各项技术指标符合规定值。主要指标是系统输出口电平，指标要求每个用户电平应为 $60\sim80$ dBμV，主观评价图像质量应达到 4 级以上；邻频系统用户电平一般为 (65 ± 4) dBμV，当处在接收信号强或干扰强的地区时，用户电平可适当调高，为 $74\sim80$ dBμV；在电视射频信号中，伴音的载波电平一般调整到比图像载波电平低 17 dB；系统传送调频广播信号时，输出口调频广播信号电平为 $74\sim70$ dBμV。若系统输出口电平过低，则在电视机屏幕上呈现雪花噪波干扰；若系统输出口电平过高，则电视机本身的非线性失真会产生干扰、窜台、网纹现象。

如果某用户端口所测试频道电平值不符合技术要求，应该重新调整用户分配放大器的输入/输出电平，使之都达到工程设计要求。当发现输入电平较高或更换用户放大器、增加用户放大器以及季节变化时，都需要重新调整输入电平。若输入电平过高或高、低端电平差值过大时，要注意串接衰减器或均衡器，并按输出电平要求调整均衡器及增益控制器，使输出电平达到设计值。终端分配网络输入电平正常之后，如果系统输出口电平差值仍然较大，可以通过选择不同的分配器、分支器和均衡器来进行调整解决。

2.电缆连接器

电缆连接器是连接电缆的重要部件，常见的电缆连接器有冷压型和 F 型接头，还有各种根据电缆和设备的特殊要求而生产的专用连接器，例如干线连接器就不能使用常见的 F 型接头。电缆连接器对应于设备输入/输出端口的螺纹规定有公制和英制之分，一个系统中宜采用同一种螺纹规格。每个连接器都有很多触点，任何一处接触不良就会导致故障的产生，而且难以察觉和校正。保证电缆连接器接触良好的唯一办法就是认真做好每一个电缆接头，其内导体芯线和外导体屏蔽层都必须确保和电缆连接器的接触良好。

有线电视系统中应采用具有防潮、防腐蚀、高屏蔽性能的优质连接器，网络传输电缆连接器最好采用内有导电防水胶、外有防腐镀层的冷压式接头。制作 F 型连接器时要将电缆的紧固轧头加以紧固。对于带插针的 F 型连接器，插针与内导体间要压紧且绝缘子不能漏装，对于针形接头要注意拧紧紧固螺钉。室外要采用野外型防水连接器，而且要加装外套热缩套管封装或采用自黏性丁基橡胶绝缘胶带进行处理，压缩 3 cm 左右，以保证防水防潮，防止含有多种化学成分的水汽渗入电缆接头内部，导致接触不良。

3.如何判断用户无信号故障

有线电视用户分配系统中常见的故障之一是用户完全收不到有线电视信号，故障发生的部位和范围大致如下：

如果只有一条干线的传输系统无信号，一般来说是第一级放大器或供电器损坏。

如果是整个系统都收不到信号，可以判断故障点发生在前端机房，原因是前端供电的交流稳压电源出现故障而停止工作，或是从多路混合器输出的信号使分配器损坏。

如果整个系统都收不到某一个频道的信号,一般可以判断为接收天线或天线放大器、卫星电视接收机或电视调制器出现故障,要分别检查。

如果是部分用户收不到信号,故障点一般出在支线或支干线上,原因可能是支干线放大器损坏,电缆供电器熔丝烧断,分支、分配器被雷击,电缆断裂,部分地区停电,电缆连接器输出端 F 接头损坏或 F 接头芯线缩进电缆形成开路,串接单元盒损坏等。

如果是个别用户收不到信号,一般问题是出在用户部分,原因可能是用户终端盒损坏,入户电缆损坏,用户终端盒与电视机的连线接头损坏或用户分支、分配器损坏。

4．系统输出口有哪些技术参数

系统输出口是整个有线电视系统的输出接口,又称为用户终端盒,一般每个房间都要安装一个,与电视机连接。

系统输出口的主要技术参数是插入损耗、分支损耗、反射损耗、相互隔离度、反向隔离度、输出衰减、电磁兼容性和安全性等。用户终端盒必须有耐高压(≥2000 V)的小电容隔离,以保证人身安全和系统设备安全。用户终端盒性能参数如表 X5-1 所示。

表 X5-1　　　　　　　　　　　　　　用户终端盒性能参数

序号	项目	单位	性能参数	
			单　孔	双　孔
1	输出衰减	dB	VHF：≤0.5	TV：≤5
			UHF：≤1	FM 不作规定
2	反射损耗	dB	VHF：≥16	VHF：≥10
			UHF：≥10	UHF：≥7.5
3	相互隔离度	dB	—	＞22

双孔串接单元性能参数如表 X5-2 所示。

表 X5-2　　　　　　　　　　　　双孔串接单元性能参数

序号	项目		单位	性　能　参　数				
1	分支损耗	标称值	dB	8	12	16	20	24
		允许偏差		±1.5				
2	插入损耗	VHF	dB	≤3.5	≤3.0	≤2.0	≤1.5	≤1.5
		UHF		≤5	≤4	≤3.5	≤3.1	≤3.0
3	反向隔离度	VHF	dB	≥18	≥22	≥26	≥30	≥34
		UHF		≥13	≥17	≥21	≥25	≥29
4	相互隔离度		dB	TV-FM：≥22				
5	反射损耗	VHF	dB	≥10				
		UHF		≥7.5				

八、常见问题解答

问题 1：怎样安装分配器和分支器？

答：分配系统在有线电视系统中分布最广，也最贴近用户，主要由支干线和进户线及分配放大器、分配器、分支器和用户终端盒等组成。分配放大器的安装方法与干线放大器的安装方法相同，此处不再赘述。分配器、分支器的安装分有明装和暗装两种情况，总体来说，对它们的安装要求是牢固、安全，并便于测试、检修和更换。应避免将这些部件安装在厨房、卫生间、浴室等高温、潮湿或易受损伤的场所。分配器、分支器应尽可能安装在建筑物内，当需要安装在室外时，应采用防雨措施，距地面不应小于 2 m。无论安装在室内或室外，都应装入符合电波泄漏标准的防护盒内，分配器的空余端和最后一个分支器的主输出端必须接入 75 Ω 负载。所有分支器在安装时都不能将输入端和输出端的方向接错，否则会严重影响电视收视效果。电缆与分配器、分支器的连接如图 X5-1 所示。

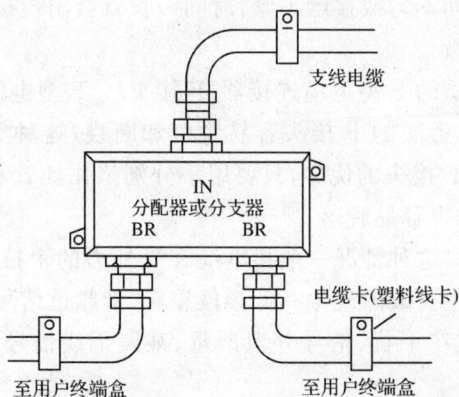

图 X5-1　电缆与分配器、分支器的连接示意图

问题 2：怎样安装用户终端盒？

答：用户终端盒又称为系统输出口，是有线电视系统与用户设备之间的接口，由面板和接线盒构成，通过一段电缆和插头将电视信号送入用户电视机输入端口。一般用户终端盒都固定在房间的墙上，通过一根电缆和分支器的支路输出端相连，采用串接单元时，用户终端盒和分支器为一体。终端盒的安装方式有明装和暗装，输出有单孔和双孔之分。单孔输出终端盒只有一个电视插孔，为安全起见，内部串接一个高压电容。双孔输出终端盒有电视端（TV）和调频广播端（FM），两者不可插错。用户终端盒必须接有耐高压（≥2000 V）小电容隔离器，以保证人身和系统设备的安全。

明装方式要求用户电缆从窗户、阳台或门框上端钻孔引入室内，电缆布线要横平竖直，讲究美观，弯曲自然，符合弯曲半径要求，以免增加电缆的损耗。电缆可用塑料线卡钉牢，卡距应小于 0.4 m，用户终端盒应距离地面 0.3～1.5 m，安装要牢固不能松动、歪斜。

暗装方式电缆一般都是沿着事先埋好在建筑物内部的管子穿管布线，要求用户终端盒在室内尽量靠近用户线引入端，距地面 0.3～1.5 m，同样，安装要牢固，弹性接触良好。

用户终端盒到电视接收机的引入线应采用屏蔽系数好的 75-5 型同轴电缆，长度不宜超过 3 m。

问题 3：电缆连接器引起的故障的原因主要有哪些，如何排除故障？

答：一般来说，电缆连接器（接头）产生故障的主要原因有以下几种：

1. 电缆连接器进水或受潮。这种情况在干线和分配网络中是很常见的。由于放置电缆连接器的防水箱一般不会做防水处理，下雨、下雪使很多含有化学成分的雨水、雪水渗入箱内或直接渗入电缆连接器，这样除了直接改变电缆连接器的特性阻抗外，还会使电缆导体腐蚀，产生一种不易导电的灰色粉末，加大了电缆头与外导体间的接触电阻，出现接触不良或开路的问题，使得信号大大衰减。同时，雨水也会使没有镀锡的铜屏蔽网锈蚀，造成电缆连接器与外导体接触不良。

2. 电缆连接器制作和安装不规范。某些电缆使用专用的电缆连接器，安装时必须使用专用的工具，从开线、挖孔、修整到装配都有比较严格的几何尺寸要求。如果施工人员操作水平较低或责任心不强、工作马虎，很容易出现芯线做得太长或太短，外导体变形，外导体与电缆连接器接触面不匀或接触不紧，时间一长就会出现接头开路、特性阻抗变化或集中供电电压衰落等故障。

3. 系统中使用了劣质的 F 型电缆连接器（F 接头）。F 型电缆连接器的电缆插管与螺母的连接是靠卡管压接，劣质的 F 接头容易脱落和断裂，这种 F 型电缆连接器以 75-9F 型号的问题最多。判断 F 接头的优劣，只要用手分别掐住插管和螺母，使劲扭动几下，质量好的不脱落，质量差的很容易脱落。

4. 受到外力的破坏。这种情况一般指电缆在受外力的牵拉时，电缆从接头中脱落出来。电缆连接器引起的主要故障现象有低频段重影、低频道信号电平衰减增大、电缆供电电压波动下降、打火和火花干扰、信号外泄严重、某段干线信号时有时无、载噪比严重下降等。

这种电缆接触不良的现象，往往使相关电缆内外导体和绝缘体介质也同时出现状况。电缆外导体与电缆连接器之间的电阻增大会引起电缆对高频段信号衰减小、对低频段信号衰减大的故障出现。这样的电缆如果用于馈电，会造成环路电阻增大，引起放大器供电不正常，严重时会损坏放大器。维修时一般废弃原有的连接器，更换新的同类型连接器，同时对电缆要进行截除处理。

问题 4：怎样检测分支器、分配器？

答：终端分配网络中最常见的器件是分支器、分配器，其故障主要表现在两个方面：匹配问题和馈电问题。对于匹配问题，分配器、分支器的各输入/输出端都接入 75 Ω 阻抗时，线路才能达到匹配。实际应用时，分配器、分支器的空闲端如果未接 75 Ω 匹配电阻，就会破坏线路的匹配状况，信号会产生反射，形成重影。对于馈电问题，当经过分配器馈电时，一定要对电视信号和电源交流信号进行分离，电源交流信号不能进入分配器电路，不然会对电视信号的传输造成影响。正确安装隔离电容和供电电感线圈可以完成分离工作，避免馈电问题的产生。检测时要特别注意阻抗匹配和馈电这两个问题。实际应用中，常采用无源分配器和分支器，检测的方法：可在分配网络中选择各种具有代表性的用户输出端口，测量其输出口电平，同时，要对各频道信号电平之间的电平差值进行比较，各频道信号电平及它们之间的电平差值均应符合现行的国家标准。如果在检测中发现问题，首先应该排除分配器、分支器安装质量上的问题和故障。

问题 5:使用场强仪应该注意什么?

答:场强仪是一种测试电磁波辐射场强和有线电视系统内各点场强电平的仪器,使用时要注意以下几点:

1.场强仪不仅可以测量图像载波电平,还可以测量调频声音载波电平。图像载波电平定义为在 75 Ω 终端上,调制包络波峰处(同步头)的图像载波电压的有效值,用 dBμV 来表示。声音载波电平定义为在 75 Ω 终端上无调制声音载波电压的有效值,同样用 dBμV 来表示。因此,测量图像载波电平时用到的检波器应为峰值检波器,使用时应该注意。

2.使用场强仪时,连接电缆的长度不宜过长。因为同轴电缆在高频段的损耗较大,假如非用长线不可,就必须在仪表的读数上加上电缆的损耗值。

3.场强仪内部一般由 12 V/1.3 Ah 的铅酸电池供电工作,按下电压测量键(VOLT)可以测量仪器内部的供电电压。当电池电压低于 10 V,仪器会自动关闭。使用前,在空闲时间应该及时给电池充电,一般不要低于 10 V 时才充电。

4.大多数场强仪为便携式,允许在室外使用,但应该注意使用环境和温度。寒冷的北方要注意保暖措施,酷热的南方要尽量避免将仪器直接置于曝晒之下,还要注意防潮、防震,否则会因使用不当造成读数误差大而超过技术指标的范围。

5.使用场强仪时因经常移动,要注意轻拿轻放,不要碰撞,以免损坏仪器的外壳和降低测量准确度。场强仪一定要进行周期性的计量和对比校验,以免出现测量误差。

DS1286B 型模拟 - 数字多功能电视场强仪简介

DS1286B 是一款数字、模拟多功能电视场强仪。DS1286B 具有数字信号测量,模拟信号测量,电视、测量同屏,全中文菜单,体积小巧,重量轻,高能量电池快速充电等特点。键盘简捷,操作方便,具有 5 英寸液晶显示屏幕,画面清晰,抗干扰性能强。配备有 14.8 V/2100 mAh 锂离子蓄电池,完全充电电池可连续工作 4 小时以上,智能锂离子专用快速充电器约 2 小时能将电池充满,效率高。

一、主要特点

具有 DVB 测量功能,电视、测量同屏显示功能,支持多种制式电视信号,具有全中文菜单功能,高能电池快速充电等特点。还具有大容量动态存储器、频道/频率电子测量、载噪比测量、电池电压监测、温度指示、干线电压、测量斜率测试(可以同时监测 12 个频道的电平)、自动扫描功能、RS232C 接口,支持串行打印输出、单键飞梭功能等特点。

二、简要说明

1.外形

DS1286B 数字、模拟多功能电视场强仪。在使用之前先来熟悉一下它的外观,如图 F1 所示。

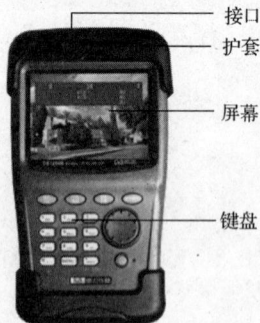

图 F1　DS1286B 数字、模拟多功能电视场强仪外形图

2.键盘

(1)电源键:如图 F2 中黄色圆形电源键,按此键执行开、关机功能。

(2)电平/(C/N)键:用于切换频道电平测量、频率电平测量、载噪比测量三种模式,或在其他状态下直接切换到电平测量。

（3）DVB/电压键：切换DVB测量、电压及温度显示两种模式，或在其他状态下直接切换到DVB测量状态。

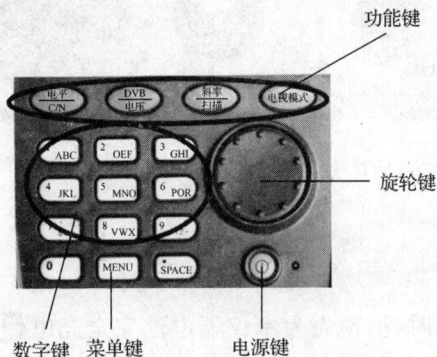

图F2　DS1286B场强仪键盘整体图

（4）斜率/扫描：切换斜率、扫描功能，或在其他状态下直接切换到斜率功能。

（5）电视模式：切换单电视、电视/测量同屏模式，或在其他状态下直接切换到单电视模式。

（6）菜单（MENU）键：在不同状态下按此键会有相应菜单弹出，具体应用在后面会有详细介绍。

（7）数字键：0～9，通过键盘上的数字键可以输入数字或字符。

（8）旋轮键：实现单键飞梭功能，旋转"旋轮"可以移动光标，修改输入，改变频道、频率等。按一下旋轮键可以进入快捷菜单，详细应用见后面详述。

3.屏幕

DS1286B数字、模拟多功能电视场强仪采用5英寸TFT真彩液晶屏，亮度、对比度、色饱和度、色调均可自行设定，画面如图F3所示。

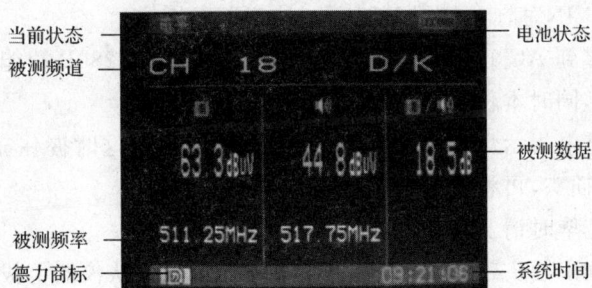

图F3　DS1286B场强仪屏幕介绍

4.接口描述

本仪器顶部设有直流电源输入口、RF输入口、RS232C接口，分别用于电池充电、信号测量、打印输出。如图F4所示。

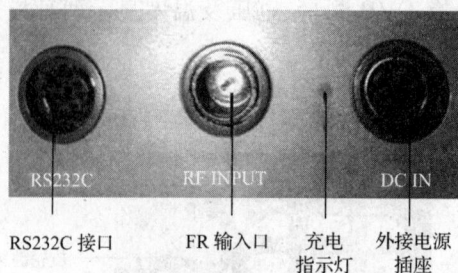

RS232C 接口   FR 输入口   充电   外接电源
                                       指示灯   插座

图 F4　DS1286B 场强仪接口介绍

5.充电与电池

在第一次使用本仪器时,请预先为本仪器电池完全充电 [IIIII]（大约 2~3 小时）。本仪器和原装充电器内有智能充电管理系统,充电完成自动进入微电流充电,确保长时间充电不会对电池过充,且配有专用的 DS1286B 智能锂离子高效快速充电器,如图 F5 所示,具有智能、安全、高效、美观等特点。同时,输出插头带有锁定功能,可以防止意外脱落而影响正常工作,如图 F6 所示。

图 F5　专用充电器

图 F6　带有锁定功能输出插头

充电时应按以下步骤进行:

(1)本仪器屏幕朝上放平,将 DS1286B 智能锂离子专用快速充电器输出插头拱面朝上,插入本仪器"DC IN"插座,如图 F6 所示,注意不要插错。

(2)将充电器接到 AC 100 V~240 V 电源上,这时 DS1286B 智能锂离子专用快速充电器指示灯会点亮,同时本仪器充电指示灯点亮,呈红色。

(3)当本仪器充电指示灯变为绿色时,表示电池充满。这时握住充电器输出插头,可以拔出充电器输出插头,再将充电器输入插头拔下。

注意:①充电完毕时请及时将充电器与电源分离。

②充电输出插头带有卡锁,可以防止意外脱落。从仪器上拔除插头时请握住插头向外拔,切勿拔充电线缆。

仪器采用 14.8 V/2100 mAh 锂离子蓄电池,完全充电可维持仪器连续测量约 4 小时。当电池电压接近 13 V 时,屏幕右上角电池符号开始闪烁,低于 13 V 时仪器会自动关机。

注意:①应使用本仪器原装充电器充电。

②建议在充电状态下关闭本仪器。

③低温可能导致电池容量暂时下降,但一般不会对电池造成损坏。

④当电池的工作时间明显缩短时,请更换新电池。

6.开机与关机

(1)开机:在关机状态下,按键盘上的电源键,这时电源指示灯点亮,屏幕出现本仪器信息。如图 F7 所示开机画面。

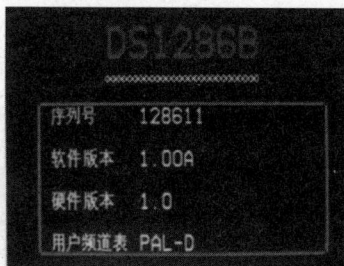

图 F7　DS1286B 场强仪开机画面

(2)关机:在开机状态下,按键盘面板上的电源键,本仪器将保存信息后关闭电源,同时电源指示灯熄灭。本仪器设有无操作延时关机功能,即无任何操作延时指定时间后关机。分别有 3 分钟、15 分钟、30 分钟、常开四种选择。另外,本仪器电池电压不足时,屏幕右上角的电池符号将闪动,提醒用户及时为电池充电,电池电压过低时将会自动关机。

7.频道、频率电平测量及载噪比

DS1286B 频道范围覆盖:中国标准频道 DS1~DS56,中国增补频道 Z1~Z43。频率范围覆盖:SUB 反向频段 5~65 MHz,电视广播频段 65~870 MHz 以及调频广播频段。

在任意状态下,按电平/(C/N)键可在频道电平测量、频率电平测量、载噪比测量三种模式之间切换。

(1)频道电平测量

关机状态下,按电源键,显示本仪器信息,几秒钟后跳到频道电平测量界面,此时测量频道为上次关机前测量的频道。在其他界面下按电平/(C/N)键也可以切换到频道电平测量状态,频道测量设置画面如图 F8 所示。

①频道设定

具体设定方法如图 F9 所示。

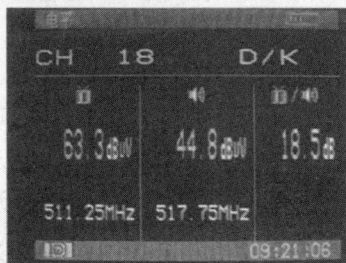

图 F8　频道测量设置画面

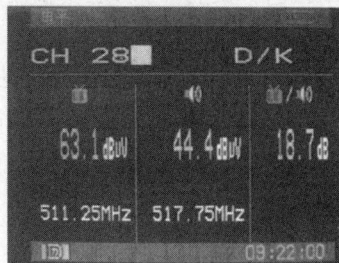

图 F9　频道号输入

方法一:旋转"旋轮"可以连续增、减被测频道号。

方法二:直接按"数字键"输入频道号,频道号后的光标会闪动。在数字输入状态下,逆时针旋转"旋轮"可以删除已经输入的数字,按一下旋轮键确定。

② 频道测量设置

如图 F10 所示为伴音及电视制式设置,如图 F11 所示为频道测量设置。

在频道电平测量状态下,按一下旋轮键进入频道设置界面,在这里可以定义该频道频率及伴音制式(即彩色电视制式)。

旋转"旋轮"使光标指向"图像载波",用数字键直接输入载波频率。在数字输入状态下,逆时针旋转"旋轮"可以删除已经输入的数字,输入结束后,按一下旋轮键确定。

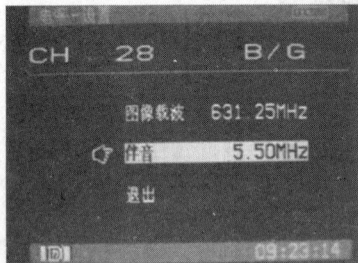

图 F10　伴音及电视制式设置

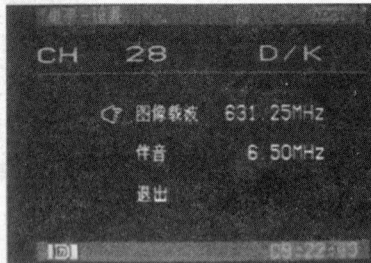

图 F11　频道测量设置

旋转"旋轮"使光标指向"伴音",按一下旋轮键,这时"伴音"选项被点亮,旋转"旋轮"找到需要的制式,按一下旋轮键确定。

旋转"旋轮"使光标指向"退出",按一下旋轮键退出,或者直接按"功能键"退出。

注意:①伴音制式改变将伴随着彩色电视制式的改变。

②在频道测量设置状态所做的改变,仅在本次操作中有效,关机后将丢失。

(2)频率电平测量

单频率电平测量模式主要是在单频率画面下测量某一频率的电平及峰值电平。当电平强度大于 35 dB 时伴音打开,在开机状态下连续按电平/(C/N)键,即可切换到单频率电平测量状态。如下图 F12 所示。

①频率设定　具体设定方法如下:

方法一:直接按数字键输入被测频率,在数字输入状态下,逆时针旋转"旋轮"可以删除已经输入的数字,按一下旋轮键确定。

方法二:旋转"旋轮"可以连续改变被测频率值,频率步进可以按一下旋轮键设定。

②频率步进设定

单频率状态下,按一下旋轮键可进入设置菜单,如图 F13 频率测量设定所示。此时可以设定"旋轮"每旋转一下的频率增、减值。步进方式分别为:按频道步进,按 10 MHz、1 MHz、100 kHz、10 kHz 步进等。

图 F12　单频率测量画面

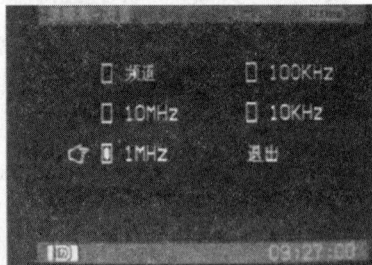

图 F13　频率测量设定

（3）载噪比测量

将有线电视系统与仪器相连接后，在开机状态下连续按电平/（C/N）键，就可以进入载噪比测量状态，载波电平和载噪比都会显示在屏幕上。为了提高 C/N 测量的准确度，最好在测量时关闭载波。按数字键或转动"旋轮"可以更改测量频道，如图 F14 所示。注意：如果您想更加准确地测量载噪比，请使用频谱仪采用关闭调制法进行测量。

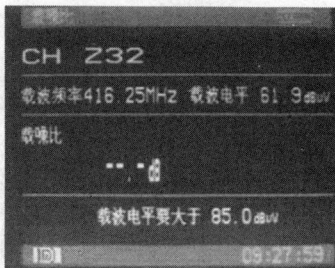

图 F14 载噪比测量

8. DVB 测量

DS1286B 数字、模拟多功能电视场强仪针对数字电视信号，提供了强大的的测量功能，此功能可以测量平均功率、功率/Hz、载噪比、BER 等指标。DVB 测量如图 F15 所示，DVB 设置如图 F16 所示。

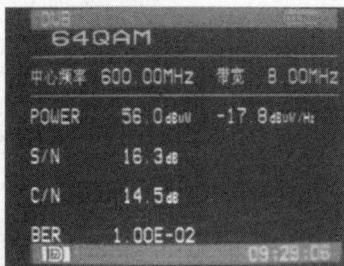

图 F15 DVB 测量

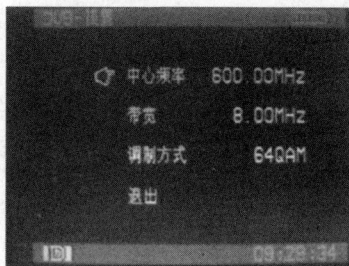

图 F16 DVB 设置

按一下旋轮键，可以进入 DVB 测量设置菜单，在这里可以设定中心频率、带宽、调制方式等。

注意：DVB 精确测量速度较慢，要耐心等待测量结果出现。

（1）设定中心频率、带宽

旋转"旋轮"将光标指向"中心频率"或"带宽"，按数字键可以任意设定，在数字输入状态，逆时针旋转"旋轮"可以删除已经输入的数字，按一下旋轮键确定。

（2）设定调制方式

旋转"旋轮"将光标指向"调制方式"，按一下旋轮键，则此条点亮，旋转"旋轮"可以切换 16QAM、32QAM、64QAM、128QAM、256QAM、QPSK、COFDM 七种调制方式，按一下旋轮键确定。如图 F17 设置调制方式所示。

9. 电压、温度监测

DS1286B 数字、模拟多功能电视场强仪能够同时测量机内温度、电池电压及干线电压，并自动判断干线供电方式：交流或直流。电压及温度显示如图 F18 所示。

注意：长时间开机使用可能会使机内温度升高。

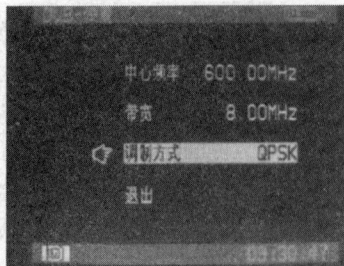

图 F17　设置调制方式

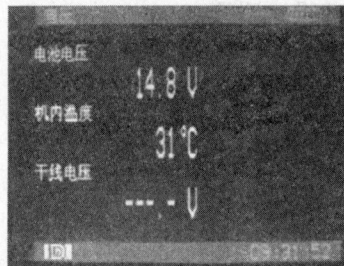

图 F18　电压及温度显示

10.斜率测量

(1)TILT 斜率电平测量

斜率电平测量提供了检验平坦度及电平幅度的有效方法。在此模式下,最多可以选中 12 个频道来测量斜率。只需按下功能键"斜率/扫描"便可以列出各被测频道电平值,并显示斜率值。TILT 斜率电平测量如图 F19 所示。

(2)斜率测量的设置

按一下旋轮键即可进入斜率设置菜单,旋转"旋轮"使光标指向要添加或删除的频道,再按一下旋轮键即可添加或删除当前频道,斜率栏有"√"为选中频道。TILT 斜率测量设置如图 F20 所示。

图 F19　TILT 斜率电平测量

图 F20　TILT 斜率测量设置

注意:至少要选中四个频道。

11.扫描功能

DS1286B 内建高效文件管理系统和大容量优质存储器,可以动态智能存储数十个文件,充分满足测量和以后升级的需要,扫描后所存储文件可以执行列表查看、打印、删除等操作。

(1)创建文件

①在电平测量状态下,按两下功能键"斜率/扫描"进入扫描界面。

②在当前没有存储任何文件时按一下旋轮键,则要求输入文件名;在当前有存储文件时,按一下旋轮键,则屏幕下方出现会文件编辑菜单,旋转"旋轮"使光标指向"新建"项,再按一下旋轮键,则要求输入文件名。

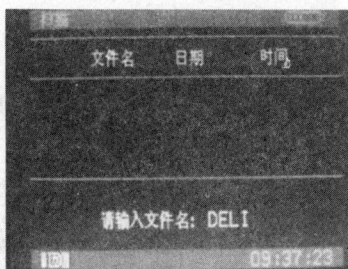

图 F21　新建文件

图 F22　扫描过程

③文件名可以为数字也可以为英文字母,按一下数字键,则输入数字,如果在光标进入下一格闪动前,再按该数字键即可显示字母。例如要输入字母"C",应连续按数字键"1"四下,在输入状态下,逆时针旋转"旋轮"可以删除已经输入的数字或字母。

④输入完文件名按一下旋轮键确定,此时扫描过程开始。

⑤扫描完毕自动返回,如图 F21 新建文件及图 F22 扫描过程所示。

(2)文件操作

①列表

旋转"旋轮"使光标指向要列表查看的文件,按一下旋轮键,屏幕下方出现文件编辑菜单,编辑菜单画面如图 F23 所示,列表查看画面如图 F24 所示。

图 F23　编辑菜单

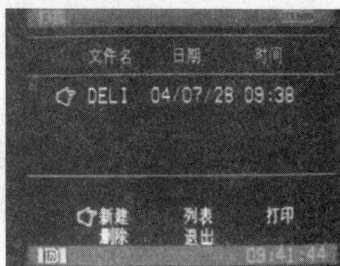

图 F24　列表查看

②旋转"旋轮",使光标指向"列表",按一下旋轮键,即可查看文件。旋转"旋轮"可以翻页查看,按"功能键"可退出列表查看文件。

③打印

● 进入文件编辑菜单。

● 通讯线缆将仪器与串行打印机连接。

● 旋转"旋轮",使光标指向"打印",按一下旋轮键,屏幕下方出现"正在打印请稍候……",打印完毕自动返回文件界面。

④删除

● 进入文件编辑菜单。

● 旋转"旋轮",使光标指向"删除",按一下"旋轮键",即可将当前光标所指文件删除。

注意:扫描过程中,不要按其他键或关机,以免发生存储错误。

12.电视模式

本仪器电视功能设有两种模式:一种是纯电视模式,一种是电视/测量同屏模式。在

235

电视/测量同屏模式下,用户可调整测量数据在屏幕上的显示位置。

在开机状态下按"电视模式"键,即可进入纯电视模式,再按"电视模式"键即可在纯电视、电视/测量同屏模式间切换,单电视模式画面如图 F25 所示,电视/测量同屏模式画面如图 F26 所示。

图 F25 纯电视模式

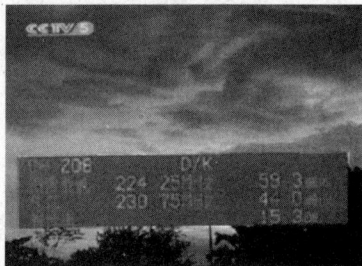

图 F26 电视/测量同屏模式

在这两种模式下,旋转"旋轮",可以更改频道,或直接按数字键输入频道号,输入完毕后,按一下旋轮键确定。

(1)电视设置

在电视模式下,按 MENU 键可进入电视设置菜单,旋转"旋轮"使光标指向需调整项,按一下旋轮键选中,旋转"旋轮"即可调整,调整完毕按一下旋轮键确定。

旋转"旋轮",使光标指向"初始值"选项,按一下旋轮键,使该项选中,再旋转"旋轮",可以还原初始设定。

当观测干线传输信号或大信号时,可以使用电视衰减功能。即旋转"旋轮",使光标指向"电视衰减"选项,按一下旋轮键,使该项选中,逆时针旋转"旋轮",可对电视信号衰减 20 dBμV,顺时针旋转"旋轮"将衰减为 0 dBμV。设定完毕后,按 MENU 键即可退出电视设置。

注意:当输入信号强度大于 85 dBμV 时,建议使用电视衰减功能。

在电视/测量同屏模式下,按一下旋轮键,测量数据的右上角会出现红色箭头。此时旋转"旋轮"即可调整测量数据在屏幕上显示的位置,再按一下旋轮键即可确定位置。电视设置画面如图 F27 所示,调整测量数据显示位置如图 F28 所示。

图 F27 电视设置

红色
箭头

图 F28 调整测量数据显示位置

(2)MENU 设置

在菜单设置中,您可以查看系统信息,进行通用设置、测量设置、电视设置等设置。在测量状态下,按 MENU 键,即可进入设置菜单。设置菜单画面如图 F29 所示。

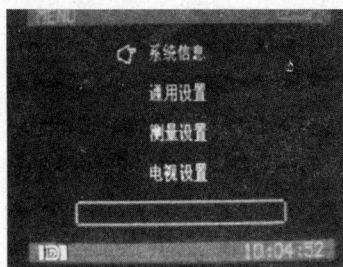

图 F29　设置菜单

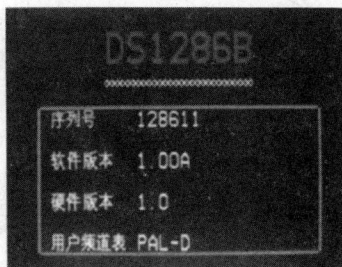

图 F30　系统信息

①系统信息

旋转"旋轮"使光标指向系统信息选项,按一下旋轮键,即可查看系统信息,再按一下旋轮键退出。画面如图 F30 系统信息所示。

②通用设置

在这里您可以设定关机延时、温度单位、日期、时间等,选择初始值还可以还原初始设定。

旋转"旋轮"使光标指向需设置项,按一下旋轮键选中。旋转"旋轮",选择"关机延时"、"温度单位"各选项,再按一下旋轮键确定。

日期、时间按"年\月\日"、"时\分\秒"的顺序由数字键直接输入。例如要输入日期"2005 年 1 月 1 日",则应按数字键输入"20050101"即可,再按一下旋轮键确定。通用设置画面如图 F31 所示,关机延时设置画面如图 F32 所示。

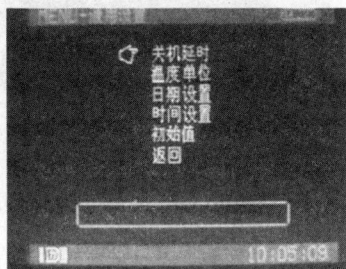

图 F31　通用设置

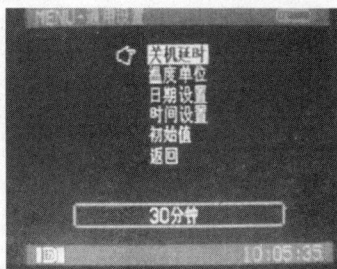

图 F32　关机延时设置

注意:此菜单下的"初始值"功能包含"关机延时"、"温度单位"以及电视设置下所有选项的初始化。

③测量设置

在这里您可以设定电平单位、频道号类型,还可以创建用户频道表。

电平单位、频道号显示类型设置方法同"温度单位"设创建用户频道表,该过程自动选中用户网络中的有效频道,以便提高测量的工作效率。测量设置画面如图 F33 所示,创建用户频道表画面如图 F34 所示。

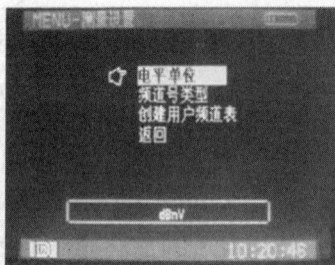

图 F33　测量设置　　　　　　　图 F34　创建用户频道表

创建方法为：

● 连接有线电视线缆。

● 旋转"旋轮"，使光标指向"创建用户频道表"选项，按一下旋轮键选中，本仪器将自动搜索有效频道，并存储该频道号。如图 F34 所示。

注意：①创建用户频道表扫描过程中，不要按其他键或关机，否则会创建不完全。

②恢复全频道显示，要断开有线电视线缆，再执行一次"创建用户频道表"功能即可。

（4）电视设置

此项设置可以改变声音强度设置、亮度设置以及还原初始设置。如图 F35 电视设置所示。

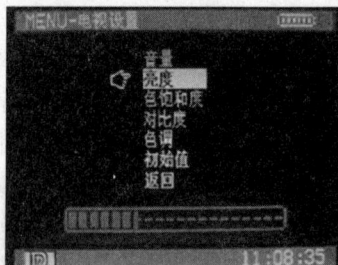

图 F35　电视设置

注意：此处"色饱和度"、"对比度"、"色调"不能设定，只有在电视模式下才可设定。

13. 常见故障及排除方法

（1）非损坏性故障

①无法开机或开机无显示，出现此故障的原因一般有两种：

● 电池电压过低

故障原因：当电池电压低于机内规定的保护门限时，为了保护电池和机内存贮信息，将无法开机，现象为开机后屏幕一闪即灭。

解决方法：使用随机所配专用充电器充电。

● 液晶对比度过低

故障原因：非正常设置液晶对比度后，可能导致对比度过低，使液晶显示浅淡或无显示。

解决方法：调入仪器的初始值。

（2）总是自动关机

故障原因：a.电池电压过低：当电池电压低于机内设定值时，为保护电池及存贮信息将会自动关机。

解决方法：使用随机所配专用充电器充电。

故障原因：b.当用户无任何键操作时间达到机内设定的自动关机时间时，将会自动关机。

解决方法:改变自动关机的时间设定或设置为常开功能(此时电压不足关机功能仍有效)。

(3)画面冻结无响应或为乱码

故障原因:因偶然原因导致仪器内部程序错误。

解决方法:关机后再开机。

(4)个别频道丢失,无法测量,有些频道不能按数字键直接输入

故障原因:DS1286B 允许将部分平时不用的频道屏蔽掉,以便简化测量操作,节省操作时间。

解决方法:拔掉有线电视线缆,按 12.2 节的第 3 点说明中"创建用户频道表"的方法,创建用户频道表,解除屏蔽的频道。

(5)电视图像不清晰

故障原因:a.输入信号小于 40 dBμV。

解决方法:更换频道或提高信号质量。

故障原因:b.电视设置成衰减 20 dBμV。

解决方法:按 MENU 键进入电视设置菜单,选择"电视衰减",按一下旋轮键,顺时针旋转"旋轮"即可。

故障原因:c.外界有强电磁波干扰。

解决方法:消除干扰。

(6)图像清晰或为黑白,声音没有或有噪音

故障原因:a.声音信号电平过低,仪器自动静噪。

解决方法:更换频道或提高信号强度。

故障原因:b.伴音制式设置不对。

解决方法:详见频道测量设置说明中,改变"伴音制式"的方法。

(7)损坏性故障

①充电 5 小时以上,仍显示电压不足或工作时间很短。

故障原因:机内电池容量下降或损坏。

解决方法:更换电池。

②频响及线性误差大,无规律。

故障原因:内部存贮器中数据丢失。

解决方法:返回本公司重新进行修正。

③整机增益偏低。

故障原因:

a.内部元器件损坏。

b.输入端口转接器松动或接触不良(含内部接件)。

解决方法:

a.返回本公司维修。

b.旋紧转接器或更换转接器。

④开机后屏幕无显示,不能关机。

故障原因:

a.内部存贮器中程序丢失。

b.内部接件松动或接触不良。

解决方法:将电池引线拔下,仪器关机后再装好,返回本公司维修。

14.技术指标

表 F1　　　　　　　　DSl286B 数字、模拟多功能电视场强仪技术指标

技术指标	
频率范围	5 MHz～870 MHz
精度	$\pm 50 \times 10^{-6}(20\ ℃ \pm 5\ ℃)$
分辨率	10 kHz
接收中频带宽	280 kHz 和 100 kHz
频道类型模拟电视	TV
数字电视	QAM、QPSK、COFDM
频率频道	SIGL
电平测试范围	30 dBμV～120 dBμV
精度	电平± 1.5 dB(10 ℃～30 ℃)($\geqslant 35$ dBμV)
	电平± 3dB(0 ℃～40 ℃)扫描
	电平± 2 dB(10 ℃～30 ℃)
分辨率	0.1 dB
输入阻抗	75 Ω
频道扫描	
扫描频道总数	最多 150 个频道
扫描速度	3 个频道/秒
载噪比(C/N)	输入信号:＞85 dBμV 时
	范围:C/N＞20 dB
	精度:± 2 dB
	分辨率:0.1 dB
数字频道(平均)电平	
带宽	0.28 MHz～9.99 MHz
中心频率	在测量范围内
数字调制	QAM、QPSK、COFDM
斜率测量频道数	4 个～12 个
分辨率	0.1 dB

干线电压测量	
输入范围	0 V～100 V(AC/DC)
精度	±2 V
分辨率	0.1 V
电视指标灵敏度	小于 40 dBμV
电视制式	PAL-D\K,PAL-I,RAL-B\G,NTSC
其他	
存储容量	256 K 字节
通讯口	RS 232C
打印机	串行打印机
音频输出	喇叭
体积	约 266 mm×160 mm×82 mm
重量	约 1.6 kg(含电池)
显示	TFT 彩色液晶
电源供给	
电池	14 V/2.1 AH 的锂电池
充电器	AC 100 V～240 V 50/60 Hz
工作时间	平均约 4 小时(完全充满电状态)
充电时间	约(2～3)小时

本产品符合 Q/12NK4006 企业标准。

15. **使用安全及注意事项**

(1)初次使用本仪器时要认真阅读本说明书。

(2)初次使用本仪器,要预先为蓄电池完全充电(大约 2～3 小时,充电方法见 4.1 节说明)。

(3)本仪器电源充电端口、射频输入端口、通信端口均在本仪器顶部,确认无误后再插入相应插头。

(4)本仪器具有自动延时关机功能和电池欠压关机功能,如果本仪器突然关机,要确认电池电量是否充足或开机重试。

(5)强电磁干扰源可能会影响本仪器正常工作,并非本仪器的质量问题。

(6)避免本仪器剧烈震动,避免液晶屏受到外力冲击。

(7)在本仪器技术指标允许环境下使用。

一、概述

　　SV-4000 是一台具有卫星模拟电视信号接收、卫星数字电视信号接收、电视信号频谱测量等多功能的便携式卫星电视信号测试仪,简称寻星仪,主要用于卫星电视天线调整和卫星电视信号强度的监测。本机输入频率范围为 950 MH～2150 MHz,SV-4000 测试仪采用 5 英寸彩色液晶显示屏,功耗低、性能稳定。本机内有卫星数字接收机可用于接收符合 DVB-S/MPEG-2 标准的无加扰卫星数字电视信号,对 SCPC/MCPC 信号、C 波段和 Ku 波段信号兼容,显示屏上的菜单可以方便用户设置下行频率、极化方向、符号率和 LNB 本振频率等参数。本机可检测收到卫星电视信号的质量,前面板的九个 LED 指示灯表示工作状态,三位数码管显示不同状态的电压值。本机内置可充电的蓄电池,给户外调整天线带来很大方便。SV-4000 寻星仪外形如图 F36所示。

图 F36　SV-4000 寻星仪外形

二、技术参数

表 F2　　　　　　　　　　　　　　SV-4000 寻星仪的技术参数

射频参数	
输入信号频率	950 MHz～2150 MHz
输入模拟信号电平	65 dBm～25 dBm
输入数字信号电平	65 dBm～25 dBm
LNB 供电电压	13 V/18 V(直流)
LNB 22K 控制方式	开/关
卫星数字接收机参数	
接收标准	DVB-S
解调方式	QPSK
码流率	2～40 Msps
视频解码方式	MPEG-2
视频输出制式	PAL 4.43/NTSC 3.58(自动)

视频信号解析度	PAL(720×576),NTSC(720×480)
音频输出	单声道
LNB 极化电压控制	13 W 18 V(直流)
LNB 22K 控制方式	开/关
彩色显示器参数	
显示尺寸	5.0 英寸
分辨率 H×V	960×234
彩色制式	PAL 4.43/NTSC 3.58
声音功率	0.25 W
整机耗电功率	25 W
电源适配器技术参数	
供电额定电压	AC 110 V～240 V
电源频率	50/60 Hz
输出电压	DC 12 V
输出额定电流	26 A
适配器尺寸	108.6 mm×618 mm×34.7 mm
使用条件	
环境温度	0 ℃～40 ℃
相对湿度	10%～90%
大气压力	86 kpa～106 kpa

三、功能及特性

　　SV-4000 卫星电视信号测试仪具有卫星电视信号频谱及频谱扩展,接收卫星模拟电视正、负极性图像,接收卫星数字电视图像及声音,LNB 极化方式转换,信号强度监测,22 kHz 开关选择,电池充电及电源电压指示,低电压断电保护等功能,方便实用。5 英寸彩色液晶显示屏可以显示 PAL 4.43 和 NTSC 3.58 两种制式信号,图像清晰、稳定。

四、结构和特征

表 F3　　　　　　　　　　　　　SV-4000 寻星仪的外形尺寸和重量

外形尺寸	180 mm×150 mm×395 mm
重量	5.1 kg

（一）前面板说明

图 F37 为 SV-4000 寻星仪前面板图。

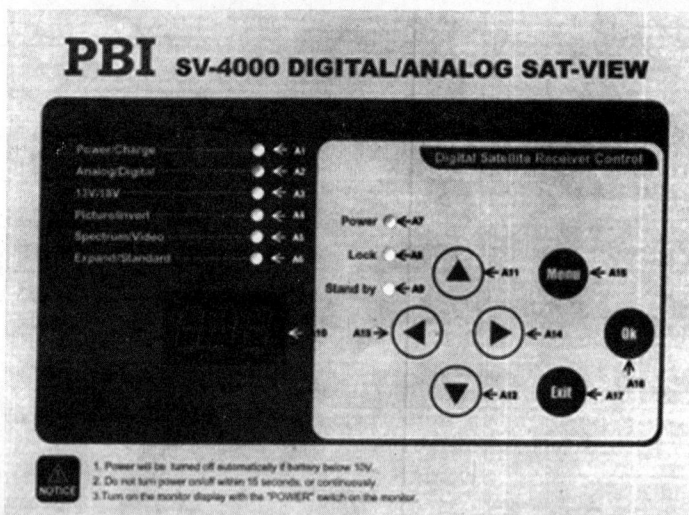

图 F37　SV-4000 寻星仪前面板图

1.发光二极管功能

发光二极管功能如表 F4 所示。

表 **F4** SV-4000 发光二级管功能表

A1 POWER(Charge)	红灯亮 电源接通或接入 SV-4000 电源适配器＋12 V
A2 Analog/Digital	红灯亮 接通频谱及卫星模拟接收机电源
	红灯灭 接通卫星数字接收机电源
A3 13 V/18 V	绿灯亮 频谱及卫星模拟接收机 LNB 13V 垂直极化
	绿灯灭 频谱及卫星模拟接收机 LNB 18V 水平极化
A4 Picture/Invert	绿灯亮 接收卫星模拟电视正极性图像
	绿灯灭 接收卫星模拟电视负极性图像
A5 Spectrum/Video	绿灯亮 频谱状态
	绿灯灭 模拟图像状态
A6 Expand/Standard	绿灯亮 频谱扩展状态
	绿灯灭 全频带状态
A7 Power 卫星数字接收机电源灯	红灯亮 表示卫星数字接收机电源接通
A8 Lock 卫星数字接收机信号灯	绿灯亮 表示卫星数字接收机接收到信号
A9 Standby 卫星数字接收机状态指示灯	黄灯亮 表示卫星数字接收机处于待机状态,灯灭表示处于工作状态
A10 三位数码管	显示不同状态下的电压值,包括调谐电压、电池电压、AGC 电压

2.数码管显示功能

(1)V_{Tune} 调谐电压。

(2)"BAT."电源电压。

(3)AGC 电压:表示模拟电视信号强弱,数值越大,信号越强。

3.按键功能

SV-4000 按键功能如表 F5 所示。

表 F5   **SV-4000 按键功能表**

A11/A12 ▲/▼	卫星数字电视频道上、下选择键及菜单参数修改键
A13/A14 ◀/▶	卫星数字电视音量控制及移动修改菜单光标
A15 菜单键 Menu	显示菜单及命令框
A16 确认键 OK	(1)在屏幕菜单中确定所选的菜单项,或在输入模式下将所输入的数值进行确认
	(2)在接收卫星电视/广播节目时,按此键显示所有卫星电视/广播的节目列表
A17 退出键 Exit	(1)在菜单状态下回到上级菜单或退出菜单系统
	(2)在非菜单状态下按此键黄灯亮,配合其它按键可执行特殊功能操作

注意:在非菜单下,按 Exit 键黄灯亮时,只执行一次操作,黄灯灭。若想连续两次或多次操作,需分别执行两次或多次激活黄灯(按 Exit 键)的操作。

(二)右侧控制面板按键-旋钮功能

如图 F38 所示为右侧控制面板按键-旋钮图,如表 F6 所示为功能列表。

(a) 右侧控制面板按键——旋钮实物图

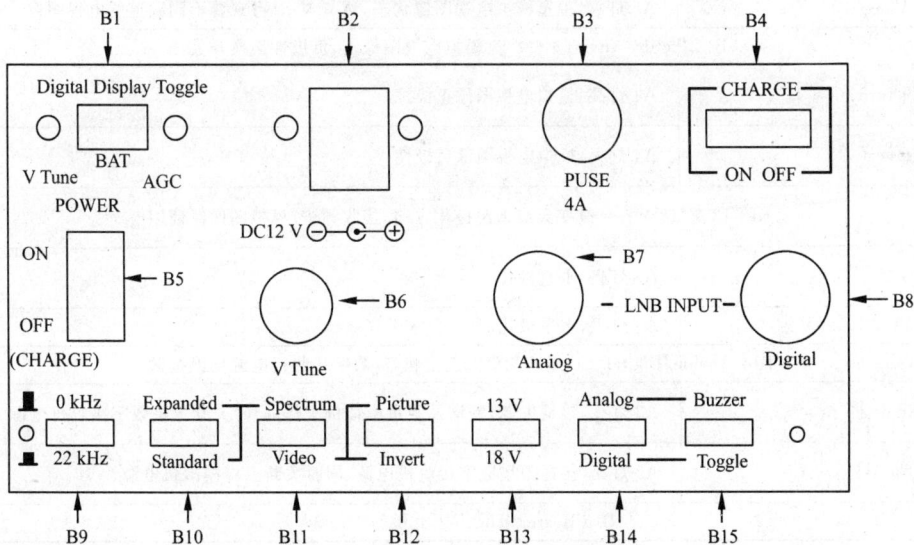

(b) 右侧制面板按键——旋钮功能图

图 F38   右侧控制面板按键——旋钮图

表 F6	右侧控制面板按键-旋钮功能列表
B1：Digital Display Toggle	数码管显示切换开关
V~Tune~	显示调谐电压,数字越大,接收频率越高
BAT.	显示电源电压
AGC	显示 AGC 电压,数字越大,信号越强
B2 DC 12V 输入插座	来自 SV-4000 电源适配器 12 V/2.6 A
B3 FUSE	电源保险管 4 A/250 V
B4 CHARGE	蓄电池充电开关,ON 充电,OFF 为关断充电 注意：1. 充电结束后,立即关断此开关,置"OFF"位置 2. 本机进入工作状态,此开关必须置"OFF"位置
B5 POWER	电源开关"1"为 ON 接通 12V,"0"为 OFF 关断 12V(电池充电时必须 OFF) 注意：关断此电源开关后,再开启时间间隔必须大于 15 秒钟
B6 V~Tune~	调谐电压旋钮,在图像状态,调节此旋钮可选择不同的卫星模拟电视频道
B7 LNB INPUT-Analog	卫星模拟电视信号 LNB 输入接口,观察频谱及接收卫星模拟电视信号时使用
B8 LNB INPUT-Digital	卫星数字电视信号 LNB 输入接口,卫星数字接收机工作时使用
B9 0 kHz/22 kHz	切换开关,本开关只在频谱及捌娅星模拟电视信号时起作用 表示 0 kHz 表示 22 kHz

B10 Expanded/Standard 频谱扩展/频谱全景	
Expanded A6 灯亮	频谱扩展状态,用 V~Tune~旋钮,可调节显示屏上谱线位置
Standard A6 灯灭	全景状态,用 V~Tune~旋钮,可调节显示屏上 Mark 线位置

B11 Spectrum/Video 频谱/模拟图像	
Spectrum	A5 灯亮,频谱状态
Video	A5 灯灭,卫星模拟电视图像状态,调节 V~Tune~可观看不同频道的电视图像

B12 Picture/Invert 模拟电视图像正、负极性切换开关	
Picture	A4 灯亮,模拟电视图像正极性
Invert	A4 灯灭,模拟电视图像负极性

B13 13 V/18 V 改变天线馈源极化方向,接收频谱/模拟图像时使用	
13 V	A3 灯亮,垂直极化
18 V	A3 灯灭,水平极化

B14 Analog/Digital 频谱及模拟接收状态/数字接收机电源切换按键	
Analog	A2 灯亮,接通电源,频谱及卫星模拟机工作,同时关断卫星数字接收机电源
Digital	A2 灯灭,接通卫星数字接收机电源,同时关断卫星模拟机电源

| B15 Buzzer/Toggle 此键暂无功能 | |

（三）彩色液晶显示器面板说明

1.电源开关。SV-4000 电源开关 B5 置 ON 位,轻按一下该键,彩色液晶显示器电源打开,可正常工作;按住该键 3～5 秒钟,彩色液晶显示器电源关闭。

2.亮度调节旋钮。向上调,亮度增加;向下调,亮度减小。

3.音量调节旋钮。向上调,音量变大;向下调,音量变小。

4.电源指示灯。SV-4000 电源开关 B5 置 ON 位,该灯亮为红色,显示器呈关闭状态,按下此显示器电源开关"1",该灯变为绿色,显示器为工作状态。

彩色液晶显示器如图 F39 所示。

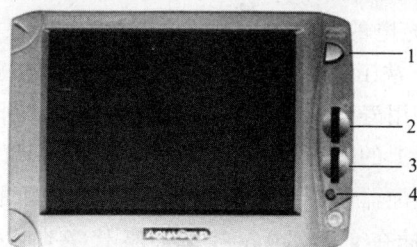

图 F39　彩色液晶显示器

五、使用与维护

1.安全注意事项

(1)不能在雨天或湿度极高的气候下使用,环境温度应<40 ℃,湿度应≤90%。

(2)充电或供电时只能使用本机配备的电源适配器。

(3)不要用液体清洗剂清洗本机。

(4)调节旋钮到极限位置时不要再用力转动。

(5)本机若出故障请与代理商联系,不要擅自打开机壳,本机专配的电源适配器内有高压,以免发生危险或损坏仪器。

(6)连接 LNB 电源时应在关机状态下进行,LNB 连接电缆不能短路。

(7)使用电源适配器时,注意防雨、防潮,电源适配器上不能有覆盖物,应远离易燃物品,电源适配器与本机连接时,应先连接适配器的 DC 插头,然后接通电源适配器的交流220 V,电源适配器要轻拿轻放。

(8)本机有彩色液晶显示屏,要防震、防雨、防曝晒,不能有碰撞,小心使用。

2.维护注意事项

(1)若本机长期放置不用,应在两个月左右开机工作使蓄电池放电,再对电池充电,以提高电池的使用寿命。

(2)请勿用不符合要求的电源适配器供电或充电。

(3)SV-4000 虽可在室外环境下使用,但不应在雨天环境下使用。

(4)内部蓄电池低于 10 V 时,若用户来不及充电,可用本机配备的专用电源适配器供电工作;若在低电压断电保护状态时,须重新开启控制盒上的电源开关,关开机间隔应大于 15 秒。

（5）不要把本机放于强光下曝晒。

（6）使用本机应注意显示屏的方向，避免强光照射以改善显示效果。

六、基本操作方法

（一）检查电池电压

在开机工作前必须检查电池电压。方法如下：打开右侧控制面板上的电源开关，显示切换开关置"BAT."挡，三位数码管显示该蓄电池电压，大于 11 V 时可使用。

（二）电池充电与更换

1.本机内带有可重复充电的蓄电池，蓄电池应注意正确保养，以延长使用寿命。蓄电池在充足电后，可使本机正常工作 1 小时左右。当蓄电池电压低于 10 V，本机会自动切断电源，以延长蓄电池的使用寿命，此时需对蓄电池充电。充电步骤如下：

（1）需把右侧控制面板上的电源开关"POWER"关闭，即置"OFF"位。

（2）把本机专用电源适配器的输出插头 DC12V，插入本机的 12 V（B2）插座上，再把适配器的 220 V 的输入插头插在交流 220 V 电源插座上，A1 指示灯亮。

（3）打开"CHARGE"开关，置"ON"位，此时开始对电池进行充电。

（4）连续充电 16 小时后，关断"CHARGE"开关，即置"OFF"位。

（5）拔断适配器 AC220 V 输入插头，从机器上拔掉适配器的直流输出插头，充电结束。

2.检查蓄电池充电状况

充电后，显示开关放置"BAT."挡，打开电源开关，电压值应大于 12 V。

3.蓄电池的更换

（1）先将本机底部后面板电池盒盖的镙钉取下，倾斜取出旧电池，如图 F40 所示。

（2）将电池上方的正（红线）、负（黑线）两个带线的电池夹拔下，旧电池拿出。

（3）将"＋"、"－"电池夹装在新电池上（注意极性正确，不得有误!）插牢并按原位放好，再将电池盖用螺钉拧紧。

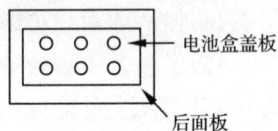

图 F40　蓄电池的更换

（三）卫星天线的调整与定位

当检查电池确认已经充足电后，本设备即可使用：

1.用 75 Ω 射频电缆线将高频头（LNB）与本设备的输入端（LNB INPUT Analog）插座连接好，必须在本机电源关掉时进行连接。

2.将 Analog/Digital 按键按出，即█频谱及模拟信号工作状态。

3.将右侧控制面板的 Spectrum/Video 频谱全景切换按键按出，即█切换为频谱方式。

4.将 Expanded/Standard 频谱扩展/频谱全景切换按键按进，即█为频谱全景方式。

5.切换 13 V/18 V、0 kHz/22 kHz 馈源极化方式按键，选择欲收视模拟信号的极化方式。

6. 将卫星天线大致对准欲收视卫星的方向。

7. 打开右侧控制面板电源开关。

8. 打开彩色液晶显示屏的电源开关。

9. 调整卫星天线,在显示屏上监测,直至在频谱上出现欲收视卫星的谱线,并调整天线使谱线峰值调到最高。

(四)收视某一频道的卫星模拟电视图像

1. 将 Spectrum/Video 频谱/图像切换按键按出█为频谱方式,这时显示屏上将出现该卫星所有频道的谱线。

2. 将 Expanded/Standard 切换按键按出█为频谱扩展方式。这时谱线将在屏幕上被展宽,各频道按频率顺序排列,调节右侧控制面板上的旋钮 B6 即"V_{Tune}",将欲收视的谱线对准屏幕中的 Mark 线。

3. 将 Picture/Invert 模拟电视图像正极/负极性切换按键按出█为正极性方式。

4. 将 Spectrum/Video 频谱/图像切换按键按进█,即为"图像"方式,这时屏幕上将显示模拟电视图像,微调旋钮 B6,使图像最清晰。

(五)查看收视卫星模拟电视信号的强弱

1. 在卫星模拟电视图像状态。

2. 将显示切换开关"Digital Display Toggle"置"AGO"。

3. 转动 V_{Tune} 旋钮,调至欲收视的频道节目。

4. 调整天线,查看前面板数码管,其值越大表示信号越强。

(六)收视某一频道的卫星数字电视图像

在基本完成卫星天线方向的调整与定位的动作后,再进行如下步骤:

1. 将右侧控制面板的电源开关"POWER"关断(OFF)。

2. 将来自卫星天线高频头(LNB)的 75 Ω 射频电缆连接到 LNB INPUT-Digital 插座上。

3. 打开"POWER"电源开关(ON),然后打开显示器的电源开关。

4. Analocg/Digital 按键置█"Digital"位,前面板"Digitla Satellite Receiver Contel"的 POWER(A7)指示灯亮。

5. 用前面板按键选择欲收视的卫星天线上某一电视节目的参数,从显示屏上查看卫星数字电视信号图像的质量。

6. 调整卫星接收天线,以达到最佳效果。

(七)卫星数字接收机的使用

1. 基本操作方法

(1)卫星数字接收机工作状态指示

接通卫星数字接收机电源后,前面板的 A7 电源指示红灯亮。当 A8 绿灯亮时,说明已收到信号,此时将天线对准所需要接收的卫星,会直接收到电视画面。由于本机具有断电记忆功能,开机后不用操作任何按键,便可收视上次断电前的电视节目。如果已设置"开机频道",则开机后显示为"开机频道"的节目。

如果由于插拔 LNB 造成数字机无信号时,需要重新断电启动数字机,Analog/Digital 按键按进置 Digita 位,关/开时间间隔必须大于 15 秒钟。

(2)更换节目:

方法 1:在正常接收画面时,欲更换节目,按▲/▼键便可依照已预置的频道顺序改变收视节目频道,并在显示屏上显示改变后的节目编号。

方法 2:在正常接收画面时,控 OK 键,屏幕右边将显示一个所有卫星电视/广播(依据当前卫星电视、广播模式的不同)频道的列表。要选定一个频道,可将光标在频道列表上下移动,并置于想选的频道上,按 OK 键就可收看该节目,按 Exit 键,则该频道列表消失。提示:$ 符号代表该频道是加密的。

(3)音量控制与伴音控制:

①音量:在正常接收画面时,按◀/▶键便可改变音量的大小。

②伴音选择:在非菜单状态下,按 Exit 键黄灯亮后,再按▼键可从"左"、"右"及"立体声"三个(伴音设置)中选择一个适合的伴音,当前的伴音设置将显示在频道信息中,按一次 Exit 键,只切换一次(伴音设置),如需再换,可重复上述操作。

③音频语言选择:在非菜单状态下,按 Exit 键黄灯亮后,再按▲键可选择音频语言,此项的选择取决于传输的音频信号。

(4)电视与广播模式切换

在收看卫星电视节目时,按 Exit 键,黄灯亮后,再按▶键可以在卫星电视与广播模式之间进行切换。

(5)查看节目信息

在每次节目转换后的几秒钟内,用户都会看到节目信息。

注意:根据出厂设置,频道信息显示 6 秒钟后将自动消失。

提示:▤ 符号代表该频道有图文信息,SV-4000 可将图文信息转换成 VBI 播出,但用户还需要另外的图文解码设备,才可以看到图文节目。

在收看节目过程中,用户可随时通过按 Exit 键,黄灯亮后,再按◀键便可在屏幕上浏览当前节目的详细信息,同时显示载噪比(Eb/N0)的比值,如图 F41 所示。

注意:载噪比 Eb/N0 值,反映接收卫星信号的强度,也反映接收状态的好坏,它的值越大,接收状态越好。

(6)0/22 kHz 选择开关

当使用一个接收机接收来自两个卫星天线的信号时,我们可以采用 0/22 kHz 选择开

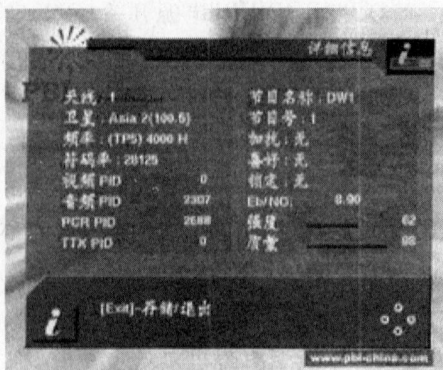

图 F41　Exit 键查看节目信息

关来选择接收不同的卫星天线信号,如图 F42 所示。

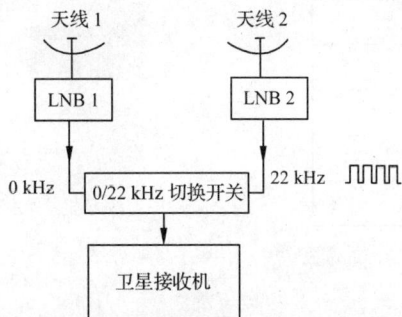

图 F42　使用一个卫星接收机接收两个天线的信号

0/22 kHz 选择开关的原理是使用一个 22 kHz 的方波来切换选择开关,当卫星数字接收机发出 22 kHz 方波时,接收天线 2 的卫星信号;当不发出 22 kHz 方波信号(即 0 kHz)时,接收天线 1 的卫星信号。

(7)DiSEqC 选择开关(DiSEqC 开关可在 A/B/C/D/OFF 之间进行选择)

当客户欲使用一个接收机收视来自更多天线的信号时,可以选用 DiSEqC 开关,例如接收四个天线的信号(如图 F43 所示)。其中 DiSEqC 开关的原理在于对 22 kHz 方波信号进行编码调制,使其能够进一步区分不同的天线。选择"OFF"时不发送 DiSEqC 指令,即不切换 DiSEqC 状态。

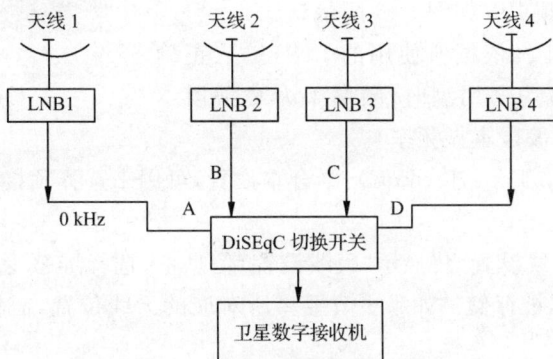

图 F43　采用 DiSEqC 切换开关接收更多天线的信号

2. 菜单使用说明

机器启动后,按 Menu 键可进入主菜单,如图 F44 所示。

在主菜单中,使用键选择下拉菜单,用▲▼键在下拉菜单中上下移动,用 OK 键确认选择。

在菜单状态下,若菜单参数项右边显示"▲▼"符号,代表可执行参数切换,用键切换参数,也可按 OK 键,在显示的下拉菜单中选择欲选的参数;若参数项右边显示""符号,代表可输入数值,按 OK 键,通过弹出的"数字键盘"对话框输入正确的数值;若在参数项右边显示"◢"符号,按 OK 键后,将弹出对话框,您可根据实际情况进行选择确定;按 Exit 键可随时退出菜单系统。

天线设置
频道搜寻
系统设置
出厂设定
天线定位帮助
接收机信息

图 F44　主菜单显示

（1）天线设置

选项说明：

黄色光标——当前设置项（对该项参数进行编辑）

黑色光标——可以设置项（可对该项参数进行编辑）

灰色光标——不可设置项（不能对该项参数进行编辑）

如图 F45 所示。

①天线：用户可通过切换器来选择最多 16 个天线的单极化卫星信号。

②卫星：选择想接收的一个卫星。

③LNB 类型：设置用户的 LNB 类型。通用型，普通的单本振高频头；Univ、双本振（Universal）高频头；LN-BF，双本振 C 波段高频头。如图 F46 所示。

④LNB 频率 1 和 2：依据所使用的 LNB 输入正确的 LNB 频率（当 LNB 为通用型时，频率 1 为 C 波段本振频率，频率 2 为 Ku 波段本振频率）。

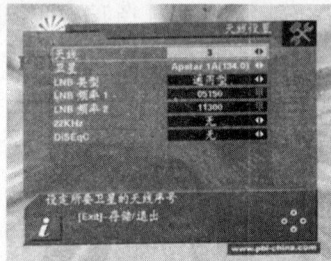

图 F45　天线设置

⑤切换器（22 kHz Tone，DiSEqC）：结合本设置，可用来选择预接收的卫星信号（多面天线接收时选择）。

按 Exit 键结束天线设置，将显示"天线设置"信息框，选择屏幕上的"是"选项，按 OK 键确认后，等待新数据被存储。如果更改卫星所对应的天线位置，需在天线设置中设置。如图 F47 所示。

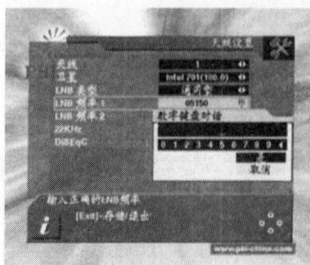

图 F46　设置用户的 LNB 类型

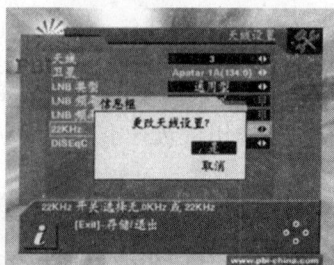

图 F47　更改天线设置

（2）频道搜寻

主菜单：

①天线：选择天线的数字编号。

②卫星：提示该天线的数字编号所对应的卫星名称。

③转发器：用◀▶键选择想接收的转发器，也可按 OK 键，在显示的下拉菜单中选择欲接收的转发器及相应的卫星电视节目。

④频率和符码率：编辑卫星电视节目的频率与符码率。

⑤极化：可选择水平或垂直极化。

⑥搜索：用户可用◀▶键选择搜寻方式。

● 搜索卫星：搜索已从卫星栏中选定的一颗卫星上的所有频道。

● 搜索转发器：搜索已从转发器栏中选定的一个转发器上的频道。

● 搜索网络：搜索已在转发器栏中选定的转发器及同一网络中的其它频道，利用此功能可搜索到该网络中新增加的频道。按 OK 键后，SV-4000 将自动搜寻电视和广播频道，在搜索过程中，用户可从屏幕上的搜索列表中看到已搜寻到的频道。在搜索完成后，光标将自动移到"收看"上，按 OK 键确认。频道搜索主菜单如图 F48 所示。

子菜单：

在"频道搜寻"页面内，按 Menu 键会出现如图 F49 所示的子菜单。

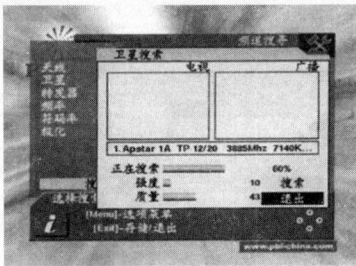

图 F48　频道搜索——主菜单　　　　图 F49　频道搜索——子菜单

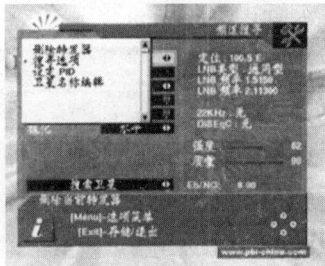

①删除转发器

若想删除一个转发器，应先选定想删除的转发器，再按 Menu 键显示命令框，选择删除转发器指令后，将显示"删除选定转发器"信息框，选择屏幕上的"是"选项，再按 OK 键确定删除。转发器删除后，不可再次添加，只有恢复出厂设定才可找回所删除的转发器，但是同时其他数据也会全部被初始化。

②搜寻选项

SV-4000 系列产品可以让用户通过搜寻选项来选择是否只搜寻免费节目。

只搜寻免费节目：将光标定位在"只搜寻免费节目"，按 OK 键确定，再按 OK 键取消确定。

③设定 PID

如用户想手动设置 PID 节目，在"频道搜寻"页面选择转发器，并按"Menu"键显示指令框。然后选择"设定 PID"指令并按 OK，输入正确的数值并选择"是"选项，当按 OK 键确定。

如果设置成功，则在节目列表中会增加一个名称为"PID-XXXX"的节目（其中 XXXX

为视频 PID 的值)。

④卫星名称编辑

编辑卫星名称:选择一个天线编号,光标移到"卫星"上,按 Menu 键显示指令框,选择"卫星名称编辑"选项,按 OK 键,输入所要编辑的卫星名称后,选择"是",按 OK 键确定,预置卫星名称栏中会自动增加一个新编辑的卫星名称。

3.节目管理

节目管理由电视频道和广播频道构成,节目管理功能可让用户将不需要的节目删除。如图 F50 所示。

注意:由于广播频道的管理与电视频道的管理相同,故本手册只解释电视频道的管理。

在"节目管理"界面中,按 Menu 键,会出现如下子菜单:

(1)电视——出现所有电视节目的列表。

(2)广播——出现所有广播节目的列表。

(3)删除频道——在电视节目列表中,选择所要删除的电视节目,按 Menu 键,选择"删除频道"选项,按 OK 键进入准备删除状态,再按 OK 键,所选的频道序号数将被"×"标记替代(再次按 OK 键,取消"×"标记)。按 Exit 键,显示"删除所选定的频道"信息框,选择"是"后按 OK 确定,所有标记"×"的频道将会被删除;选择"取消"或按 Exit 键则不会被删除。如图 F51 所示。

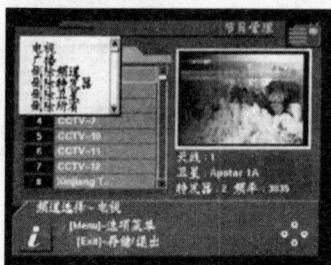

图 F50　电视频道的管理　　　　　图 F51　节目管理——删除频道

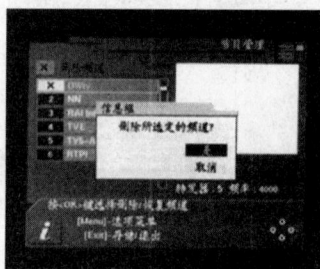

(4)删除转发器——是指删除频道列表中某一转发器所包括的所有节目。

操作方法:在"节目管理"子菜单中,选择"删除转发器",按 OK 键进入准备删除状态,将光标移到某一节目频道上,按 OK 键则与该频道同属于某一转发器的所有频道的序号数将被"×"替代,再按 OK 键,取消"×"标记。按 Exit 键,出现"删除所选定的频道"信息框,选择"是"后按 OK 键,所有标记"×"的频道会被删除;选择"取消"或按 Exit 键,则不会被删除。检查频道列表后,可以确定删除是否成功。

(5)删除卫星——是指删除频道列表中某颗卫星所包括的所有节目。

操作方法:在"节目管理"子菜单中,选择"删除卫星",以下步骤同"删除转发器",只是删除的频道是属于某一颗卫星。

(6)删除所有——是指删除频道列表中所有的节目。

操作方法:在"节目管理"子菜单中,选择"删除所有",以下步骤同"删除转发器",只是删除的频道是列表中所有的节目。检查频道列表后,可以确定删除是否成功。

注意:被删除频道不可恢复,只有重新搜索才可再次收看该频道。

4.系统设置

系统设置菜单可让用户依据实际环境和要求来设置各项。在主菜单中选择"系统设置",会出现如图 F52 所示画面:

(1)屏幕显示语言:用户可选择所需的屏幕语言。

(2)音频语言:用户可设置音频语言的优先顺序,可将所需的语言设为第一优先顺序,但此语言必须是频道所支持的语言,如图 F52 所示。

(3) LNB 电源:如果用户的 SV-4000 是与 LNB 直接相连的,请选择"开"。若用户的 SV-4000 是与 LNB 间接相连,且其他接收机已为 LNB 供电,应选择"关"。

(4)电视制式:用户可根据需要选择电视制式 PAL/NTSC。

(5)开机频道:用户按 OK 键将弹出"激活开机频道"信息框,选择"是"选项,按 OK 键,显示频道列表,用户可从中选定一个频道作为 SV-4000 开机时播放的频道。若开机频道为无,则开机后自动进入上次播放的频道。如图 F53 所示。

图 F52　系统设置

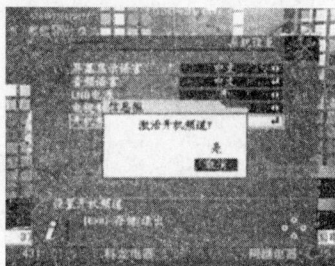

图 F53　激活开机频道

5.出厂设定

如果用户需恢复 SV-4000 系列产品的出厂设定,选择"出厂设定"并按 OK 键。此时将显示提示信息请用户确认是否恢复出厂设定,如确定选择"是"选项,按 OK 键确定。

提示:一旦用户恢复出厂设定,所有用户自设的数据及信息将丢失。如图 F54 所示。

6.天线定位帮助

尽管用户已经在天线设置菜单中输入了正确的值,但如果用户的天线未对准正确的位置,就不会收到卫星发射的信号。SV-4000 提供了天线定位帮助功能,该功能可使用户获得正确的信息,从而帮助用户将天线正确地指向卫星。具体操作如图 F55、图 F56 所示。

第一步,选择要对准的卫星名称,该卫星的位置信息会显示在屏幕上。若该卫星的位置有变化,用户可重设新的位置。

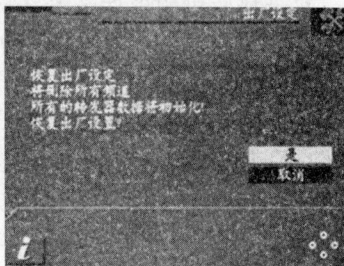

图 F54　出厂设置

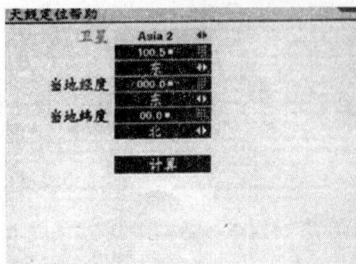

图 F55　天线定位帮助——菜单

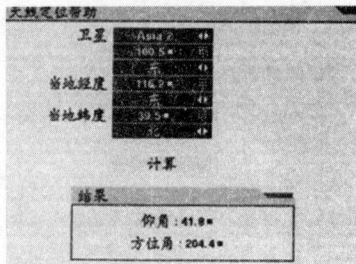

图 F56　天线定位帮助——计算结果

第二步,输入当地的纬度和经度值。在输入用户所在位置的正确值后,将光标放在"计算"选项上,再按 OK 键。SV-4000 将会显示准确的天线仰角和方位角信息,可以根据天线信息调整天线到最佳接收状态。如图 F57 所示。

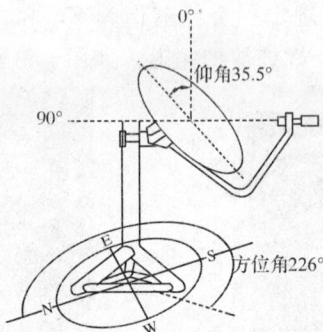

图 F57　天线定位

7.接收机信息

显示接收机的软件版本、硬件版本及所属版权等信息。

七、常见故障的排除

1.前面板无信号灯显示:检查 B14 是否接通,开关是否正确。

2.图像和声音不对应:请检查参数中的伴音设置是否正确。

3.无信号或锁码节目:此节目为锁码节目,无法收看。

4.无效节目:此节目为预备节目或无效的 PID 节目。

5.信号不好:天线没对准卫星或 LNB 极化方向不对,造成信号差。

6.无信号:

(1)检查 LNB 连接是否短路,造成接收机短路保护,此时只需断电重启接收机即可。

(2)检查输入接收机的设置参数是否与天线接收的卫星相符。

(3)检查 LNB 的本振频率是否与接收机内所输入的本振频率一致。

(4)检查 LNB 的极化是否接反。

(5)若上述几种情况均已排除,请确认天线是否准确对准所要接收的卫星。

7.卫星数字接收机自动重新启动:信号不好或其他原因引起的死机后,监控程序启动热启动程序,重新启动卫星数字接收机。

八、附件

1. SV-4000 专用电源适配器一个，型号 STB-040-12A。
2. BNC/F 转换头两个。
3. SV-4000 使用说明书一份。
4. 品质保证卡/产品合格证一份。
5. 尼龙便携包一个。

九、附录　亚太地区卫星位置表

表 F7　　　　　　　　　　亚太地区卫星位置表

位　置	卫　星	位　置	卫　星
138.0°	亚太 5 号	100.5°	亚洲 5 号
134.0°	亚太 6 号	96.5°	快车 AM33 号
132.0°	越南 1 号	95.0°	新天 6 号
128.0°	日本通信 3 号	93.5°	印星 3A 号
125.0°	中星 6A 号	93.5°	印星 4B 号
124.0°	日本通信 4A 号	92.2°	中星 9 号
122.0°	亚洲 4 号	91.5°	马星 3 号
116.0°	韩星 3 号	91.5°	马星 3a 号
115.5°	中星 6B 号	90.0°	雅玛尔 201 号
113.0°	帕拉帕 D 号	88.0°	中新 2 号
113.0°	帕拉帕 C2 号	87.5°	中卫 1 号
113.0°	韩星 5 号	85.2°	国际 15 号
110.5°	鑫诺 1 号	83.0°	印星 2E 号
110.0°	BSAT-3B 号	83.0°	印星 4A 号
110.0°	BSAT-3C 号	80.0°	快车 MD1 号
110.0°	N-Sat110 号	80.0°	快车 AM2 号
108.2°	新天 11 号	78.5°	泰星 5 号
108.0°	电信 1 号	76.5°	亚太 2R 号
105.5°	亚洲 3S 号	75.0°	ABS-1 号

GT-4E 系列光功率计用户手册　附录 3

一、概述

　　GT-4E 系列光功率计主要用于连续光信号功率的测量。采用单片机微处理器进行控制,功能齐全,广泛应用于光缆施工与维护、光纤通信、光纤传感器、光纤 CATV 等领域。GT-4E 光功率计外形如图 F58 所示。

　　GT-4E 系列机身造型设计符合人体工程学要求,采用先进双色包胶工艺,美观耐用。光功率计采用内藏式探测器,可使其受到良好保护。所有按键都采用导电橡胶开关,简便、可靠,适合多种使用环境。

图 F58　GT-4E 光功
率计外形

二、技术指标

1.特性

(1)四位半液晶显示,多种单位显示方式:nW、μW、mW、dBm、dB 可以相互转换。

(2)自动量程转换。

(3)自动关机时间可设。

(4)自动清零。

(5)多种波长测量,频率自动识别,如 270 Hz、1 kHz、2 kHz(4E1X 表具有此功能)。

(6)数据存储功能,可存储 1000 组。

(7)仪表用户软件自校准功能(需授权,4E1X 表具有此功能)。

(8)PC 机实时数据监测功能(4E1X 表具有此功能)。

(9)数据上传。

(10)PC 机功能(4E1X 表具有此功能)。

(11)电池不足告警。

2.技术指标

GT-4E 系列光功率计的技术指标如表 F8 所示。

表 F8   GT-4E 系列光功率计的技术指标

参数	单位	技 术 指 标					
型号		GT-4E01	GT-4E02	GT-4E03	GT-4E11	GT-4E12	GT-4E13
探测器类		InGaAS					
波长范围	nm	800～1700					
工作波长	nm	850、980、1300、1310、1490、1550、1625					
测量范围	dBm	$-70\sim+10$	$-50\sim+26$	$-50\sim+30$	$-70\sim+10$	$-50\sim+26$	$-50\sim+30$
	nW	0.1～10	0.1～10 mW	0.1～10 mW	0.1～10 mW	0.1～10 mW	0.1～10 mW
测量精度		±5%					
光接口		FC、ST、SC、MU/LC(4E1X)					
分辨率		dBm:0.01 dBm W:(0.1～1)%					
电源		2 节 5 号 AA 碱性干电池或 2 节 5 号 1.2V(2000～2300 mAh)镍氢充电电池(选配)					
电源 适配器(选配)		INPUT:AC 100 V～240 V 50/60 Hz 0.5 A max; OUTPUT:DC 3.6V 500 mA;插头:5×7×11 mm 小电源插座					
自动关机时间		无或 5～60 分钟可设定					
功耗	mW	30					
工作温度	℃	$-10\sim+50$					
存储温度	℃	$-40\sim+70$					
外形尺寸	mm	140×72×38					
重量	kg	0.25					

参考条件:-10 dBm;温度:23℃±3℃;湿度:20%～75%。

三、操作指南

1.选配电源适配器

为了保证仪表处于正常工作状态,仪表电源(包括电池及电源适配器)的状态至关重要。未选配厂家提供的电池和电源适配器的用户,可以按照厂家提供的参数自行选配电源适配器或者快速充电器,但绝不能采用与选配电源适配器参数不相符的电源适配器来对仪表充电,这样会造成仪表不可恢复性的损坏。在高精度测试时,禁止外接电源适配器,否则会影响精度。

2.电池

本仪表可选配指定规格的充电电池。电池不足显示出现时要注意及时更换同样规格的干电池或充电电池,以免影响仪表的使用。

3.仪表工作模式

(1)数据测量模式:该模式测量显示当前数据,保存当前数据,PC 机实时数据监测。

(2)相对模式:以当前数值为基准,进行测试。

(3)数据浏览模式:在该模式下,可以浏览保存过的数据,也可以删除当前的数据。还可以完成成组数据上传 PC,仪表编号设置(需授权)。

4.仪表操作说明

(1)仪表面板各部分的功能(见表 F9)

表 F9　　　　　　　　　GT-4E 系列光功率计的仪表操作说明

序号	名称	功　能
1	探头帽	拧下探头帽,露出探测器;测量完毕,应拧上此帽
2	光接口	光输入或输出接口
3	耳机接口	与 PC 机 RS232 接口通信
4	液晶显示屏	显示测量结果和各种状态信息
5	电源键⏻	电源开关键,按此键可接通或断开仪表电源。接通电源,仪表先被初始化,随后进入测量状态
6	清除存储器	在数据浏览模式下,按住 Del 键持续 10 秒
7	λ/+	此键在数据测试模式下,用于选择仪表的测量波长。被测波长显示在液晶屏下方,按此键,显示波长和测量结果会随之改变。此键在数据浏览模式下,可以查阅下一个存储的数据
8	SAVE /−	在数据测试模式下,此键用于保存当前的数据;在数据浏览模式下,此键可以查阅上一个存储的数据
9	DEL	在数据浏览模式下,此键可以删除当前存储的数据
10	DISP	按下此键进入数据浏览模式,再按一下退出数据浏览模式
11	dBm/W REL	重复按此键,使仪表以 WATT 为单位显示测量结果,以 dBm 为单位显示测量结果,进入相对测量状态,循环切换测量相对测量状态下当前测量值。测量结果显示在液晶屏右上方,相对值显示在液晶屏右下方,小字符 REL 作为相对测量的状态标志显示在液晶屏中间
12	充电插孔	电源适配器插头由此插入,可对电池充电

(2)液晶字符说明(见表 F10)

表 F10　　　　　　　　GT-4E 系列光功率计的液晶字符说明

序号	显示字符	标志说明
1	KEY	按键操作有效
2	REL	相对模式
3	DISP	数据浏览模式
4	SAVE	存储数据成功
5	DEL	删除数据成功
6	dBm/nW/μW/mW	数据单位
7	nm	波长单位
8	MEN XXX	数据测试模式:存储数据最大编号; 数据浏览模式:当前编号提示

5.测量说明

（1）按面板电源键后，仪表首先将液晶屏上的全部字符、小标志显示出来，此过程持续约一秒钟。

（2）仪表随后进入数据测量模式，以 dBm 为单位显示测量结果，并显示测量波长。

（3）液晶屏显示如图 F59 所示。

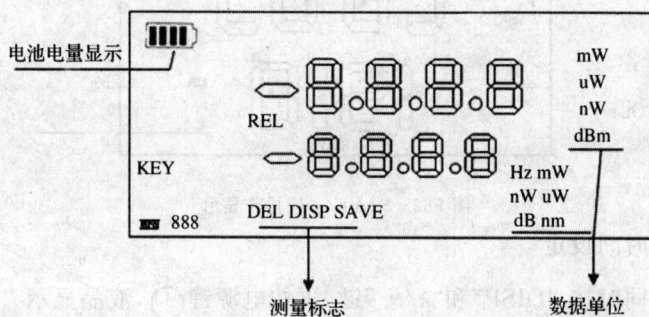

图 F59　液晶屏显示

6.按键操作及液晶显示

（1）$\dfrac{dBm/W}{REL}$ 键：在数据测试模式下完成单位的转换，"REL"标志表示仪表进入相对测量状态。相应显示如图 F60 所示。

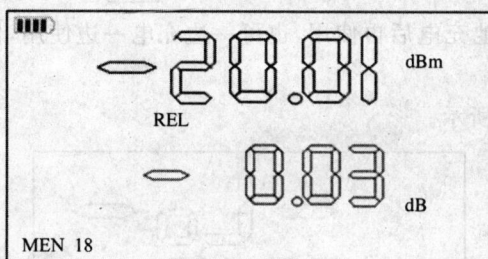

图 F60　$\dfrac{dBm/W}{REL}$ 键操作显示

（2）λ／＋键：在数据测试模式下完成波长转换，在数据浏览模式下查阅下一组数据，改变测量波长。可选择波长有七种：850 nm，980 nm，1300 nm，1310 nm，1490 nm，1550 nm，1625 nm。相应显示如图 F61 所示。

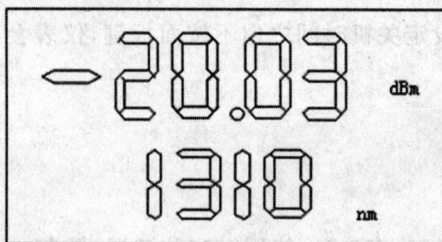

图 F61　λ／＋键操作显示

（3）SAVE/－键

在数据测试模式下完成当前数据的保存，在浏览模式下查阅前一组数据。在液晶屏幕最下方显示"SAVE"，表示存储数据成功。相应显示如图 F62 所示。

图 F62　SAVE/－键操作显示

（4）自动关机时间设定

关机状态下，同时按 "DISP"和"λ/＋"键，再按电源键 ⏻，液晶显示 "HH"字符，表示自动关机时间设定的意思，上面一排显示本仪表默认设置的自动关机时间 10 m（10 分钟）。用户可以按"DISP"以步长为 1 增加时间，按"DEL"以步长为 1 减少时间，时间递减为"——"表示不自动关机，再按 SAVE/－键确认生效。

（5）电池不足显示

仪表供电不足时，液晶屏左上方电池不足标志"▭▭"会闪烁，此时应终止测量。可以更换电池或给充电电池充电后再使用，也可一边充电一边使用，但会影响测量的精度。

（6）无光显示

无光显示如图 F63 所示。

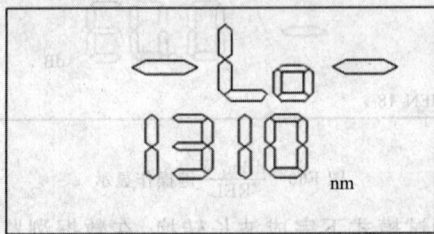

图 F63　无光显示

7. 关机

GT-4E 开机后，如在设定关机时间之内不按面板键，仪表会自动关机，用户也可按电源键手动关机。

四、维护及故障处理

1. 使用注意事项

（1）仪表使用温度为－10～50 ℃，使用时应防潮湿、防灰尘、防震动、防热源（红外光影响）。

（2）当仪表在低温条件下长时存放或使用后，再放入室温条件下，仪表会发生冷凝，如立即开机使用,会引起短路,损坏仪表,所以应在室温下放置一段时间后再使用。

(3)超量程的输入光信号会损坏探测器,不可测量超量程光。

(4)定期用牙签绕脱脂棉清洗探头内部,并注意用无纤擦拭纸清洁连接器插头端,避免测试不准。

2. 简单故障的处理

表 F11　　　　　　　　　GT-4E 系列光功率计简单故障的处理

序号	故障现象	处理方法
1	开机后,液晶屏无显示	更换干电池或将选配电源适配器接入仪表进行充电,连续充电8～9小时后开机,仪表恢复正常,否则请与厂家联系
2	使用过程中,液晶屏出现"⬜"闪烁	应及时更换电池或对充电电池充电再使用或边充电边使用,会恢复正常,否则请与厂家联系
3	仪表开机后,在设定关机时间内不按面板键,自动关机	仪表自动关机功能,不属于故障
4	显示字符不变,按面板键无反应,无法关机	将电池盒盖打开,取下电池 3～5 秒后再装上,然后开机,会恢复正常,否则请与厂家联系

注意:其他故障请与厂家联系,不要自行拆开仪表,以免造成更严重的故障。

五、基本配置及选件

表 F12　　　　　　　　　GT-4E 系列光功率计的基本配置及选件

	名　称	数　量	说　明
仪表	GT-4E 系列光功率计	1 台	
标准配件	串口线	1 根	
	用户手册	1 份	
	用户保修卡	1 份	
	FC、ST、SC 转接器	1 套	
	MU/LC	1 个	光功专用(4E1X)
	便携软包	1 个	

注意事项及保养:在使用任何光传输设备时一定要注意,要养成一个良好的习惯,避免用眼睛直接观看光纤或光源;在使用光传输设备时,一定要遵守单位的安全规定。同时,保持光连接器的表面清洁是十分重要的,擦伤或污垢会降低光连接器的性能,光连接器端口应定期用光器件专用清洗剂或无水工业酒精清洗。

六、仪表软件说明

1. 软件安装

(1)软件平台

支持 Windows 98/Me/2000/XP 操作系统,另外,本软件需要 Microsoft Access 和 Excel、打印机支持。请预先安装 Microsoft Access 和 Excel,如未安装打印机或无默认打

印机,请在控制面板里任意添加一个打印机。

(2)软件的安装

①运行随机附带光盘中的 Setup.exe 文件,即可开始安装。

②屏幕出现安装目标路径选择,可使用默认的路径或更改路径。

③待安装结束时,单击"确认"按钮,系统会自动创建程序组显示安装的文件。

2. 运行 PC 分析软件

用专用连接线把仪表的耳机接口和计算机的 RS232 接口连接,并确认是哪个串口。双击"GT-4E"图标,打开该软件。在参数设置里正确设置对应串口号,有实时操作、仪表操作、记录操作等功能。

(1)实时监测

设置正确的参数后,监测自动开始,如果显示"No Signal",请检查仪表连接情况,该图标 用于显示监测状态。通过设置窗体左下方是否保存选项,可以控制当前监测记录是否自动保存到历史数据库里;选择自定义复选框,可以设置监测间隔和保存间隔,在监测过程中可以随时单击工具栏上的"监测记录"进行历史记录比对,用完即关闭记录。

(2)实时操作

实时操作包含导出当前监测(实时)数据为 Excel 格式、打印预览当前实时数据,单击菜单上"导出实时数据"可以把接收到的、自动存储在临时数据库里的当前监测数据导出到 Excel 中,以便编辑测试数据,要使用这个功能之前,要确认系统中装有 Microsoft Excel。

(3)仪表操作

单击菜单"用户信息",可以将测试员、测试地点等信息输入并保存、打印出来,记事信息不打印。

(4)工具栏操作

①参数设置:点击工具栏的 开启此功能。设置与仪表相连的串口号、功率参考值和门限(允许误差容限绝对值)。单击"设置"生效,如果初次设置后一直不变,不用再重复设置。

②接收数据:确认仪表工作于数据浏览模式,点击工具栏的""可以开启此功能。屏幕上会出现正在读取的进度条,耐心等待 10 秒左右,读取仪表存储数据完成后,将弹出仪表存储数据窗体。如果读取出现异常请与厂家联系是否出厂时在内存中设置好仪表编号,并索要密码进行自行设置,为了便于检索将编号设置为和仪表背面的出厂编号一致即可。如果未出现设置成功提示,请重复单击。

● 保存:单击"保存"按钮可以将接收到的仪表数据保存为磁盘文件,以便下次打开使用,根据自己的喜好创建路径和文件名(建议客户以当前日期作为文件名),文件名后缀为.GT。

● 导出:单击"导出"按钮可以把接收到的仪表存储测试结果并导出到 Excel 中,以便编辑测试结果。

● 查找:可以按序号查找数据。

- 删除：可以删除单条记录。
- 刷新：在本窗体空白处单击右键，出现"刷新"菜单，刷新数据。
- 打印：在本窗体空白处单击右键，出现"打印"菜单，打印预览接收的数据。

（5）监测记录

单击工具栏"监测记录"，用于查看全部历史监测记录数据，停止查看请单击"关闭记录"。也可以对打开的记录进行其他操作，"记录操作"菜单如下：

①查找记录：可以按时间、波长、状态等方式查询监测历史记录，查询完毕关闭"查找监测记录"窗体。

②清空记录：用于清空数据库里自动保存的监测历史数据，删除后将不能恢复，建议当数据库历史记录很多且没有实际用处时再删除。

（6）打开文件

单击工具栏上"打开文件"可以打开磁盘上保存的仪表存储数据。

3.软件升级

操作步聚如下：

（1）打开 PC 管理软件。

（2）用专用电缆连接仪表和 PC 的串口。

（3）在 PC 上进行升级操作。

①运行升级软件

②操作步骤

第一步：将仪表关机。

第二步：选定芯片：ST89C58RD＋。

第三步：Open 选定程序代码文件，如：GT4E. hex。

第四步：选定串口：COM 1 或 2 或 3 等；选定波特率：115200；选定芯片：ST89C58RD＋。

第五步：单击"Download/下载"开始升级。

第六步：立即将仪表开机，升级成功或失败本程序会有提示。

③结束升级

关闭 PC 上的程序下载界面。

有线电视系统常用图形符号 附录4

名称	符号	说　明
天线		天线(VHF、UHF、FM 频段用)
		矩形波导馈电的抛物面三线
前端		带本地天线的前端(示出一路天线)
		无本地天线的前端(示出一路干线输入、一路干线输出)
放大器		放大器
		具有反向通路的放大器
		带自动增益和/或自动斜率控制的放大器
		具有反向通路并带自动增益或自动斜率控制的放大器
		桥接放大器(示出三路支线输出) 注:①其中标有小圆点的一端输出电平转高; ②符号中,支线或分支线可按任意适当角度画出
		干线桥接放大器(示出三路支线输出)
		线路(支线或分支线)末端放大器(示出两路分支线输出)
		干线分配放大器(示出两路干线输出)
		混合器(示出五路输入)

名称	符号	说　明
		有源混合器（示出五路输入）
		分路器（示出五路输出）
		调制器、解调器、一般符号 注：①使用本符号应根据实际情况加输入线、输出线； 　　②根据需要允许在方框内或外加注定性符号
		电视调制器
		电视解调器
		频道变换器（n_1 为输入频道，n_2 为输出频道） 注：n_1 和 n_2 可以用具体频道数字代替
		正弦信号发生器 注：星号（＊）可用具体频率代替
		高通滤波器
		低通滤波器
		带通滤波器
		带阻滤波器
		陷波器
匹配用终端		终端负载
供电装置		线路供电器（示出交流型）
		供电阻断器（示在一条分配馈线上）
		电源插入器

名称	符号	说　明
分配器		二分配器
		三分配器 注：其中标有小圆点的一端输出电平较高
		四分配器
		定向耦合器
		用户一分支器 注：①圆内允许不画直线而标注支量。 　　②当不会引起混淆时，用户线可省去不画。 　　③用户线可按任意适当角度画出。 示例：标有分支量的用户支器（未示出用户线）
		用户二分支器
		用户四分支器
		系统输出口
		串接式系统输出口
		具有一路外接输出的串接式系统输出口
		固定均衡器
		可变均衡器
	dB	固定衰减器
	dB	可变衰减器

国家行业标准 GY/T 124—1995《有线电视系统干线放大器入网技术条件和测量方法》中对 I 类、II 类、III 类干线放大器的性能参数进行了说明,如表 F14、表 F15、表 F16 所示。

表 F14   I 类干线放大器的性能参数

序号	项目		单位	性能参数			备注
1	频率范围		MHz	45～300、450、550			—
2	标称增益		dB	22	26	30	最高频道
3	带内平坦度		dB	±0.3			—
4	标称输入电平		dBμV	72			最高频道
5	标称输出电平		dBμV	94	98	102	最高频道
6	导频输出电平		dB	0			相对图像载波电平
7	AGC 特性		dB	±3/±0.3			—
8	ASC 特性		dB	±2/±0.3			—
9	噪声系数		dB	推　挽：≤8 功率倍增：≤8 前　馈：≤10			机内衰减器和均衡器短接及增益最大时
10	载波复合三次差拍比	300 MHz：推　挽	dB	86	78	70	
		功率倍增		91	83	75	
		前　馈		101	93	85	
		450 MHz：推　挽		81	73	65	
		功率倍增		86	78	70	
		前　馈		96	88	80	
		550 MHz：推　挽		78	70	62	
		功率倍增		83	75	67	
		前　馈		93	85	77	

（续表）

序号	项目		单位	性能参数			备注
11	载波复合二次差拍比	300 MHz：推　挽	dB	75	71	67	
		功率倍增		79	75	71	
		前　馈		88	84	80	
		450 MHz：推　挽		72	68	64	
		功率倍增		76	72	68	
		前　馈		85	81	77	
		550 MHz：推　挽		70	66	62	
		功率倍增		74	70	66	
		前　馈		83	79	75	
12	载波复合交扰调制比	300 MHz：推　挽	dB	85	77	69	
		功率倍增		90	82	74	
		前　馈		99	91	83	
		450 MHz：推　挽		80	72	64	
		功率倍增		85	77	69	
		前　馈		94	86	78	
		550 MHz：推　挽		77	69	61	
		功率倍增		82	74	66	
		前　馈		91	83	75	
13	反射损耗		dB	≥16			机内衰减器和均衡器短接
14	信号交流声比		dB	≥66			仪器用直流供电
15	抗雷击能力		kV	5(10/700 μs)			输入、输出端
16	标称供电电压		V	AC：30、42、60(50 Hz)			

表 F15　　　　Ⅱ类干线放大器的性能参数

序号	项目	单位	性能参数						备注
			ⅡA类			ⅡB类			
1	频率范围	MHz	45～300、450、550						—
2	标称增益	dB	22	26	30	22	26	30	最高频道
3	带内平坦度	dB	±0.5						—
4	标称输入电平	dBμV	72						最高频道
5	标称输出电平	dBμV	94	98	102	94	98	102	最高频道
6	导频输出电平	dB	0						相对图像载波电平
7	AGC 特性	dB	—			±3/±0.5			
8	AGC 和斜率补偿特性	dB	±3/±0.5			—			
9	噪声系数	dB	≤10						机内衰减器和均衡器短接及增益最大时

270

序号	项目		单位	ⅡA类			ⅡB类			备注
10	载波复合三次差拍比	300 MHz：推　挽	B dB	86	78	70	86	78	70	
		功率倍增		91	83	75	91	83	75	
		前　馈		101	93	85	101	93	85	
		450 MHz：推　挽		81	73	65	81	73	65	
		功率倍增		86	78	70	86	78	70	
		前　馈		96	88	80	96	88	80	
		550 MHz：推　挽		78	70	62	78	70	62	
		功率倍增		83	75	67	83	75	67	
		前　馈		93	85	77	93	85	77	
11	载波复合二次差拍比	300 MHz：推　挽	dB	75	71	67	75	71	67	
		功率倍增		79	75	71	79	75	71	
		前　馈		88	84	80	88	84	80	
		450 MHz：推　挽		72	68	64	72	68	64	
		功率倍增		76	72	68	76	72	68	
		前　馈		85	81	77	85	81	77	
		550 MHz：推　挽		70	66	62	70	66	62	
		功率倍增		74	70	66	74	70	66	
		前　馈		83	79	75	83	79	75	
12	载波复合交扰调制比	300 MHz：推　挽	B dB	85	77	69	85	77	69	
		功率倍增		90	82	74	90	82	74	
		前　馈		99	91	83	99	91	83	
		450 MHz：推　挽		80	72	64	80	72	64	
		功率倍增		85	77	69	85	77	69	
		前　馈		94	86	78	94	86	78	
		550 MHz：推　挽		77	69	61	77	69	61	
		功率倍增		82	74	66	82	74	66	
		前　馈		91	83	75	91	83	75	
13	反射损耗		dB	≥12						机内衰减器和均衡器短接
14	信号交流声比		dB	≥66						仪器用直流供电
15	抗雷击能力		kV	5(10/700 μs)						输入、输出端
16	标称供电电压		V	AC：30、42、60(50 Hz)						

表 F16　　　　　　Ⅲ类干线放大器的性能参数

序号	项目	单位	ⅢA类			ⅢB类			备注
1	频率范围	MHz	45～300、450、550						—
2	标称增益	dB	22	26	30	22	26	30	推荐使用值
3	最大增益	dB	≥22	≥26	≥30	≥22	≥26	≥30	—

序号	项目	单位	性能参数 ⅢA类			ⅢB类			备注
4	增益调节范围	dB	0~10						—
5	带内平坦度	dB	±0.3			±0.5			—
6	斜率调节范围	dB	0-22	0-26	0-30	0-22	0-26	0-30	—
7	增益稳定度	dB	±0.5						−10℃~+40℃
8	噪声系数	dB	推挽:≤8 功率倍增:≤8 前馈:≤10			≤10			机内衰减器和均衡器短接及增益最大时
9	标称输出电平	dBμV	94、98、102			94、98、102			推荐使用值
10	载波复合三次差拍比	dB							
	300 MHz：推挽		86	78	70	86	78	70	
	功率倍增		91	83	75	91	83	75	
	前馈		101	93	85	101	93	85	
	450 MHz：推挽		81	73	65	81	73	65	
	功率倍增		86	78	70	86	78	70	
	前馈		96	88	80	96	88	80	
	550 MHz：推挽		78	70	62	78	70	62	
	功率倍增		83	75	67	83	75	67	
	前馈		93	85	77	93	85	77	
11	载波复合二次差拍比	dB							
	300 MHz：推挽		75	71	67	75	71	67	
	功率倍增		79	75	71	79	75	71	
	前馈		88	84	80	88	84	80	
	450 MHz：推挽		72	68	64	72	68	64	
	功率倍增		76	72	68	76	72	68	
	前馈		85	81	77	85	81	77	
	550 MHz：推挽		70	66	62	70	66	62	
	功率倍增		74	70	66	74	70	66	
	前馈		83	79	75	83	79	75	
12	载波复合交扰调制比	dB							
	300 MHz：推挽		85	77	69	85	77	69	
	功率倍增		90	82	74	90	82	74	
	前馈		99	91	83	99	91	83	
	450 MHz：推挽		80	72	64	80	72	64	
	功率倍增		85	77	69	85	77	69	
	前馈		94	86	78	94	86	78	
	550 MHz：推挽		77	69	61	77	69	61	
	功率倍增		82	74	66	82	74	66	
	前馈		91	83	75	91	83	75	
13	反射损耗	dB	≥16			≥12			机内衰减器和均衡器短接
14	信号交流声比	dB	≥66						仪器用直流供电
15	抗雷击能力	kV	5(10/700 μs)						输入、输出端
16	标称供电电压	V	AC:30、42、60(50 Hz)						

参 考 文 献

[1] 易培林,杨广宇,朱鸣.有线电视技术.第2版.北京:机械工业出版社,2009
[2] 方烈敏,张晓蓉.现代电视传输技术.上海:上海大学出版社,2008
[3] 王绥祥,陈春宝.有线电视机线员(初级).北京:中国劳动社会保障出版社,2007
[4] 王绥祥,陈春宝.有线电视机线员(中级).北京:中国劳动社会保障出版社,2007
[5] 国家广播电影电视总局人事司.有线广播电视机线员——电视机务员.北京:中国广播电视出版社,2009
[6] 国家广播电影电视总局人事司.有线广播电视机线员——线务员.北京:中国广播电视出版社,2009
[7] 刘修文.有线电视技术应知应会问答.北京:机械工业出版社,2004
[8] 黄宪伟.有线电视系统设计维护与故障检修.北京:人民邮电出版社,2009
[9] 张会生,栾华东.有线电视工程设计与新技术应用.北京:科学出版社,2006
[10] 张新意.有线电视工程设计安装调试与维护检修实用手册.合肥:安徽文化音像出版社,2004
[11] 陈振源,陈忠.有线电视技术.北京:高等教育出版社,2002
[12] 赵坚勇.数字电视技术.西安:西安电子科技大学出版社,2011

参考文献

[1] 黄根春，陈艳，朱小勇. 模拟电子技术，第2版. 北京：机械工业出版社，2005

[2] 劳五昌，康华光. 现代电子技术论技术. 上海：上海交通大学出版社，2008

[3] 王成华，陈章. 电子电路基础（简论）. 北京：中国铁道出版社股份公司，2007

[4] 杨素华，陈永泰. 数字电子技术基础（中册）. 北京：中国铁道出版社铁路出版社，2007

[5] 周淑芝. 模拟电子电路基础入门手册. 北京：广陵古籍电子电阻社. 北京：中国广播电视出版社，2009

[6] 周淑芝. 清华大学电气及入门手册. 电子工程电子电阻社 —— 第一章. 北京：中国广电铁出版社，2006

[7] 刘建文. 数字电路技术应用总问答. 北京：人民邮电出版社，2001

[8] 黄正瑾. 电子电路实验设计与应用综合检测. 北京：人民邮电出版社，2003

[9] 张志良，李华水. 数字电路工程与工程设计. 电工实. 北京：科学出版社，2006

[10] 张蕴慧. 电子电路工程设计与实用总检设备综合应用手册. 合肥：安徽文化教育出版社，2001

[11] 殷传捷，陈丽. 数字电路技术. 北京：高等教育出版社，2002

[12] 张志鸿，杨高. 实用技术，西安. 西安电子科技大学出版社，2011